Prüfungsbuch
Bauzeichnen

Balder Batran
Volker Frey
Dr. Klaus Köhler
Lutz Röder
Helmut Sommer

Fragen und Antworten
- zur Vorbereitung auf Klassenarbeiten, Zwischenprüfung und Abschlussprüfung
- zum Üben und Wiederholen
- zum Nachschlagen

Holland + Josenhans/Handwerk und Technik
Best.-Nr. 5642

1. Auflage 2015

Dieses Werk folgt der reformierten Rechtschreibung und Zeichensetzung.

Dieses Buch ist auf Papier gedruckt, das aus 100 % chlorfrei gebleichten Faserstoffen hergestellt wurde.

Alle Rechte vorbehalten. Das Werk und seine Teile sind urheberrechtlich geschützt. Jede Nutzung in anderen als den gesetzlich oder durch bundesweite Vereinbarungen zugelassenen Fällen bedarf deshalb der vorherigen schriftlichen Einwilligung des Verlages.

Die Hinweise auf Internetadressen und -dateien beziehen sich auf deren Zustand und Inhalt zum Zeitpunkt der Drucklegung des Werks. Der Verlag übernimmt keinerlei Gewähr und Haftung für deren Aktualität oder Inhalt noch für den Inhalt von mit ihnen verlinkten weiteren Internetseiten.

Verlag Holland + Josenhans GmbH & Co. KG, Postfach 10 23 52, 70019 Stuttgart, Tel. 07 11/6 14 39 15, Fax: 07 11/6 14 39 22, E-Mail: info@handwerk-technik.de, Internet: www.handwerk-technik.de

Umschlagfoto: © Steffi Pelz/PIXELIO
Satz: CMS – Cross Media Solutions GmbH, Würzburg
Druck und Weiterverarbeitung: Konrad Triltsch, Print und digitale Medien GmbH, Ochsenfurt-Hohestadt

ISBN 978-3-7782-**5642**-8

Vorwort

Das vorliegende **Prüfungsbuch** für **Bauzeichnerinnen und Bauzeichner** aller Schwerpunkte ist als **Lernbegleiter** von der ersten Unterrichtsstunde bis zur Abschlussprüfung konzipiert.
Mit nahezu 1300 Aufgaben und Antworten bzw. Lösungen deckt es die Inhalte der aktuellen Lehrpläne für alle Lernfelder von der Grundstufe bis zum Ende des 3. Ausbildungsjahres ab.

Mit diesem Buch können Sie also
- **Unterrichtsinhalte** nacharbeiten und vertiefen,
- sich auf **Leistungskontrollen** vorbereiten,
- zahlreiche **Mathematik- und Zeichenaufgaben** bearbeiten sowie
- sich auf die **Zwischen- und Abschlussprüfung** vorbereiten.

Das Buch eignet sich somit hervorragend zur Unterstützung des **selbstständigen, eigenverantwortlichen Lernens** und liefert eine **solide Wissensbasis** für alle Prüfungen.

Stuttgart, im Frühjahr 2015   Die Verfasser

Inhaltsverzeichnis

Lernen – aber wie? 7

Die Kultur des Bauens 9
Lernfeld 2

1 Bauplanung und Bauantrag 21
Lernfeld 1 und Lernfeld 10 (Architektur)

2 Vermessung 73
Lernfeld 2

3 Erschließen eines Baugrundstückes 90
Lernfeld 3

4 Planen einer Gründung 110
Lernfeld 4

5 Kellergeschoss 140
Lernfeld 5

6 Wände 148
Lernfeld 11 (Architektur und Ingenieurbau)

7 Konstruieren eines Stahlbetonbalkens 163
Lernfeld 6

8 Konstruieren einer Treppe 187
Lernfeld 7

Inhaltsverzeichnis

9 Planen einer Geschossdecke 221
Lernfeld 8

10 Dachkonstruktionen 238
Lernfeld 9 und Lernfeld 13 (Architektur und Ingenieurbau)

11 Hallenbauten 252
Lernfeld 12 (Architektur und Ingenieurbau) und Lernfeld 14 (Ingenieurbau)

12 Ausbauen eines Geschosses 279
Lernfeld 14 (Architektur)

13 Sichern eines Bauwerkes 302
Lernfeld 10 (Ingenieurbau)

14 Straßenbau 306
Lernfeld 10 (Tief-, Straßen-, Landschaftsbau) und
Lernfeld 11 (Tief-, Straßen-, Landschaftsbau)

15 Wasserversorgung und Wasserentsorgung 341
Lernfeld 12 (Tief-, Straßen-, Landschaftsbau) und
Lernfeld 13 (Tief-, Straßen-, Landschaftsbau)

16 Außenanlagen 368
Lernfeld 14 (Tief-, Straßen-, Landschaftsbau)

Sachwortverzeichnis 389

Bildquellen
bauforumstahl e. V., Düsseldorf, Seite 271 (4), 273 (1), 274 (3,4), 275 (1,2)
Beek100, Wikimedia – CC BY-SA 3.0, Seite 17 (1)
Benevolo, Leonardo, „Geschichte der Stadt", Campus Verlag 1983, Frankfurt/New York, Seite 9 (2)
Berding Beton GmbH, Steinfeld, Seite 371 (2,3)
© FLC/VG Bild-Kunst, Bonn 2014, Seite 19 (4)
FORM + TEST Seidner & Co. GmbH, Riedlingen, Seite 129 (1)
Franz Oberndorfer GmbH & Co. KG, Gunskirchen, Österreich, Seite 276 (1,2), 277 (5,6,7)
GDelhey, Wikimedia – CC BY-SA 3.0, Seite 15 (3)
Hochauer, Walter, Seite 16 (2)
Howaldt, Jürgen, Wikimedia – CC BY-SA 2.0-de, Seite 15 (5)
Interpane Glasindustrie AG, Lauenförde, Seite 158
Jura-Holzbau GmbH, Riedenburg, Seite 263
Kliems, Harald, Wikimedia – CC BY-SA 2.0-de, Seite 19 (3)
Knauf Gips KG, Iphofen, Seite 288 (2), 289
Koch, Wilfried, „Baustilkunde", Bertelsmann 1998, Seite 13 (1,2)
Koepf, Hans, „Baukunst in 5 Jahrtausenden", Kohlhammer 1997, Seite 10 (2), 12 (4), 14 (2,3)
Kolossos, Wikimedia – CC BY-SA 3.0 Seite 20 (2)
Kropf, Hans-Hermann, Syrgenstein, Seite 80, 81, 83 … 85, 312, 316 u., 322 … 324
Liberato, Ricardo, Wikimedia – CC BY-SA 2.0, Seite 9 (1)
MEA Bausysteme GmbH, Aichach, Seite 372 (3)
Mero-TSK International GmbH & Co. KG, Würzburg, Seite 272 (6)
Müller, Werner/Vogel, Gunther, „dtv-Atlas zur Baukunst", Band 1, Illustriert von Inge und Istvan Szasz, ©1974 Deutscher Taschenbuch Verlag, München, Seite 12 (1,2)
Norberg-Schulz, Christian, „Meaning in Western Architecture", Praeger 1975, Seite 11 (3)
Pflanzenhandel Lorenz von Ehren GmbH & Co. KG, Hamburg, Seite 382
Reiss, Mike, Wikimedia – CC BY-SA 2.0-de, Seite 19 (2)
Robbin, Thomas, Wikimedia – CC BY-SA 3.0, Seite 17 (3)
RudolfSimon, Wikimedia – CC BY-SA 3.0, Seite 20 (3)
Schachermayer Großhandelsgesellschaft mbH, Linz, Österreich, Seite 264 (2,3)
Scherf GmbH & Co. KG, Hartberg, Österreich, Seite 376 (3)
Sommer, Helmut, Seite 10 (1,3), 11 (1), 12 (3), 13 (4–7), 14 (4), 15 (1,2), 16 (1,3), 17 (1,3,5,6), 18 (2 … 7), 19 (1), 20 (1), 272 (1 … 5,7), 291 (2 … 4), 292 (1,2), 294, 297, 298 (1,2), 299, 300, 369 (1,2), 377 (2,3), 378 (1), 380, 381, 385, 386
Velvet, Wikimedia – CC BY-SA 3.0, Seite 13 (3)
VG-ORTH MultiGips®, Stadtoldendorf, Seite 286
Werbestudio Luft, Mosbach, Seite 373
Wikimedia CC BY-SA 2.5, Seite 11 (2)
Wladyslaw, Wikimedia – CC BY-SA 3.0, Seite 17 (5)
wolf-vielbach, panoramio.com, Seite 15 (4)

Trotz intensiver Bemühungen ist es uns nicht gelungen, die Urheber einiger Abbildungen zu ermitteln. Die Rechte dieser Urheber werden selbstverständlich vom Verlag gewahrt. Die Urheber oder deren Rechtsnachfolger werden gebeten, sich mit dem Verlag in Verbindung zu setzen.

Lernen – aber wie?

Um mit Erfolg zu lernen, sind einige einfache Regeln sehr hilfreich:

1. Wann lerne ich?

Die menschliche Leistungsfähigkeit ist nicht über den ganzen Tag gleich – sie unterliegt tageszeitlichen Schwankungen. Die größte Leistungsfähigkeit liegt zwischen 8 Uhr und 13 Uhr sowie am Abend zwischen 17 Uhr und 21 Uhr.

| 1 | 2 | 3 | 4 | 5 | 6 | 7 | 8 | 9 | 10 | 11 | 12 | 13 | 14 | 15 | 16 | 17 | 18 | 19 | 20 | 21 | 22 | 23 | 0 |

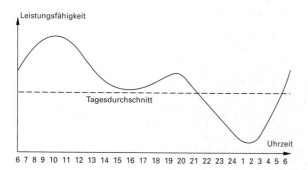

2. Wie lerne ich?

Der „Speicher" ist begrenzt und eine Vielzahl gleicher oder ähnlicher Inhalte ist nicht aufnehmbar bzw. führt später dann zu Verwechselungen.

Daher sollte der Stoff im thematischen Wechsel gelernt werden:
- Faktenfragen: hier wird „auswendig gelernt".
- Beschreibung von Abläufen: hier werden logische Abläufe begriffen.
- Mathematik: hier werden ähnliche Aufgaben immer wieder mit anderen Zahlen wiederholt („trainiert"), bis es klappt.

Faktenfragen mit „Nennen Sie", „Zählen Sie auf" führen schnell dazu, dass nichts Neues mehr aufgenommen werden kann. Daher bietet sich nach einer kurzen Pause ein Wechsel an, indem zum Beispiel logische Abläufe und verschiedene Mathematikaufgaben wiederholt werden.
So wird die reine Lernphase („Auswendiglernen") durch anderweitige Übungsphasen (z. B. „Trainieren") ergänzt, in der man sich wieder erholen kann.

Lernen – aber wie?

3. Hilft das Buch unter dem Kopfkissen?

Angeblich soll es hilfreich sein, das Buch nachts unter das Kopfkissen zu stecken, um den Inhalt des Buches zu lernen.
Was ist dran?
Wenn man am frühen Morgen noch schnell versucht etwas zu lernen, so überlagern die in der Folge über den Tag auf den Menschen einströmenden Eindrücke (Straßenverkehr, Schule, Freunde,) diese gelernten Fakten und Inhalte, sodass die meisten wie bei einer Festplatte „überschrieben" werden.
Wenn man aber abends vor dem Schlafen noch lernt (danach muss das Buch nicht unbedingt unter das Kissen gesteckt werden), so folgt in der Nacht eine „reizarme Zeit", in der der Kopf keine neuen Eindrücke aufnimmt. Das Gelernte prägt sich auf der „Festplatte" ein und ist viel besser abgespeichert.

4. „Übung macht den Meister!" – stimmt das?

Ja – natürlich! Je häufiger etwas wiederholt wird, desto besser prägt es sich ein. Um sich den ganzen Inhalt des Buches so zu erarbeiten, dass er in der Prüfung „abrufbar" ist, ist es also nötig rechtzeitig zu beginnen.
Das Buch ist nach Kapiteln geordnet, die die Lernfelder der einzelnen Schwerpunkte abdecken (siehe Inhaltsübersicht). Sie können sich so auf Klassenarbeiten oder Kurzkontrollen vorbereiten. Dabei sollte aber nicht vergessen werden, die Inhalte der vergangenen Lernfelder nach einiger Zeit wieder anzuschauen und gezielt zu wiederholen. Das erspart vor der Zwischen- oder Abschlussprüfung die Angst, „nicht mehr alles zu schaffen", weil es einfach zu viel Stoff ist. Dabei empfiehlt es sich, alle richtig gelösten Aufgaben mit einem Häkchen zu versehen. Beim zweiten Durchgang ist ebenso zu verfahren, sodass man sich beim dritten Durchgang auf die „hartnäckigen" Fragen konzentrieren kann.

5. Wie gut sind „Spickzettel"?

Sehr gut! Nehmen Sie sich einen möglichst kleinen Zettel und versuchen Sie, einen Spickzettel anzufertigen. Schnell merken Sie, was Sie nicht aufschreiben müssen (also schon können), und wo Sie noch Nachholbedarf haben. Schreiben Sie den Spickzettel und lernen Sie besonders die dort aufgeschriebenen Fakten.
Damit haben Sie das Wichtigste gelernt – und können auf den Zettel in der Klassenarbeit oder Prüfung getrost verzichten.

Die Kultur des Bauens

1. Aus welcher Zeit stammen die ägyptischen Pyramiden und wofür dienten sie?

Die Pyramiden stammen aus dem Alten Reich, 2850–2150 v. Chr.
Sie waren Grabbauten, in denen die Mumien von Herrschern mit reichen Grabbeigaben bestattet wurden, damit ein Weiterleben nach dem Tode möglich war. Sie waren der Schlusspunkt eines Zeremonienweges vom Taltempel zum Totentempel mit der Scheintür, dem Pyramidenzugang.

2. In welcher Zeit blühte die antike Hochkultur Griechenlands und was war der gesellschaftliche Hintergrund dieser Hochkultur?

Vom 7. Jh. v. Chr. bis zur römischen Eroberung 86 v. Chr.
Selbstbewusste freie Bürger, die keiner Erwerbsarbeit nachkommen mussten, lebten in Stadtstaaten mit demokratischer Ordnung. Frauen und Sklaven waren davon ausgeschlossen.
In der klassischen Zeit vom 5. Jh.–4. Jh. v. Chr. wurden in Naturwissenschaften, Mathematik und Philosophie die noch heute gültigen Grundlagen erarbeitet.

3. Welche Bauten und Anlagen gab es in jeder griechischen Stadt?

Das Zentrum war die Agora, der Markt- und Versammlungsplatz. An der Agora befand sich die Stoa, die zentrale Ausstellungs- und Verkaufshalle. In jeder Stadt gab es ein Theater, ein Rathaus sowie Tempelanlagen.

4. Wie waren griechische Tempel angelegt?

Der griechische Tempel entwickelte sich aus dem Wohnhaus, dem Megaron, einem rechteckigen Raum mit einer Säulenvorhalle an der Schmalseite.
Später wurde die Säulenvorhalle an beiden Seiten des Raumes angebracht oder ein ein- oder mehrreihiger Säulenumgang angeordnet.
Seltener waren Rundtempel mit kreisförmigem Grundriss.

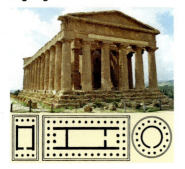

5. Was sind die charakteristischen Merkmale der dorischen Ordnung?

Die gedrungenen Säulen standen eng und ohne Basis auf dem Podest (Stylobat). Sie hatten eine starke Entasis (Schwellung) und scharfkantige Kanneluren. Das Kapitell bestand aus einem wulstförmigen Übergang (Echinus) von der runden Säule zu einer quadratischen Platte. Über dem Gebälk (Architrav) befand sich ein Fries aus Triglyphen, die Balkenköpfe darstellen, und Metopen mit Relieffiguren. Die Ecksäulen waren ein Stück nach innen gerückt, damit die Triglyphen gleichmäßige Abstände aufwiesen und die Säule an der Ecke unter dem Architrav stand. Die Giebelfläche (Tympanon) war mit Reliefs geschmückt.
Die dorische Ordnung wurde als das männliche Prinzip verstanden und dementsprechend männlichen Göttern zugeordnet.

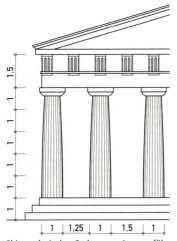

Skizze dorische Ordnung mit ungefähren Proportionsangaben

Die Kultur des Bauens

6. Was sind die charakteristischen Merkmale der ionischen Ordnung?

Die schlanken, relativ weit auseinanderstehenden Säulen mit geringer Entasis (Schwellung) standen mit einer Basis auf dem Podest (Stylobat) und hatten Kanneluren mit Steg. Das Kapitell bestand aus den schneckenförmigen Voluten und einem flachen Polster. Die Voluten wurden an den Ecksäulen in die Diagonale gedreht, damit die Seitenansicht der Vorderansicht entspricht. Der Architrav war dreigeteilt und darüber befand sich ein durchgehendes Figurenfries. Auch die Giebelfläche (Tympanon) war mit Reliefs geschmückt.

Die aus Kleinasien stammende ionische Ordnung wurde als das weibliche Prinzip betrachtet und daher Göttinnen zugeordnet.

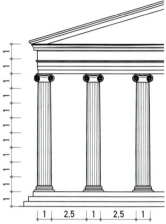

Skizze ionische Ordnung mit ungefähren Proportionsangaben

7. Was sind die charakteristischen Merkmale der korinthischen Ordnung?

Die korinthische Ordnung wies ähnliche Proportionen und Detailformen auf wie die ionische. Das Kapitell bestand aber aus Akanthusblättern, die in kleine, diagonal gestellte Voluten überleiteten. Damit ergaben sich allseitig gleiche Ansichten.

8. Wie lange bestand das Römische Reich und wann hatte es seine größte Ausdehnung?

Das ungeteilte Römische Reich bestand vom 6. Jh. v. Chr. bis zur Teilung 395. Unter Kaiser Trajan hatte es im 2. Jh. n. Chr. seine größte Ausdehnung.

9. Wie bauten die Römer ihre Sakralbauten?

Tempel wurden aus dem griechischen Vorbild entwickelt. Später wurden auch Kuppelbauten errichtet, wie das Pantheon in Rom.

10. Wie waren römische Wohnhäuser angelegt?

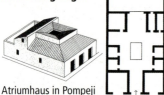

Atriumhaus in Pompeji

Römische Wohnhäuser waren Atriumhäuser. Alle Räume waren um einen Innenhof gruppiert, nach außen war das Haus geschlossen. Das Dach entwässerte in ein Becken im Hof, das Impluvium. Reiche Bürger bewohnten ein Peristylhaus, ein um einen Gartenhof erweitertes Atriumhaus.
Arme Leute wohnten in Mietskasernen, den Insulae.

11. Welche bautechnischen Errungenschaften und neuen Gebäudetypen sind durch die Römer überliefert?

– Der Gewölbebau, der eigentlich von den Etruskern stammt,
– die Anwendung des opus caementitium, eines Vorläufers des Betons,
– gepflasterte Fernstraßen,
– Fernwasserleitungen mit Aquädukten,
– Kanalisation,
– Thermen,
– Amphitheater,
– Triumphbögen.

12. Welche Typen frühchristlicher Kirchen gab es?

– Den Langbau als Basilika, bestehend aus erhöhtem Hauptschiff, Seitenschiffen und einer halbrunden überwölbten Apsis.
– Den Zentralbau für Grabkirchen.

13. Welche Bauform ist für byzantinische Kirchen typisch?

Hagia Sophia

Byzantinische Kirchen sind meist Kuppelbauten. Die Hagia Sophia in Konstantinopel weist eine Zentralkuppel auf, die durch Konchen (halbrunde Nischen) zum Langbau erweitert wird. Meist aber ist der Grundriss als griechisches (gleicharmiges) Kreuz ausgebildet. Dies erfolgt entweder durch vier Konchen, die an die Zentralkuppel anschließen oder als Kreuzkuppelkirche mit vier Kuppeln um die Zentralkuppel, was den Grundtyp der orthodoxen Kirchen darstellt.

Die Kultur des Bauens

14. Welches Bauwerk in Deutschland ist das erste Zeugnis frühmittelalterlicher Kirchenbaukunst und auf welchem Vorbild beruht es?

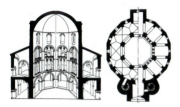

Die Pfalzkapelle in Aachen, 798.

Sie war die Krönungskirche Karls des Großen. Wie das byzantinische Vorbild San Vitale in Ravenna ist sie ein Zentralbau mit zweigeschossigem Umgang um eine erhöhte Zentralkuppel.

15. Wann ist die Romanik anzusetzen und was ist für diesen Baustil charakteristisch?

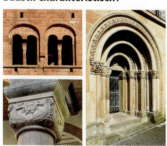

Charakteristisch für die Romanik, 1000–1250, sind massive, wehrhafte Steinbauten mit kleinen Rundbogenöffnungen. Diese waren häufig gekuppelte Fenster und Trichterportale. Gewölbe wurden als Tonnen- oder Kreuzgewölbe ausgeführt, Gewölberippen tauchten erst in der Spätromanik auf. Als Fassadenschmuck wurden Lisenen, Rundbogenfriese und Zwerggalerien eingesetzt. Kapitelle waren ursprünglich würfelartig, später mit Figuren versehen.

16. Erklären Sie das gebundene System.

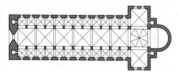

Das Grundmaß des gebundenen Systems ist die Vierung, die Kreuzung zwischen Langhaus und Querschiff. Dieses Maß wurde im Hauptschiff einige Male wiederholt. In den Seitenschiffen wurden jeweils zwei kleinere Quadrate einem Vierungsquadrat zugeordnet.

17. Wann ist die Gotik anzusetzen und was ist für diesen Baustil charakteristisch?

Die Gotik begann in Frankreich um 1150, in Deutschland um 1250 und dauerte bis 1500. Wände und Gewölbe wurden in tragende Rippen und leichte Füllungen aufgelöst. Dadurch wurden großflächige Fenster möglich, die zu bunten Bildern aus farbigem Glas wurden. Durch das Spitzbogengewölbe und die an den Pfeilern weitergeführten Gewölberippen entstand eine starke Vertikalbetonung mit zierlichen Detailformen in geometrischen Mustern und realistischer Bauplastik.

18. Wie unterscheiden sich gotische von romanischen Kirchen in Bezug auf die Grundrissgestaltung?

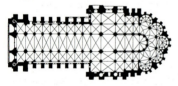

In der Gotik wurde durch Weglassen der Krypta ein durchgehend ebener Boden möglich. Die Seitenschiffe wurden als Chorumgang um den Chor geführt und das Querschiff verkürzt. Durch das Spitzbogengewölbe wurden Gewölbejoche, die in Haupt- und Seitenschiffen durchgehen, oder auch sechsteilige Gewölbe möglich.

19. Wie erfolgt die Lastabtragung in einer gotischen Kathedrale?

Mit Strebebögen und -pfeilern wurde der Gewölbeschub nach außen abgeleitet. Kleine Türmchen auf den Strebepfeilern, die Fialen, dienten als Auflast. Dadurch wurden dünne, mit großen Öffnungen durchbrochene Wände möglich. Die Spitzbogenform kommt dem tatsächlichen Kräfteverlauf nahe.

20. Was ist eine Hallenkirche?

Bei einer Hallenkirche sind Haupt- und Seitenschiffe unter einem gemeinsamen Dach und weisen annähernd gleich hohe Gewölbeansätze auf. Die Belichtung erfolgt nur über die Seitenschiffe.

Die Kultur des Bauens

21. Wie entwickelten sich die Gewölbeformen in der Gotik?

Aus anfänglichen Kreuzrippengewölben wurden in der Spätgotik Stern- und Netzrippengewölbe.

22. Was ist unter Maßwerk zu verstehen?

Maßwerk ist ein vielfach in geometrischen Motiven durchbrochenes Ornament aus Stein. Es wurde meist als Fensterteilung aber auch als Wandschmuck eingesetzt.

23. Wie ist die Renaissance zeitlich einzuordnen und welche gesellschaftlichen Entwicklungen haben zu ihrer Entstehung beigetragen?

Die Renaissance entstand in Italien um 1420, kam ab 1500 nach Mitteleuropa und dauerte bis etwa 1620.
Selbstbewusste weltliche Herrscher und ein aufstrebendes Bürgertum drängten den Einfluss der Kirche zurück. Entdeckungen, Wissenschaften, die an die Errungenschaften der Antike anknüpften, und Bildung führten zur Entwicklung des Humanismus, der den Menschen in den Mittelpunkt stellte.

24. Was sind die charakteristischen Merkmale von Renaissancebauten?

Renaissancebauten orientierten sich an antiken Vorbildern. Die einfachen Baukörper mit flächigen Fassaden wurden mit Gesimsen horizontal gegliedert und mit einem mächtigen Hauptgesims bekrönt. Die Rechteck- oder Rundbogenöffnungen wurden mit überdacht, Höfe weisen häufig Arkaden auf. Kirchen wurden mit mächtigen Kuppeln versehen.
In Deutschland sind horizontal gegliederte Staffelgiebel, die mit Obelisken oder Voluten geschmückt sind, typisch.

Die Kultur des Bauens

25. Was ist unter Manierismus zu verstehen?

Der Manierismus ist eine Spätform der Renaissance, mit einer Fülle an Dekoration und Bauplastik.

26. Wann herrschte der Baustil des Barock vor und was war sein gesellschaftlicher Hintergrund?

Der Barock, 1600–1780, entwickelte sich – in Deutschland vor allem nach dem 30-jährigen Krieg (1618–48) – als absolute Monarchen und die durch die Gegenreformation wiedererstarkte katholische Kirche ihre Macht durch Prunk theatralisch inszenierten.

27. Welches sind die charakteristischen Merkmale von Barockbauten?

Barockbauten wurden symmetrisch mit Achsenbezügen angelegt und die Baukörper plastisch gestaltet. Die häufig gekrümmten Fassaden waren mit üppiger Bauplastik und reichem Dekor versehen. Auch in Innenräumen herrschten Kuppeln und Kurven vor. Rechteckige und runde Öffnungen wurden mit vielfältigen, häufig geschwungenen oder gesprengten Giebeln überdacht.

28. Was sind die charakteristischen Merkmale barocker Innenräume?

Räume wurden symmetrisch angelegt und durch große, mittig angeordnete Türen zu Raumfluchten verbunden. Alle Flächen waren mit Dekor, Plastik oder Malerei versehen. Dafür wurden edle und imitierte Materialien, wie stucco lustro, eine Marmornachbildung aus Gipsmörtel, eingesetzt.

29. Was ist unter Rokoko zu verstehen?

Es ist eine leichtere, verspieltere Spätform des Barock, die wegen muschelartiger Dekorelemente die Bezeichnung Rokoko erhielt.

30. Was sind die wesentlichen Stilmittel des Klassizismus?

Der Klassizismus, 1780–1850, orientierte sich an Antike und Renaissance.
Die symmetrischen Baukörper waren einfach gehalten, häufig mit Vorhallen in der Art griechischer Tempel.
Bauplastik und Malerei wurden nach antiken Vorbildern gestaltet.

31. Welchem Baustil sind die Bilder zuzuordnen?

Romanik (links):
Rundbögen, Kreuzgewölbe.

Gotik (rechts):
Spitzbögen, Gewölberippen, Bündelpfeiler.

Romanik (links):
Rundbogen, Trichterportal, einfache, stilisierte Figuren.

Gotik (rechts):
Spitzbogen, reicher Figurenschmuck, Maßwerk.

Renaissance (links):
Rundbogen, Überdachung mit Gesims und Staffelgiebel.

Barock (rechts):
Krümmungen, Pfeiler und Gesims aus der Fassadenebene gedreht, reicher Figurenschmuck.

Renaissance (links):
Portal in antikisierenden Formen, zurückhaltendes Dekor, Kuppel.

Barock (rechts):
Spiel mit gekrümmten und geraden Formen, elliptische Kuppel, Vorhalle, Verbreiterung der Fassade durch die Ecktürme.

Klassizismus (links):
Einfache flächige Fassade, Gesimse und Giebel zur Eingangsbetonung.

Barock (rechts):
Detailreich geschmückte Fassade mit vielen Figuren.

32. Was ist unter Historismus zu verstehen?

Der Historismus, 1850–1900, bediente sich der Stilelemente früherer Epochen, die der Bauaufgabe entsprechend eingesetzt wurden. Kirchen wurden häufig neugotisch gebaut, da das Mittelalter als Zeit des Glaubens galt, während für Museumsbauten auf die Renaissance zurückgegriffen wurde, da diese als Zeit der aufblühenden Wissenschaften galt.

33. Was ist für den Jugendstil charakteristisch?

Der Jugendstil, 1890–1918, versuchte durch die Einheit aus Handwerk und Kunst zu neuen Detailformen zu gelangen, anstelle von Kopien früherer Baustile. Klassische Bauformen wurden mit Konstruktionen aus dem Industriebau kombiniert und mit floralem, stilisiertem Dekor, häufig mit Blattgold, versehen.

Die Kultur des Bauens

34. Was ist unter Expressionismus zu verstehen?

Nach dem 1. Weltkrieg entwickelte sich der Expressionismus aus dem Jugendstil. Das reiche Dekor wurde der Bauaufgabe und den knappen Ressourcen entsprechend reduziert und die Baukörper mit ausdrucksstarker Plastizität gestaltet.

35. Woran sind die Bauten der frühen Moderne zu erkennen?

Die Moderne verzichtete vollständig auf Dekor und postulierte, dass die Form der Funktion zu folgen habe.
Baukörper wurden aus zusammengestellten Kuben oder Flächen mit teilweise kräftigen Farben komponiert. Flache Dächer waren vorherrschend. Fassaden wurden vor die tragende Struktur gesetzt, womit großflächige Verglasungen möglich wurden.

36. Welche Bedeutung hat das Bauhaus?

Das Bauhaus wurde 1919 von Walter Gropius als Vereinigung von Künstlern gegründet. Sie lebten und arbeiteten zusammen und bildeten die nachfolgende Generation aus. Die Konzepte des Bauhauses verbreiteten sich nach dem 2. Weltkrieg als internationaler Stil weltweit.

37. Wie wurde nach dem 2. Weltkrieg gebaut?

Nach dem 2. Weltkrieg wurde vornehmlich die Moderne als internationaler Stil wieder aufgenommen. Neben eindrucksvollen Gebäuden entstanden unter ökonomischem Druck häufig schematische und banal einfache Bauten, besonders in Fertigteilbauweise. Andererseits wurden Bauwerke wie Skulpturen gestaltet und die Möglichkeiten neuer Bauweisen wie Schalen, Netze oder weitgespannter Stahlkonstruktionen ausgeschöpft.

38. Was ist unter postmoderner Architektur zu verstehen?

Die Postmoderne entwickelte sich in den 1980er Jahren aus einer Kritik an der Nachkriegsmoderne und versuchte städtebauliche, historische und landschaftliche Bezüge in den Entwurf zu integrieren und Zeichen zu setzen, indem etwa Eingänge hervorgehoben wurden. Das Spiel mit Dekor und historischen Zitaten führte aber manchmal zu zweifelhaften Resultaten, weshalb sich die Postmoderne nur ein Jahrzehnt lang hielt.

39. Was ist unter Dekonstruktivismus zu verstehen?

Ab den 1990er Jahren ermöglichte es die Computertechnologie Dinge statisch zu berechnen, die vorher als unbaubar galten. Dies nützt der Dekonstruktivismus aus, indem Gebäude aus freien Formen in überraschenden Zusammenstellungen komponiert werden.

1 Bauplanung und Bauantrag

1. Welche Bauzeichnungen für ein Wohnhaus erstellt der Architekt? Nennen Sie jeweils Adressaten, verwendete Maßstäbe und wesentliche Inhalte.

Entwurfspläne:
– Bauherr
– Maßstab 1:100
– mit Möblierung

Baugesuchspläne:
– Baubehörde
– Maßstab 1:100
– ausführliche Bemaßung und technische Angaben

Werkpläne und Detailpläne:
– Bauhandwerker
– Werkpläne: Maßstab 1:50
– Detailpläne: 1:20, 1:10, 1:5, 1:1
– Angaben zum Errichten des Gebäudes

2. Welche Pläne erstellt der Statiker für Stahlbetonbauteile? Nennen Sie die verwendeten Maßstäbe und wesentliche Inhalte.

Schalpläne:
– Maßstab 1:50 (1:25)
– Form und Abmessungen der einzuschalenden Bauteile

Bewehrungspläne:
– Maßstab 1:50 (1:25)
– Form und Lage der Bewehrung

3. Was stellt der Grundriss dar?

Er ist ein horizontaler Schnitt durch das Gebäude in ungefähr 1 m Höhe über den Fensterbrüstungen.

4. Was enthält ein Plankopf und wo ist er angeordnet?

Der Plankopf enthält:
– Projekt,
– Planart, Planinhalt,
– Maßstab,
– Verfasser, Ersteller, Prüfer,
– Datum,
– Projektnummer, Plannummer.
Er ist unten rechts angeordnet.

5. Auf welche Größe und wie werden Pläne gefaltet?

– Auf die Größe eines DIN-A4-Blattes im Hochformat: 210 × 297 mm.
– Ein Heftrand von 20 mm ist vorzusehen.
– Der rechte untere Teil des Planes muss oben zu liegen kommen.

1 Bauplanung und Bauantrag

6. Was bedeuten eine gestrichelte und eine gepunktete Linie?

Strichlinie: – – – – –
  Verdeckte Kanten
Punktlinie: ⋯⋯⋯⋯⋯⋯
  Bauteile vor oder über der Schnittebene

7. Welche Linienstärken verwenden Sie für ein Baugesuch?

0,35 mm: Dicke Linien für geschnittene massive Bauteile.
0,25 mm: Dünnere Linien für geschnittene nichtmassive Bauteile und Ansichtskanten.
0,13 oder 0,18 mm: Sehr dünne Linien für Maßlinien und Schraffuren.

8. Welche Schraffuren oder Farbfüllungen werden für die Darstellung geschnittener Bauteile aus Mauerwerk, unbewehrtem Beton, Stahlbeton, Dämmstoffen und Abdichtungen eingesetzt?

Schraffur	Bauteil	Farbe
/////	Mauerwerk	rot
//·//·//	Unbewehrter Beton	olivgrün
//·/·//	Stahlbeton	blaugrün
XXXXX	Dämmstoffe	
▬▬▬	Abdichtung	

9. Wie werden Bauteile in Baugesuchsplänen für Umbauten dargestellt?

Mit Farbfüllungen statt Schraffuren:

grau	Bestand
gelb	Abbruch: dünne Linien
rot	Neubau: Mauerwerk rot
grün	Beton grün
braun	Holz hellbraun

10. Welche ist die kleinste Schriftgröße nach Norm?

In Baugesuchen 1,8 mm,
in Werkplänen 2,5 mm.

11. Wie werden senkrecht stehende Beschriftungen angeordnet?

Sie werden so angeordnet, dass sie von rechts lesbar sind.

BEISPIEL

12. Wie werden Bemaßungen gezeichnet?

– Maßlinien und Maßhilfslinien als sehr dünne Volllinien (0,13 oder 0,18 mm).
– Schrägstrich als Maßlinienbegrenzung, seltener Kreise.
– Maßzahlen stehen auf der Maßlinie.
– Ist der Abstand der Maßhilfslinien zu klein, werden die Maßzahlen seitlich verschoben.

1 Bauplanung und Bauantrag

13. Wie werden Bemaßungen angeordnet?
- Maßlinien werden nach Möglichkeit außen angeordnet.
- Die erste Maßlinie mit einem größeren Abstand, die weiteren in immer gleichem, geringerem Abstand.
- Maße, die sich auf weiter innen liegende Bauteile beziehen, stehen weiter innen, außen die Gesamtmaße.

14. Wie werden Öffnungen bemaßt?
Oberhalb der Maßlinie steht die Öffnungsbreite, unterhalb die Öffnungshöhe.

15. Wie werden Querschnitte bemaßt?
- Rechteckquerschnitte: 10/18 (Breite/Höhe)
- quadratische Querschnitte: ☐ 25/25 oder ☐ 25
- runde Querschnitte: ⌀ 30

16. Wie werden Höhenkoten dargestellt?
▼ Rohbauhöhe
▽ Fertighöhe

17. In welchen Einheiten erfolgt die Bemaßung?
Maße kleiner als 1,00 m werden in Zentimetern angegeben, sonst in Metern mit zwei Kommastellen. Millimeter werden als Hochzahlen geschrieben.

18. Wie werden Türen dargestellt?
- Mit der Aufschlagrichtung als Viertelkreis oder 45°-Linie.
- Gibt es einen Höhenunterschied, wird eine Linie in der Anschlagebene der Tür gezeichnet.
- Eine Schwelle wird mit zwei dünnen Linien dargestellt.

19. Wie werden Fenster und Fenstertüren dargestellt?
Fenster werden mit einer einfachen Linie und den Brüstungskanten dargestellt oder auch mit dem Fensterrahmen.
Bei Fenstertüren fehlt die innere Brüstungslinie, der Aufschlagbogen wird eingezeichnet. Anschläge sind einzuzeichnen.

1 Bauplanung und Bauantrag

20. In welche Pläne wird die Möblierung eingezeichnet?

– In die Grundrisse von Entwurfsplänen wird die Möblierung eingezeichnet.
– In Baugesuchsplänen werden nur die fest eingebauten sanitären Einrichtungsgegenstände, Heizkessel, Warmwasserspeicher und Öfen eingezeichnet. Außerdem werden Küche und Hauswirtschaftsraum symbolisch eingerichtet.

21. Welche Darstellungen sind für ein Baugesuch erforderlich?

– Pläne im Maßstab 1:100:
  - Grundrisse aller Geschosse.
  - Mindestens ein Schnitt durch das Treppenhaus.
  - Alle Ansichten, bei geschlossener Bauweise Darstellung der Nachbargebäude bis zur ersten Fensterachse.
  - Wenn notwendig Dachdraufsicht.
– Lageplan im Maßstab 1:500 oder 1:200, wenn die Außenanlagen dargestellt werden.
– Darstellung der Außenanlagen im Erdgeschossplan, Lageplan oder eigenem Außenanlagenplan.

22. Was wird in einem Grundrissplan des Baugesuchs eingezeichnet?

– Wände und Stützen,
– geschnittene Wände und Stützen mit dicker Linie und Schraffur oder Flächenfüllung,
– Fenster, Türen und Verglasungen mit dünner Linie,
– Ansichtskanten, wie Brüstungen, Stufen, Kanten von Terrassen, Draufsicht auf darunterliegende Bauteile,
– Treppen; die nach oben führende Treppe wird nach der 5. Stufe schräg abgeschnitten. Die Lauflinie ist darzustellen,
– Geländer,
– Kamine, Lüftungsleitungen, Schächte, Fallrohre,
– Sanitäre Einrichtungsgegenstände, Heizkessel, Warmwasserspeicher, Herd und Spüle.

1 Bauplanung und Bauantrag

23. Was wird in einem Grundrissplan des Baugesuchs bemaßt?

Grundsätzlich alles, was benötigt wird, um Flächen berechnen zu können:
- Außenmaße,
- Abstände zu Grundgrenzen,
- Öffnungen,
- Wandstärken,
- Raummaße,
- Treppenbreiten,
- Raumflächen.

24. Wie wird eine Strecke mit Zirkel und Bleistift halbiert bzw. eine Mittelsenkrechte errichtet?

An den Streckenenden A und B jeweils einen Kreisbogen zeichnen. Die Verbindung der Schnittpunkte der Kreisbögen C und D halbiert die Strecke als Mittelsenkrechte.

25. Wie wird eine Strecke in gleiche Teile geteilt?

Vom Streckenende A aus in beliebigem Winkel eine Hilfslinie zeichnen und regelmäßige Abstände abtragen. Das Ende der Hilfsstrecke C mit dem Ende der zu teilenden Strecke B verbinden. Parallelen durch die Messpunkte ergeben die Teilungspunkte.

26. Wie wird ein Abstand mit dem Lineal in gleiche Teile geteilt?

Das Lineal zwischen zwei Parallelen, deren Abstand geteilt werden soll, so anlegen, dass einfach ganzzahlige Abstände abgetragen werden können.

27. Wie wird ein Winkel halbiert?

Einen Kreisbogen um den Scheitel S zeichnen. Kreisbögen um die Schnittpunkte A und B dieses Bogens und der Schenkel zeichnen. Deren Schnittpunkt C liegt auf der Winkelhalbierenden.

1 Bauplanung und Bauantrag

28. Wie werden ein 30°- und ein 60°-Winkel konstruiert?

Einen Kreisbogen um den Scheitel S zeichnen. Weiteren Kreisbogen mit gleichem Radius um den Schnittpunkt A dieses Bogens und des Schenkels zeichnen. Deren Schnittpunkt B liegt auf dem zweiten Schenkel eines 60°-Winkels. Den Winkel halbieren ergibt 30°.

29. Wie wird ein Segment- oder Stichbogen bei gegebener Spannweite und Höhe konstruiert?

Eine Mittelsenkrechte auf die Strecke zwischen dem Kämpfer A und dem Scheitel S schneidet die Senkrechte durch den Scheitel S im Bogenmittelpunkt M.

30. Wie wird eine Ellipse mit den Scheitelkrümmungskreisen konstruiert?

Beide Achsenenden werden verbunden. Ein Lot auf diese Gerade durch den Schnittpunkt E der Achsenparallelen durch die Achsenenden schneidet die Achsen in den Mittelpunkten der Scheitelkrümmungskreise.

31. Wie wird ein Korbbogen konstruiert, wenn Spannweite und Höhe gegeben sind?

Ein Kreisbogen um den Mittelpunkt und den Scheitel schneidet die horizontale Achse im Punkt C und ergibt l. An der Verbindung zwischen Kämpfer A und Scheitel S die Länge l von S aus abtragen ergibt D. Eine Mittelsenkrechte auf $\overline{AD}$ schneidet die Achsen in den Bogenmittelpunkten.

32. Wie wird eine Tangente von einem Punkt an einen Kreis gezeichnet?

Einen Halbkreis um die Verbindungslinie Kreismittelpunkt M und Punkt P zeichnen. Der Halbkreis schneidet den Kreis im Berührungspunkt.

1 Bauplanung und Bauantrag

33. Wie wird ein Winkel bei gegebenem Radius ausgerundet?

Zu einem Schenkel eine Parallele im Abstand *r* zeichnen. Der Schnittpunkt mit der Winkelhalbierenden ergibt den Mittelpunkt des Rundungskreises. Das Lot vom Mittelpunkt auf die Schenkel ergibt die Endpunkte des Bogens.

34. Wie wird ein Bogen nach dem Gitterverfahren konstruiert?

Die Geraden bis zum Schnittpunkt verlängern, diese Strecken in gleiche Teile teilen. Den ersten mit dem letzten Punkt verbinden, den zweiten mit dem vorletzten usw.

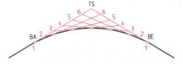

35. Unten ist die Draufsicht dargestellt, in den beiden linken Spalten darüber die Vorderansicht. In den rechten beiden Spalten stehen die mit Buchstaben bezeichneten Seitenansichten von links. Ordnen Sie den Vorderansichten die entsprechenden Seitenansichten zu.

1G, 2D, 3H, 4C, 5B, 6A, 7E, 8F

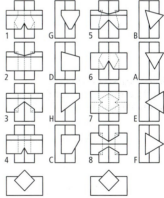

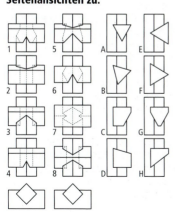

1 Bauplanung und Bauantrag

36. Wie wird die wahre Länge einer schrägen Kante am Beispiel des Grates eines Walmdaches in Ansicht und Draufsicht ermittelt?

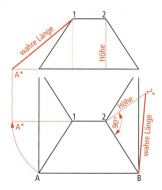

– Drehen Sie in der Draufsicht den Grat um Punkt 1 parallel zur Ansichtsebene. Bringen Sie den Punkt A* in die Ansicht und verbinden Sie in der Ansicht A* und 1, um die wahre Länge zu erhalten.
– Nehmen Sie die Höhe aus der Ansicht ab, errichten Sie eine Normale zum Grat in Punkt 2 und tragen Sie dort die Höhe ab, um den Punkt 2* zu erhalten. Verbinden Sie nun den Punkt 2* mit B um die wahre Länge zu erhalten.

37. Welche Schnittflächen ergeben sich am Kegel?

– Ist der Schnitt parallel zur Grundfläche – ein **Kreis**.
– Führt der Schnitt durch die Spitze – ein **Dreieck**.
– Ist die Schnittebene parallel zu einer Linie, die vom Grundkreis zur Spitze führt (Mantellinie) – eine **Parabel**.
– Ist die Schnittebene flacher geneigt als die Mantellinie – eine **Ellipse**.
– Ist die Schnittebene steiler geneigt als die Mantellinie – eine **Hyperbel**.

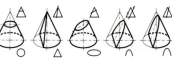

Kreis   Dreieck   Ellipse   Parabel   Hyperbel

1 Bauplanung und Bauantrag

38. Wie wird eine Isometrie gezeichnet?

Die Höhen werden senkrecht gezeichnet, Längen und Breiten jeweils im Winkel von 30°, alle Längen werden unverkürzt dargestellt.

39. Wie wird eine Kabinettprojektion (Schrägriss) gezeichnet?

Von der unverzerrten Ansicht aus werden die Tiefen im 45°-Winkel aufgetragen und auf die Hälfte verkürzt.

40. Wie wird eine Millitärperspektive gezeichnet?

Die Draufsicht wird verdreht dargestellt und die Höhen senkrecht nach oben unverkürzt aufgetragen.

41. Ergänzen Sie die Draufsicht und zeichnen Sie die Vorder- und Seitenansicht sowie eine Isometrie des Baukörpers im Maßstab 1:100.
Der Baukörper weist zwei kreuzende Satteldächer mit einer Dachneigung von 30° auf. Die Traufenhöhen betragen 4,80 m und 5,10 m beim schmalen, auskragenden Teil, dessen Unterkante 2,50 m hoch liegt. Verdeckte Linien sind einzuzeichnen.

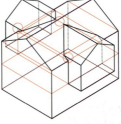

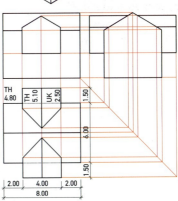

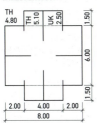

handwerk-technik.de

42. Zeichnen Sie für den in Aufgabe **41.** dargestellten Baukörper die Draufsicht mit Schatten, Lichteinfall unter 45°.

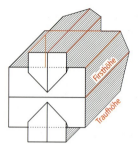

43. Ergänzen Sie die Draufsicht und zeichnen Sie die Vorder- und Seitenansicht sowie eine Isometrie des Stahlbetonbauteils im Maßstab 1:10.

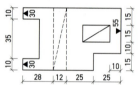
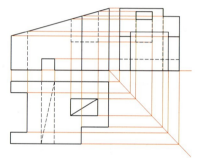

Körperoberseite schräg von 30…55 cm. Aussparung 25/15 cm, Unterkante +25 cm. Nut an der Unterseite durchgehend, Oberkante +10 cm.

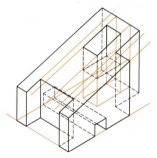

1 Bauplanung und Bauantrag

44. Zeichnen Sie eine schräg geschnittene 5-seitige Pyramide. Der Umkreis des Basisfünfecks ist gegeben, der Punkt A ist ein Eckpunkt. Die Spitze S ist ebenso gegeben, wie die 22,5° geneigte Schnittebene, die in der Vorderansicht projizierend ist und die Mantellinie durch A in der Mitte teilt. Maßstab 1:25, Maße in cm.

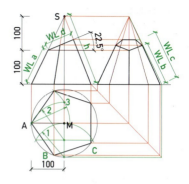

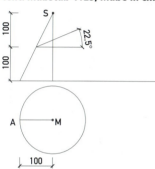

45. Konstruieren Sie die Mantelfläche der obigen schräg geschnittenen 5-seitigen Pyramide.

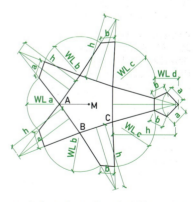

46. Wie werden die Bildpunkte einer Perspektive konstruiert?

Durch den Schnitt der Sehstrahlen mit der Bildebene in der Draufsicht. Die Sehstrahlen führen vom Augpunkt zu den Objektpunkten.

47. Wo schneiden sich einander parallele Linien in der Perspektive?

In den Fluchtpunkten. Die Fluchtpunkte horizontaler Linien liegen am Horizont.

48. Wie hoch steht die Sonne zu Mittag zur Winter-, zur Sommersonnenwende und zur Tag- und Nachtgleiche?

Der Sonneneinfallswinkel α ist abhängig von der geografischen Breite β und der Neigung der Erdachse zur Umlaufbahn um die Sonne von 23°:
- Wintersonnenwende:
  $\alpha = 90° - \beta - 23°$
- Sommersonnenwende:
  $\alpha = 90° - \beta + 23°$
- Tag- und Nachtgleiche:
  $\alpha = 90° - \beta$

49. Was ist der Unterschied zwischen Gesetzen, Verordnungen und Normen?

- Gesetze werden vom Gesetzgeber der Gebietskörperschaft (Bundestag, Landtag, Gemeinderat) beschlossen und sind rechtsverbindlich.
- Verordnungen werden von der Verwaltungsbehörde (Minister, Bürgermeister) aufgrund von Gesetzen erlassen und sind ebenfalls rechtsverbindlich.
- Normen werden von Normenausschüssen ausgearbeitet. In diesen Ausschüssen sitzen Vertreter der Industrie und sonstiger Interessengruppen. Normen stellen die anerkannten Regeln der Technik dar. Sie sind nicht rechtsverbindlich, es sei denn, der Gesetzgeber erklärt sie mittels eines Gesetzes dazu. Sonst gilt im Streitfall die Nichterfüllung der Norm als mangelhafte Ausführung.

50. Welche Bundesgesetze und -verordnungen regeln das Bau- und Planungsrecht?

- Baugesetzbuch
- Baunutzungsverordnung
- Planzeichenverordnung
- Umweltschutzgesetze
- Energieeinsparverordnung

51. Welche Landesgesetze und -verordnungen regeln das Bau- und Planungsrecht?

- Landesbauordnung
- Ausführungsverordnung zur Landesbauordnung
- Garagenverordnung
- Denkmalschutzgesetz
- Naturschutzgesetz

1 Bauplanung und Bauantrag

52. Welche Regelungen zum Bau- und Planungsrecht werden von der Gemeinde getroffen?

– Flächennutzungsplan
– Bebauungsplan
– Vorgaben für städtebauliche Sanierungsmaßnahmen

53. Wer führt die Regionalplanung durch und zu welchem Zweck?

– Bund, Länder, Regionalverbände
– Koordinierung der Flächennutzung über die Gemeindegrenzen hinweg, z. B. durch Verkehrslinienplan, Entwicklungsachsen für Siedlungen und Gewerbe, zusammenhängende Naturschutz- und Grüngebiete.

54. Was regelt das Baugesetzbuch (BauGB)?

Die Bauleitplanung:
– Zweck, Inhalt und Verfahren der Flächennutzungs- und Bebauungsplanung,
– städtebaulicher Vertrag mit Privaten – vorhabenbezogener Bebauungsplan.

Sicherung der Bauleitplanung:
– Veränderungssperre zur Aufstellung eines Bebauungsplanes, Vorkaufsrecht der Gemeinde.

Regelung der baulichen Nutzung:
– Zulässigkeit von Bauvorhaben in Gebieten ohne Bebauungsplan, innerhalb und außerhalb von bebauten Orten,
– Entschädigungen.

Bodenordnung:
– Umlegung von Grenzen,
– Enteignungen.

Städtebauliche Sanierungsmaßnahmen.

55. Was regelt die Baunutzungsverordnung?

Art der baulichen Nutzung:
– Kleinsiedlungsgebiet,
– Wohngebiet,
– Mischgebiet,
– Kerngebiet, Dorfgebiet,
– Gewerbegebiet,
– Industriegebiet,
– Sondergebiet.

Maß der baulichen Nutzung:
– Grundflächenzahl,
– Geschossflächenzahl, Baumassenzahl,
– Zahl der Vollgeschosse,
– Gebäudehöhe,
– Anrechnung von Stellplätzen und Garagen.

1 Bauplanung und Bauantrag

Bauweisen:
- offene Bauweise (Einzelhäuser, Doppelhäuser, Hausgruppen),
- geschlossene Bauweise.

56. Welches sind die Elemente der Bauleitplanung?

Der Flächennutzungsplan und der Bebauungsplan.

57. Wer stellt den Flächennutzungsplan und den Bebauungsplan auf?

Sie werden von der Gemeinde in eigener Verantwortung aufgestellt.

58. Wie wird der Flächennutzungsplan dargestellt?

In eine Karte (Maßstab 1:5000 oder 1:10000) werden die geplanten Flächennutzungen eingetragen. Dies erfolgt mit Zeichen und meist farbiger Darstellung gemäß der Planzeichenverordnung.

59. Welche Flächen werden im Flächennutzungsplan ausgewiesen?

- Bauflächen: Wohnbauflächen, gemischte Bauflächen, gewerbliche Bauflächen, Sonderbauflächen.
- Verkehrsflächen, Ver- und Entsorgungsflächen.
- Grünflächen: Parks, landwirtschaftliche Flächen, Wald.
- Wasserflächen, Schutzgebiete, Freileitungen.

60. In welchen Farben werden die Flächen im Flächennutzungsplan dargestellt?

G	Wohnbauflächen	rot
M	Gemischte Bauflächen	braun
G	Gewerbegebiete	grau
S	Sonderbauflächen	orange
	Straßenverkehrsfl.	goldocker
	Bahnanlagen	violett
	Grünflächen	grün

61. Ist der Flächennutzungsplan für ein konkretes Bauvorhaben rechtsverbindlich?

Nein. Er stellt lediglich die Grundlage für den Bebauungsplan dar, welcher rechtsverbindlich ist.

62. Woraus besteht der Bebauungsplan und wie wird er dargestellt?

Schriftlicher Teil:
- Erläuterungen und detaillierte Regelungen.

1 Bauplanung und Bauantrag

Zeichnerischer Teil:
- Auf Grundlage eines Katasterplans mit parzellenscharfer Darstellung (Maßstab 1:500 bis 1:2000).
- Darstellung von Art und Maß der baulichen Nutzung, überbaubarer Grundstücksflächen, Verkehrsflächen.
- Legende mit den verwendeten Planzeichen.

63. Was regelt der Bebauungsplan?

- Art der baulichen Nutzung (Wohngebiet, gewerbliches Baugebiet, …),
- Maß der baulichen Nutzung (Grundflächenzahl, Geschossflächenzahl, Baumassenzahl, Anzahl der Vollgeschosse),
- Bauweise (offen, geschlossen),
- Form (Einzelhäuser, Doppelhäuser, Hausgruppen),
- Dachform,
- Höhen (Traufhöhe, Firsthöhe),
- Gestaltung,
- Lage der Gebäude durch Baugrenzen oder Baulinien,
- Lage von Garagen, Stellplätzen, Spielplätzen,
- Bepflanzungen.

64. Was regelt ein qualifizierter Bebauungsplan?

Ein qualifizierter Bebauungsplan legt fest:
- Art der baulichen Nutzung,
- Maß der baulichen Nutzung,
- überbaubare Grundstücksflächen,
- örtliche Verkehrsflächen.

Fehlt eine der Festlegungen, handelt es sich um einen **einfachen Bebauungsplan**.

65. Welcher Unterschied ergibt sich für den Antragsteller durch einen einfachen oder qualifizierten Bebauungsplan?

Nur bei einem qualifizierten Bebauungsplan kann ein **vereinfachtes Genehmigungsverfahren** oder ein **Kenntnisgabeverfahren** angewendet werden.

Bei einem einfachen Bebauungsplan ist immer eine Baugenehmigung erforderlich.

1 Bauplanung und Bauantrag

66. Was regelt die Nutzungsschablone und wie ist sie aufgebaut?

Art der baulichen Nutzung	Zahl der Vollgeschosse
Grundflächenzahl	Geschossflächenzahl oder Höhenfestlegungen
Bauweise	Dachform

67. Wo ist die Bebauung geregelt, wenn es keinen Bebauungsplan gibt?

In § 34 und § 35 des Baugesetzbuches.

68. Was regelt § 34 des Baugesetzbuches?

§ 34 BauGB regelt die Zulässigkeit von Bauvorhaben innerhalb zusammenhängend bebauter Orte.
Ein Bauvorhaben ist zulässig, wenn
– die Erschließung gesichert ist,
– es sich in Art und Maß der Nutzung in die Umgebung einfügt,
– das Ortsbild nicht beeinträchtigt wird.

69. Was regelt § 35 des Baugesetzbuches?

§ 35 BauGB regelt die Zulässigkeit von Bauvorhaben im Außenbereich.
Ein Bauvorhaben ist zulässig, wenn
– die Erschließung gesichert ist,
– es einem land- oder forstwirtschaftlichen Betrieb dient,
– es der öffentlichen Versorgung dient.

70. Was sagen diese Nutzungsschablonen aus?

WA	Wohngebiet allgemein
II	max. 2 Vollgeschosse
I	max. 1 Vollgeschoss
0,4	Grundflächenzahl ≤ 0,4
TH 6,5	max. Traufhöhe 6,5 m
FH	max. Firsthöhe 11,5 m
WH	max. Wandhöhe
GBH	max. Gebäudehöhe
(0,8)	Geschossflächenzahl ≤ 0,8
E	nur Einzelhäuser zulässig
ED	nur Einzelhäuser und Doppelhäuser zulässig
o	offene Bauweise
SD	Satteldach, Neigung 35° … 40°
FD	Flachdach
2 WE	max. 2 Wohneinheiten pro Gebäude

1 Bauplanung und Bauantrag

71. Was besagt ein Kreis in der Nutzungsschablone?

WA	Ⓘ Ⓘ
0,4	⓪,8
o	FD

– Der Kreis in der ersten Zeile besagt, dass zwei Vollgeschosse zwingend sind.
– Die Geschossflächenzahl in der zweiten Zeile wird meist in einen Kreis geschrieben, sie ist nicht zwingend.

72. Was ist ein Wohngebiet und welche Arten von Wohngebieten gibt es?

Wohngebiete dienen dem Wohnen, Betriebe sind nur in Ausnahmefällen zulässig.
– Kleinsiedlungsgebiet   WS
– Reines Wohngebiet   WR
   (nur Wohnen)
– Allgemeines Wohngebiet   WA
   (vorwiegend Wohnen)
– Besonderes Wohngebiet   WB
   (Erhaltung und Entwicklung der Wohnnutzung)

73. Was ist ein Mischgebiet und welche Arten von Mischgebieten gibt es?

Gebiete für Wohnen und nicht störende Betriebe.
– Dorfgebiet   MD
   (Wohnen, landwirtschaftliche und gewerbliche Betriebe)
– Mischgebiet   MI
   (Wohnen und Gewerbe)
– Kerngebiet   MK
   (Wohnen und vorwiegend Handel, Verwaltung, Kultur)

74. Was ist ein Gewerbegebiet und welche Arten von Gewerbegebieten gibt es?

Gebiete für Gewerbe und Industrie.
– Gewerbegebiet   GE
   (für nicht erheblich störende Betriebe, Wohnen nur im Zusammenhang mit Gewerbebetrieb zulässig)
– Industriegebiet   GI
   (ausschließlich Gewerbe und Industrie)

75. Was ist ein Vollgeschoss?

– Ein oberirdisches Geschoss, dessen Deckenoberkante im Mittel mehr als 1,40 m über dem anschließenden Gelände liegt.
  - Bremen: 1,40 m über der Straße, mehr als 2,00 m über Gelände.
  - Nordrhein-Westfalen und Sachsen-Anhalt: 1,60 m.

– Ein Geschoss, dessen Höhe von Fußbodenoberkante bis Fußbodenoberkante oder Dachhaut mehr als 2,30 m beträgt.
  • Niedersachsen und Sachsen: 2,20 m.
– Ein Dachgeschoss oder zurückgesetztes Geschoss gilt dann als Vollgeschoss, wenn die erforderliche Höhe auf 2/3 der Fläche des darunterliegenden Geschosses erreicht wird.
  • 3/4 in Baden-Württemberg, Hessen, Saarland, Schleswig-Holstein.
  • 1/2 in Sachsen.
  • Bayern und Brandenburg:
    Ein oberirdisches Geschoss mit Aufenthaltsräumen ist ein Vollgeschoss (die Bauordnung für Bayern verwendet den Begriff „Geschoss" im Sinne des Vollgeschosses).

76. Sind Unter- und Obergeschoss dieses Reihenhauses Vollgeschosse?

Untergeschoss:
Höhe über Gelände im Mittel:
(2,43 + 0,26) m : 2 = 1,345 m,
es ist daher kein Vollgeschoss.
Obergeschoss:
Höhe größer als 2,30 m:
6,80 m : 10,00 m = 0,68 > 2/3 = 0,667,
es ist daher ein Vollgeschoss.
Außer in Baden-Württemberg, Hessen, Saarland, Schleswig-Holstein: 0,68 < 3/4 = 0,75, dort ist es kein Vollgeschoss.

77. Sind Unter- und Obergeschoss dieses Reihenhauses Vollgeschosse?

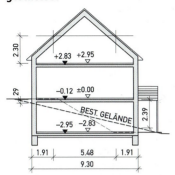

Untergeschoss:
Höhe über Gelände im Mittel:
(0,29 + 2,39) m : 2 = 1,34 m,
es ist daher kein Vollgeschoss.
Obergeschoss:
Höhe größer als 2,30 m:
5,48 m : 9,30 m = 0,59 < 2/3 = 0,667,
es ist daher kein Vollgeschoss.
Außer in Sachsen: 0,59 > 1/2 = 0,50,
dort ist es ein Vollgeschoss.
In Bayern und Brandenburg ist es auch ein Vollgeschoss, da es ein oberirdisches Geschoss mit Aufenthaltsräumen ist.

78. Was gibt die Grundflächenzahl (GRZ) an und wie wird sie ermittelt?

Die GRZ ist das Verhältnis der Grundfläche des Gebäudes zur Grundstücksfläche.

$$GRZ = \frac{Grundfläche}{Grundstücksfläche}$$

79. Was gilt als Grundfläche des Gebäudes für die Berechnung der GRZ?

Die Grundfläche des Gebäudes ist jene Fläche, die von baulichen Anlagen überdeckt ist, von Außenkante zu Außenkante gemessen.

80. Was sind bauliche Anlagen?

Bauliche Anlagen sind unmittelbar mit dem Erdboden verbundene, aus Bauprodukten hergestellte Anlagen, also auch Wege und Terrassen.
Zu baulichen Anlagen zählen außerdem Aufschüttungen und Abgrabungen, Lagerplätze, Campingplätze, Sport- und Spielflächen sowie Stellplätze.

81. Werden Balkone und andere auskragende Gebäudeteile in die Grundfläche des Gebäudes einbezogen?

Je nach Region unterschiedlich:
– Balkone, Erker und Dachvorsprünge, die einschließlich Entwässerung mehr als 50 cm vorspringen, werden voll einbezogen.
– Auskragende Gebäudeteile, wie Balkone, Erker und Dachvorsprünge, die mehr als 1,50 m auskragen oder im Verhältnis zum Gebäude nicht untergeordnet sind, werden voll mitgerechnet.

1 Bauplanung und Bauantrag

82. Werden Terrassen, die unmittelbar ans Gebäude anschließen, in die Grundfläche des Gebäudes einbezogen?

Je nach Region unterschiedlich:
– An das Gebäude anschließende Terrassen gehören zur Hauptfläche des Gebäudes.
– Nicht überdachte Terrassen werden als Nebenanlagen angesehen und wie Garagen und Zufahrten berechnet.
– Manchmal gibt es Erleichterungen, wenn Terrassen und Wege aus sickerfähigem Material bestehen.

83. Werden Zugangswege zum Gebäude in die Grundfläche des Gebäudes einbezogen?

Auch Zugangswege werden unterschiedlich behandelt und entweder der Gebäudefläche oder den Nebenanlagen zugerechnet.

84. Welche Flächen, außer der Grundfläche des Gebäudes, sind bei der Berechnung der GRZ zu berücksichtigen?
Wie wirken sich diese Flächen bei der Berechnung der GRZ aus?

Garagen, Stellplätze, Zufahrten und Nebenanlagen, wie befestigte Flächen oder Geräteschuppen, sowie unterirdische Bauteile werden bei der Berechnung der GRZ mitgerechnet.
Für diese Flächen ist eine Überschreitung der GRZ um 50 % zulässig, allerdings nur bis zu einer GRZ von 0,8.
(§ 19 BaunutzungsVO)

85. Wie groß ist die vorhandene Grundflächenzahl (GRZ)?

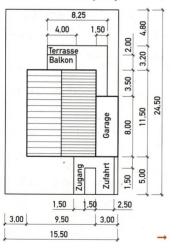

Grundstücksfläche:
$$24{,}50 \text{ m} \cdot 15{,}50 \text{ m} = 379{,}75 \text{ m}^2$$
Gebäudefläche mit Balkon:
$$9{,}50 \text{ m} \cdot 11{,}50 \text{ m} + 4{,}00 \text{ m} \cdot 2{,}00 \text{ m} = 117{,}25 \text{ m}^2$$
Terrasse: $8{,}25 \text{ m} \cdot 3{,}20 \text{ m} - 4{,}00 \text{ m} \cdot 2{,}00 \text{ m} + 1{,}50 \text{ m} \cdot 3{,}50 \text{ m} = 23{,}65 \text{ m}^2$
Zugang:
$1{,}50 \text{ m} \cdot 5{,}00 \text{ m} + 1{,}50 \text{ m} \cdot 1{,}50 \text{ m} = 9{,}75 \text{ m}^2$
Zufahrt: $\quad 2{,}50 \text{ m} \cdot 5{,}00 \text{ m} = 7{,}50 \text{ m}^2$
Garage: $\quad 3{,}00 \text{ m} \cdot 8{,}00 \text{ m} = 24{,}00 \text{ m}^2$
GRZ des Gebäudes, wenn die Terrasse zu den Nebenanlagen zählt:
$$\frac{117{,}25 \text{ m}^2}{379{,}75 \text{ m}^2} = \mathbf{0{,}309}$$

GRZ des Gebäudes, wenn die Terrasse zur Gebäudefläche zählt:
$$\frac{117{,}25 \text{ m}^2 + 23{,}65 \text{ m}^2}{379{,}75 \text{ m}^2} = \mathbf{0{,}371}$$

GRZ des Gebäudes, wenn Terrasse und Zugang zur Gebäudefläche zählen:
$$\frac{117{,}25\ m^2 + 23{,}65\ m^2 + 9{,}75\ m^2}{379{,}75\ m^2} = \mathbf{0{,}397}$$

Flächen für Gebäude, Zufahrt, Garage und Nebenanlagen:
$117{,}25\ m^2 + 23{,}65\ m^2 + 7{,}50\ m^2 + 24{,}00\ m^2$
$+ 9{,}75\ m^2 = 182{,}15\ m^2$

GRZ aus Gebäude und, Zufahrt, Garage und Nebenanlagen:
$$\frac{182{,}15\ m^2}{379{,}75\ m^2} = \mathbf{0{,}480}$$

86. Wie groß ist die vorhandene Grundflächenzahl (GRZ)?

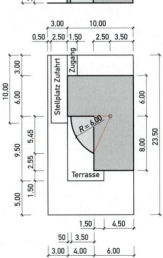

Grundstücksfläche:
$$13{,}00\ m \cdot 23{,}50\ m = 305{,}50\ m^2$$
Gebäude hoher Teil:
$$10{,}00\ m \cdot 6{,}00\ m + 6{,}00\ m \cdot 8{,}00\ m$$
$$= 108{,}00\ m^2$$
Gebäude Kreisabschnitt:
– Winkelberechnung:
$$\frac{2{,}50\ m}{6{,}00\ m} = \cos\alpha \rightarrow \alpha = 65{,}376°$$
– Kreissektor:
$$(6{,}00\ m)^2 \cdot \pi \cdot \frac{65{,}376°}{360°} = 20{,}54\ m^2$$
– Abzugsdreieck:
Länge: $\sqrt{(6{,}00\ m)^2 - (2{,}50\ m)^2} = 5{,}454\ m$
Fläche: $\dfrac{2{,}50\ m \cdot 5{,}454\ m}{2} = 6{,}82\ m^2$
– Kreissektor – Abzugsdreieck:
Gesamt: $20{,}54\ m^2 - 6{,}82\ m^2 = 13{,}72\ m^2$
Gebäude gesamt:
$$108{,}00\ m^2 + 13{,}72\ m^2 = 121{,}72\ m^2$$
Terrasse:
$$4{,}00\ m \cdot 9{,}50\ m - 13{,}72\ m^2$$
$$+ 1{,}50\ m \cdot 1{,}50\ m = 26{,}53\ m^2$$
Zugang:
$$1{,}50\ m \cdot 3{,}00\ m = 4{,}50\ m^2$$
Stellplatz und Zufahrt:
$$2{,}50\ m \cdot 10{,}00\ m = 25{,}00\ m^2$$

1 Bauplanung und Bauantrag

GRZ des Gebäudes, wenn die Terrasse zu den Nebenanlagen zählt:

$$\frac{121{,}72 \text{ m}^2}{305{,}50 \text{ m}^2} = \mathbf{0{,}398}$$

GRZ des Gebäudes, wenn die Terrasse zur Gebäudefläche zählt:

$$\frac{121{,}72 \text{ m}^2 + 26{,}53 \text{ m}^2}{305{,}50 \text{ m}^2} = \mathbf{0{,}485}$$

GRZ des Gebäudes, wenn Terrasse und Zugang zur Gebäudefläche zählen:

$$\frac{121{,}72 \text{ m}^2 + 26{,}53 \text{ m}^2 + 4{,}50 \text{ m}^2}{305{,}50 \text{ m}^2} = \mathbf{0{,}500}$$

GRZ aus Gebäude und Zufahrt, Garage und Nebenanlagen:

$$\frac{121{,}72 \text{ m}^2 + 26{,}53 \text{ m}^2 + 4{,}50 \text{ m}^2 + 25{,}00 \text{ m}^2}{305{,}50 \text{ m}^2} = \mathbf{0{,}582}$$

87. Was gibt die Geschossflächenzahl (GFZ) an und wie wird sie ermittelt?

Die GFZ ist das Verhältnis der Summe der Geschossflächen aller Vollgeschosse zur Grundstücksfläche. Die Geschossflächen sind nach den Außenmaßen zu ermitteln.

$$GFZ = \frac{\text{Geschossflächen}}{\text{Grundstücksfläche}}$$

88. Zählen die Flächen von Aufenthaltsräumen auch dann zur Geschossfläche, wenn sie nicht in einem Vollgeschoss liegen?

Im Bebauungsplan kann festgesetzt werden, dass die Flächen von Aufenthaltsräumen, die nicht in Vollgeschossen liegen, einschließlich der zu ihnen gehörenden Treppenräume und einschließlich ihrer Umfassungswände ganz oder teilweise mitzurechnen sind.

89. Was wird in die Geschossflächenzahl (GFZ) nicht mit einbezogen?

Bei der Ermittlung der Geschossfläche bleiben Balkone, Loggien, Terrassen, Nebenanlagen sowie bauliche Anlagen, soweit sie nach Landesrecht in den Abstandsflächen zulässig sind, unberücksichtigt.

90. Wie groß ist die vorhandene GFZ des Beispiels in Aufgabe 86.?

Erdgeschoss:	121,72 m²
Obergeschoss:	108,00 m²
Geschossfläche gesamt:	229,72 m²
Grundstücksfläche:	305,50 m²
GFZ:	$\frac{229{,}72 \text{ m}^2}{305{,}50 \text{ m}^2} = \mathbf{0{,}752}$

1 Bauplanung und Bauantrag

91. Wie groß ist die vorhandene GFZ des Beispiels in Aufgabe 85., wenn das Hauptgebäude zwei Vollgeschosse aufweist?

Balkon und Garage bleiben unberücksichtigt, da die Garage in der Abstandsfläche gebaut werden darf.
Grundfläche: 9,50 m · 11,50 m = 109,25 m²
Geschossfläche, da 2 Vollgeschosse:
109,25 m² · 2 = 218,50 m²
Grundstücksfläche: 379,75 m²

GFZ: $\dfrac{218,50 \text{ m}^2}{379,75 \text{ m}^2} = \mathbf{0{,}575}$

92. Was gibt die Baumassenzahl (BMZ) an und wie wird sie ermittelt?

Die BMZ ist das Verhältnis der Summe des Gebäudevolumens (Baumasse) zur Grundstücksfläche. Das Gebäudevolumen ist nach den Außenmaßen zu ermitteln.

$$\text{BMZ} = \dfrac{\text{Baumasse}}{\text{Grundstücksfläche}}$$

93. Was bedeuten in der Nutzungsschablone die Planzeichen o bzw. g?

Art der Bauweise:
o offene Bauweise
g geschlossene Bauweise

94. Was bedeutet offene Bauweise?

In der offenen Bauweise sind Abstandsflächen zwischen Einzel-, Doppel- oder Reihenhäusern gemäß der Landesbauordnung einzuhalten.

95. Was bedeutet geschlossene Bauweise?

In der geschlossenen Bauweise werden die Gebäude an die seitlichen Grundstücksgrenzen angebaut.

96. Was bedeutet eine Baugrenze?

Baugrenzen umschließen den Bereich, in dem gebaut werden darf. Gebäudeteile dürfen nur in wenigen Fällen über die Baugrenze ragen.

97. Was bedeutet eine Baulinie?

Entlang der Baulinie muss gebaut werden.

98. Wie werden Baugrenzen und Baulinien im Bebauungsplan dargestellt?

Baugrenzen: Strich-Strich-Punkt
blau

Baulinie: Strich-Punkt-Punkt
rot

99. Wo müssen Abstandsflächen liegen?

Sie müssen auf dem Grundstück selbst liegen oder auf öffentlichen Verkehrs-, Grün- oder Wasserflächen bis zu deren Mitte.

1 Bauplanung und Bauantrag

100. Wann dürfen sich Abstandsflächen überdecken?

Sie dürfen sich nicht überdecken, außer die Wände stehen in einem größeren Winkel als 75° zueinander.

101. Wonach werden Abstandsflächen bemessen?

Sie sind abhängig von der mittleren Wandhöhe ab Gelände bis zum Schnittpunkt der Wand mit der Dachoberfläche.

102. Wie groß ist der Mindestabstand?

In den meisten Bundesländern 3,00 m.
- In Baden-Württemberg und Hamburg 2,50 m.

103. Wie tief ist die Abstandsfläche in Abhängigkeit von der Wandhöhe in Wohngebieten? Geben Sie den Faktor an, mit dem die Wandhöhe multipliziert wird, um die Mindesttiefe zu erhalten.

0,4-mal die Wandhöhe in:
- Baden-Württemberg
- Berlin
- Bremen
- Hamburg
- Hessen
- Nordrhein-Westfalen bis 16 m Wandlänge, darüber 0,8
- Rheinland-Pfalz
- Saarland
- Sachsen-Anhalt
- Thüringen

0,5-mal die Wandhöhe in:
- Brandenburg
- Mecklenburg-Vorpommern bis 16 m Wandlänge, darüber 1,0
- Niedersachsen
- Sachsen

1-mal die Wandhöhe, aber an zwei Seiten 0,5-mal in:
- Bayern
- Schleswig-Holstein

104. Wie tief ist die Abstandsfläche in Abhängigkeit von der Wandhöhe in Dorf- und Kerngebieten? Geben Sie den Faktor an, mit dem die Wandhöhe multipliziert wird, um die Mindesttiefe zu erhalten.

In den meisten Bundesländern genauso groß wie in Wohngebieten, außer in:
- Baden-Württemberg: 0,2
- Bayern: 0,5
- Mecklenburg-Vorpommern: 0,5
- Nordrhein-Westfalen bis 16 m Wandlänge: 0,25, darüber 0,5
- Schleswig-Holstein: 0,5

105. Wie tief ist die Abstandsfläche in Abhängigkeit von der Wandhöhe in Gewerbe- und Industriegebieten?
Geben Sie den Faktor an, mit dem die Wandhöhe multipliziert wird, um die Mindesttiefe zu erhalten.

0,25-mal die Wandhöhe in:
- Bayern
- Brandenburg
- Mecklenburg-Vorpommern
- Niedersachsen
- Nordrhein-Westfalen
- Rheinland-Pfalz
- Saarland
- Sachsen
- Schleswig-Holstein

0,2-mal die Wandhöhe in:
- Berlin
- Bremen
- Hamburg
- Hessen
- Sachsen-Anhalt
- Thüringen

0,125-mal die Wandhöhe in:
- Baden-Württemberg

106. Wie werden Giebelflächen bei der Bemessung der Abstandsfläche berücksichtigt, wenn die Dachneigung maximal 70° ist?

- In den meisten Bundesländern voll, das bedeutet, dass auch der Abstand vom First das vorgegebene Maß einhalten muss.
- In Niedersachsen und Sachsen, werden Giebelflächen bis zu einer Wandlänge von 6,00 m nicht berücksichtigt, sonst wie oben voll.
- In Bayern, Nordrhein-Westfalen, Rheinland-Pfalz und Saarland wird die Dachhöhe zu einem Drittel mitgerechnet.
- In Mecklenburg-Vorpommern werden Giebelflächen unter 45° nicht berücksichtigt, sonst wie oben zu einem Drittel.
- In Nordrhein-Westfalen wird die mittlere Wandhöhe der Giebelwand (Wandfläche geteilt durch Wandlänge) berücksichtigt.
- In Baden-Württemberg werden Giebelflächen unter 45° nicht berücksichtigt, sonst mit der halben Höhe eines umschreibenden Rechtecks.

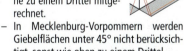

107. Wie werden Dach- und Giebelflächen bei der Bemessung der Abstandsfläche berücksichtigt, wenn die Dachneigung größer als 70° ist?

Sie werden bei der Bemessung der Abstandsflächen so berücksichtigt, als wären die Wandflächen senkrecht.

108. Wie werden Dächer bei der Bemessung der Abstandsfläche berücksichtigt, wenn die Dachneigung maximal 45° ist?

Sie werden bei der Bemessung der Abstandsflächen in den meisten Bundesländern nicht berücksichtigt.
– In Berlin, Bremen, Hamburg, Sachsen-Anhalt und Thüringen werden sie wie Dächer bis 70° zu einem Drittel der Wandhöhe hinzugerechnet.

109. Wie werden Dächer bei der Bemessung der Abstandsfläche berücksichtigt, wenn die Dachneigung maximal 70° ist?

Sie werden in den meisten Bundesländern mit einem Drittel der Wandhöhe hinzugerechnet.
– In Baden-Württemberg und Schleswig-Holstein zu einem Viertel.

110. Welche Gebäudeteile dürfen in die Abstandsfläche ragen?

– Untergeordnete Bauteile wie Gesimse, Dachvorsprünge, Eingangs- und Terrassenüberdachungen.
– Vorbauten wie Erker und Balkone.

111. Wie weit darf ein Balkon in die Abstandsfläche ragen?

Bis zu 1,50 m über maximal 1/3 der Wandlänge, wenn der Minimalabstand zur Nachbargrenze von 2,00 m eingehalten wird.
– In Baden-Württemberg und Brandenburg Breite maximal 5,00 m.
– Mindestabstand zur Grenze in Bremen und Hamburg 2,50 m, in Berlin und Nordrhein-Westfalen 3,00 m.

112. Darf eine Garage in der Abstandsfläche an der Nachbargrenze errichtet werden?

Ja, wenn sie 3,00 m Höhe und 9,00 m Länge nicht überschreitet.
– In Baden-Württemberg und Hessen maximale Wandfläche an der Grenze 25 m².

- In Rheinland-Pfalz und Saarland maximale Länge 12,00 m.
- In Schleswig-Holstein maximale Höhe 2,75 m.

113. In welchen Bundesländern werden die Gebäude nach ihrer Größe in Gebäudeklassen eingeteilt?

In allen außer in Brandenburg, Mecklenburg-Vorpommern, Nordrhein-Westfalen und Schleswig-Holstein.

114. Wie sind die Gebäudeklassen 1, 2 und 3 definiert?

GKL 1, 2 und 3:
- Höhe bis Fußbodenoberkante oberstes Geschoss maximal 7,00 m.

GKL 1 und 2:
- maximal 2 Nutzungseinheiten.
- maximal 400 m^2 Brutto-Grundfläche.

GKL 1:
- frei stehende Gebäude.
- oder frei stehende land- oder forstwirtschaftliche Gebäude, die größer sind als 400 m^2.

115. Wie sind die Höhen der Gebäudeklassen 4 und 5 definiert?

GKL 4:
- Höhe bis Fußbodenoberkante oberstes Geschoss maximal 13,00 m.

GKL 5:
- maximal 22,00 m.

116. Was ist ein Hochhaus?

Ein Gebäude, dessen Fußbodenoberkante des obersten Geschosses mehr als 22,00 m über dem Gelände liegt.

117. Wofür ist die Gebäudeklasse von Bedeutung?

- Vereinfachtes Baugenehmigungs- und Kenntnisgabeverfahren,
- Notwendigkeit eigener Treppenräume,
- Kinderwagen- und Fahrradabstellräume,
- Treppen und Flure,
- Brüstungen,
- Brandschutz.

118. Bei welchen Gebäudeklassen können alle Bauteile oberhalb des Kellers als Holzkonstruktion errichtet werden?

Bei den Gebäudeklassen 1…3.
Hier werden nur feuerhemmende oder – für Brandwände – hochfeuerhemmende Konstruktionen verlangt.

1 Bauplanung und Bauantrag

119. Was ist das Kataster und woraus besteht es?

Das Kataster ist ein amtliches Verzeichnis aller Grundstücke und besteht aus Flurbuch und Flurkarte.

120. Was ist eine Gemarkung und eine Flur?

Die Gemarkung ist eine Flächeneinheit des Katasters und entspricht früheren Ortschaften. Sie kann in Fluren unterteilt sein.

121. Was ist ein Flurstück?

Ein in die Flurkarte mit eigener Nummer eingetragenes Grundstück.

122. Was ist das Grundbuch und wo liegt es auf?

Das Grundbuch ist ein Verzeichnis aller Grundstücke und liegt beim Amtsgericht auf.

123. Wer darf in das Grundbuch einsehen?

Jeder, der ein berechtigtes Interesse vorweisen kann, wie beispielsweise ein Kaufinteressent.

124. Was ist im Grundbuch ersichtlich?

Für jedes Grundstück wird ein Grundbuchblatt angelegt, welches aufgegliedert ist in:
– Bestandsverzeichnis: Größe des Grundstücks und die mit ihm verbundenen Rechte.
– Abteilung I: Eigentumsverhältnisse.
– Abteilung II: Bauliche Lasten.
– Abteilung III: Finanzielle Lasten.

125. Was sind Baulasten?

Baulasten sind Ansprüche an ein Grundstück die öffentlichem Interesse dienen, wie Straßenverbreiterungen oder Leitungsführungen.
Sie sind im Baulastenverzeichnis der Gemeinde einzusehen.

126. Was sind bauliche Lasten?

Bauliche Lasten sind private Ansprüche an ein Grundstück, wie ein Wegerecht. Sie sind im Grundbuch, Abschnitt II einzusehen.

127. Was bedeutet eine Veränderungssperre?

Wenn eine Gemeinde die Aufstellung eines Bebauungsplanes beschlossen hat, kann sie für die betroffenen Gebiete für maximal zwei Jahre eine Veränderungssperre verhängen. Während dieser Zeit dürfen keinerlei Baumaßnahmen durchgeführt werden.

1 Bauplanung und Bauantrag

128. Welche Bauvorhaben sind von der Genehmigungspflicht freigestellt?

– Instandhaltungsarbeiten.
– Nutzungsänderungen, wenn keine anderen Anforderungen als für die bisherige Nutzung bestehen.
– Zusätzlicher Wohnraum innerhalb kleiner Wohngebäude.

In vielen Bundesländern außerdem:
– Kleine untergeordnete Gebäude mit Firsthöhen unter 4 m ohne Aufenthaltsräume, Feuerstätten und Aborte,
– kleine frei stehende land- oder forstwirtschaftlich genutzte Gebäude ohne Keller,
– Gewächshäuser mit Firsthöhen bis zu 4 m,
– Kleingartenlauben mit begrenzter Grundfläche.

129. Was ist das Kenntnisgabeverfahren (auch Bauanzeigeverfahren oder Freistellungsverfahren genannt)?

– In Baden-Württemberg, Brandenburg, Rheinland-Pfalz und Schleswig-Holstein.

Der Bauherr gibt der Baubehörde seine Bauabsicht bekannt, indem er die Bauvorlagen einreicht. Die Behörde bestätigt schriftlich den Eingang der Bauvorlagen. Wird nichts Gegenteiliges mitgeteilt, kann binnen einer Frist von (meist) zwei Wochen der Bau begonnen werden. Baubeginn und Bauleiter sind der Behörde bekanntzugeben.

130. Welche Gebäude dürfen im Kenntnisgabeverfahren errichtet werden?

Wohngebäude der Gebäudeklassen 1…3 im Geltungsbereich eines gültigen Bebauungsplanes.
– In Baden-Württemberg Wohngebäude bis GKL 5 und sonstige Bauten außer Gaststätten bis GKL 3.

131. Was ist das vereinfachte Genehmigungsverfahren?

Die Behörde prüft die Bauvorlagen eingeschränkt und muss binnen einer Frist von (meist) 3 Monaten den Antrag genehmigen oder ablehnen.

132. Welche Gebäude dürfen im vereinfachten Genehmigungsverfahren errichtet werden?

Wohnbauten der Gebäudeklassen 1…3.
– Alle Wohnbauten, außer Hochhäusern, in Bremen, Hamburg und Hessen.
– Alle Gebäude, außer Sonderbauten wie Hochhäuser, in Bayern, Berlin, Niedersachsen, Nordrhein-Westfalen, Rheinland-Pfalz, Sachsen, Schleswig-Holstein.

1 Bauplanung und Bauantrag

133. Welche Fachleute muss der Bauherr für ein genehmigungspflichtiges Bauvorhaben bestellen?

– Entwurfsverfasser
– Unternehmer
– Bauleiter

134. Welche Voraussetzungen muss der Entwurfsverfasser erfüllen?

Er muss über die Bauvorlageberechtigung verfügen.

135. Welche Berufsgruppen sind bauvorlageberechtigt?

– Architekten,
– Innenarchitekten für Aufgaben, die mit ihrem Berufsfeld verbunden sind,
– Bauingenieure, die in die Liste der Planverfasser der Ingenieurkammer eingetragen sind.

136. Welche Berufsgruppen sind nur für kleinere Bauvorhaben bauvorlageberechtigt?

– Absolventen der Studienrichtungen Architektur, Hochbau oder Bauingenieurwesen.
– Staatlich geprüfte Techniker der Fachrichtung Bautechnik.
– Betonbauer-, Maurer- und Zimmermeister.

137. Wofür ist der Entwurfsverfasser verantwortlich?

Er ist dafür verantwortlich, dass der Entwurf vollständig und ausführbar ist und die Bauvorschriften eingehalten werden.

138. Wofür ist der Unternehmer verantwortlich?

Er ist für die sichere und ordnungsgemäße Bauausführung verantwortlich und dafür, dass sie den anerkannten Regeln der Technik und den genehmigten Bauvorlagen entspricht.

139. Wofür ist der Bauleiter verantwortlich?

Er ist für den sicheren Betrieb der Baustelle verantwortlich und dafür, dass die Bauausführung den Vorschriften und den Plänen des Entwurfsverfassers entspricht.

140. Wozu dient eine Bauvoranfrage?

Wenn die Planung von den Vorgaben des Bebauungsplanes abweicht oder nicht im Bereich eines Bebauungsplanes liegt, kann mit einer Bauvoranfrage die Genehmigungsfähigkeit abgeklärt werden.

1 Bauplanung und Bauantrag

141. Welche Unterlagen werden für den Bauantrag benötigt?

Der Bauantrag wird mit den erforderlichen Bauvorlagen in einer Mappe zusammengefasst und enthält:
- Antrag auf Baugenehmigung,
- Übersichtsplan 1:2000 auf Grundlage einer amtlichen Flurkarte,
- Lageplan, zeichnerischer Teil, Maßstab 1:500 oder 1:200,
- Lageplan, schriftlicher Teil,
- Auszug aus dem Liegenschaftskataster,
- Zustimmungserklärung der Angrenzer,
- Baumbestandsplan,
- Nachweis der erforderlichen Kinderspielplätze,
- Nachweis der erforderlichen Kfz-Stellplätze,
- Abstandsflächenplan,
- Bauzeichnungen 1:100,
- Baubeschreibung,
- technische Angaben zu Feuerungsanlagen und zu sonstigen haustechnischen Anlagen,
- Angaben zu gewerblichen Anlagen,
- Darstellung der Grundstücksentwässerung,
- Standsicherheitsnachweis,
- Wärmeschutz- oder Energiebedarfsnachweis und sonstige bautechnische Nachweise,
- Berechnung der Wohn- und Nutzflächen,
- Benennung eines Bauleiters,
- Nachweis der Bauvorlageberechtigung des Entwurfsverfassers,
- statistischer Erhebungsbogen.

142. Was sind die wesentlichen Inhalte des zeichnerischen Teils des Lageplans?

Der Lageplan zeigt im Maßstab 1:500 oder 1:200 die geplanten und bestehenden baulichen Anlagen auf dem Baugrundstück und den Nachbargrundstücken einschließlich Verkehrsflächen. Die Nordrichtung muss mit einem Nordpfeil gekennzeichnet sein.

Für die geplanten Gebäude sind anzugeben:
- Abmessungen und Abstände zu Gebäuden und zu Grundstücksgrenzen,
- Lage zu den Baulinien und Baugrenzen,
- Geländehöhe und Höhenlage des Erdgeschosses.

Des Weiteren muss aus dem Plan erkennbar sein:
- Bezeichnung des Grundstücks und der Nachbargrundstücke nach dem Liegenschaftskataster,
- Festsetzungen im Bebauungsplan,
- Geschosszahl,
- Dachform und Firstrichtung,
- Zugänge und Zufahrten zum Grundstück,
- Verkehrsflächen auf dem Grundstück,
- Stellplatz- oder Garagenflächen,
- Spielplatzflächen,
- von Feuerwehrfahrzeugen zu beanspruchende Flächen,
- von Baulasten belegte Bereiche.

143. Was sind die wesentlichen Inhalte des schriftlichen Teils des Lageplans?

- Grundstücksbezeichnung, Fläche und Eigentümer,
- Verzeichnis der Nachbargrundstücke,
- Baulasten und sonstige öffentliche Lasten,
- Festlegungen des Bebauungsplanes,
- Berechnung der Grundflächenzahl, Geschossflächenzahl oder Baumassenzahl.

144. Was gehört zu den Bauzeichnungen?

Die Bauzeichnungen sind im Maßstab 1:100 zu erstellen und bestehen aus
- den Grundrissen sämtlicher Geschosse und des nutzbaren Dachraums,
- den Schnittzeichnungen und
- den Ansichten.

145. Was ist in die Grundrisspläne einzuzeichnen?

- Wände, Fenster und Türen sowie sonstige Öffnungen und Lichtschächte,
- Treppen und Rampen,
- Schornsteine oder Abgasanlagen, Feuerstätten, Brennstoffbehälter,
- Toiletten, Duschen, Badewannen, Wasch- und Spülbecken,

1 Bauplanung und Bauantrag

- Schnittlinien,
- im Erdgeschossgrundriss umgebende Außenanlagen sowie Baugrenzen oder Baulinien,
- Raumwidmungen und Raumflächen.
- Die Bemaßung gibt die Maße der Wände, Treppen und Schornsteine sowie die Lage und Größe der Fenster an. Sie ist so zu wählen, dass alle Flächen leicht nachvollziehbar zu berechnen sind.

146. Was ist in die Schnittpläne einzuzeichnen?

Mindestens ein Schnitt durch die Treppe mit Darstellung von Fundamenten, Wänden, Decken, Dächern, Fenstern und sonstigen Öffnungen, des Schornsteins und des anschließenden Geländes.
Bemaßt werden nur Höhenmaße:
- Erdgeschosshöhe in m ü. NHN,
- Geschosshöhen und lichte Raumhöhen,
- Treppen mit Angabe der Stufenzahl und des Steigungsverhältnisses sowie Rampen,
- Anschnitte des vorhandenen künftigen Geländes,
- Dachhöhen und -neigung.

147. Was ist in die Ansichtspläne einzuzeichnen?

Ansichten des Gebäudes und Anschlüsse an Nachbargebäude. Kellergeschosse und Decken werden häufig gestrichelt eingezeichnet.
Die Bemaßung enthält nur die Maße, die aus dem Schnitt nicht ersichtlich sind, wie Firsthöhe, Traufhöhe, Dachneigung, Wandhöhe, Gebäudeeckpunkte, Geländehöhen über NHN und Straßenhöhen.

148. Wie sind Bauteile bei einer Umbauplanung darzustellen?

Geschnittene Bauteile mit farbiger Flächenfüllung:

▨ Mauerwerk – rot
▨ Beton – grün
▨ Bestand – grau
▨ Abbruch – gelb

1 Bauplanung und Bauantrag

149. Was enthält die Baubeschreibung?

Die Baubeschreibung enthält Angaben zu
- Nutzung des Gebäudes,
- Nebenanlagen,
- Außenanlagen, Einfriedungen,
- Grundstücksbeschaffenheit,
- Konstruktion des Gebäudes,
- Feuerungsanlagen,
- Brennstofflager,
- Lüftungsanlagen.

150. Welche bautechnischen Nachweise werden in der Regel benötigt?

- Der Standsicherheitsnachweis, also die statische Berechnung,
- der Energiebedarfsnachweis,
- manchmal ein Brandschutznachweis.

151. Wie wird der Bruttorauminhalt (BRI) berechnet?

Die Außenmaße des Gebäudes samt Putz und Verkleidung sind maßgebend.
Nach DIN 277 von der Bruttogrundrissfläche ausgehend geschossweise, von Fußbodenoberkante bis Fußbodenoberkante oder Oberkante Dachhaut.
Bei Untergeschossen von der Bauwerkssohle (= Unterkante Bodenplatte einschließlich Dämmung) beginnend.
Nicht überdeckte Bereiche werden bis Oberkante Brüstung berechnet.

152. Welche Bereiche werden bei der Ermittlung des Bruttorauminhalts (BRI) unterschieden?

Bei der Ermittlung des BRI werden drei Bereiche unterschieden:
a) überdeckt und allseitig in voller Höhe umschlossen (normale Räume in den Geschossen),
b) überdeckt, jedoch nicht allseitig in voller Höhe umschlossen (Loggien, überdeckte Freisitze),
c) nicht überdeckt (Balkone, Dachterrassen).

153. Welche Bauteile werden bei der Berechnung des Bruttorauminhalts (BRI) nicht mit einbezogen?

Nicht zum BRI gehören die Rauminhalte von
- Fundamenten.
- Bauteilen, die im Hinblick auf den Bruttorauminhalt von untergeordneter Bedeutung sind:
  - Lichtschächte,
  - Außentreppen,
  - Eingangsüberdachungen.

1 Bauplanung und Bauantrag

- Untergeordneten Bauteilen:
  - Konstruktive und gestalterische Vor- und Rücksprünge an den Außenflächen,
  - Sonnenschutzanlagen,
  - Lichtkuppeln,
  - über den Dachbelag ragende Schornsteinköpfe, Lüftungsrohre und -schächte,
  - Dachüberstände.

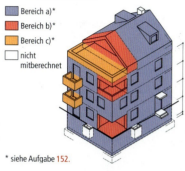

- Bereich a)*
- Bereich b)*
- Bereich c)*
- nicht mitberechnet

* siehe Aufgabe 152.

154. Werden Gauben zum Bruttorauminhalt (BRI) hinzugerechnet?

Gauben gehören zum Bruttorauminhalt Bereich a), da umschlossen.

155. Berechnen Sie die Bruttogrundfläche (BGF) und den Bruttorauminhalt (BRI) des dargestellten Einfamilienhauses.

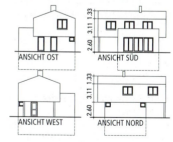

Berechnung der Bruttogrundfläche (BGF):
Keller:
7,30 m · 9,90 m = 72,27 m²
Erdgeschoss:
7,30 m · 9,90 m = 72,27 m²
Obergeschoss:
12,05 m · 7,30 m = 87,97 m²
Summe BGF: **232,51 m²**

Berechnung des Bruttorauminhaltes (BRI):
Bereich a) voll umschlossen:
Keller:
7,30 m · 9,90 m · 3,10 m = 224,04 m³
Erdgeschoss:
7,30 m · 7,30 m · 3,00 m + 7,30 m · 2,60 m · 3,25 m = 221,56 m³

Obergeschoss:
$12,05 \text{ m} \cdot 7,30 \text{ m} \cdot \left(2,66 \text{ m} + \frac{1,33 \text{ m}}{2}\right)$
= 292,48 m³
Summe BRI Bereich a): **738,08 m³**

→   →

1 Bauplanung und Bauantrag

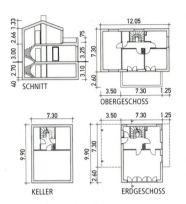

Bereich b) überdeckt:
Erdgeschoss Westseite:
3,50 m · 7,30 m · 2,60 m =   66,43 m³
Erdgeschoss Ostseite:
1,25 m · 7,30 m · 2,60 m =   23,73 m³
Summe BRI Bereich b):   90,16 m³

Bereich c) nicht überdeckt:
Obergeschoss Terrasse:
7,30 m · 2,60 m · 0,75 m =   14,24 m³
Summe BRI Bereich c):   14,24 m³

156. Berechnen Sie den Bruttorauminhalt (BRI) des dargestellten Dachgeschosses.

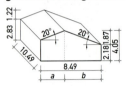

Längen a bis zum First:
$$a = \frac{1{,}22 \text{ m}}{\tan 20°} = \frac{1{,}22 \text{ m}}{0{,}364} = 3{,}35 \text{ m}$$
$b = 8{,}49 \text{ m} - a = 8{,}49 \text{ m} - 3{,}35 \text{ m} = 5{,}14 \text{ m}$
Zerlegung in zwei Trapezkörper:
$$3{,}35 \text{ m} \cdot 10{,}49 \text{ m} \cdot \left(2{,}83 \text{ m} + \frac{1{,}22 \text{ m}}{2}\right)$$
$$= 120{,}89 \text{ m}^3$$
$$5{,}14 \text{ m} \cdot 10{,}49 \text{ m} \cdot \left(2{,}18 \text{ m} + \frac{1{,}87 \text{ m}}{2}\right)$$
$$= 167{,}96 \text{ m}^3$$
Summe BRI: **288,85 m³**

157. Berechnen Sie den Bruttorauminhalt (BRI) der dargestellten Dachgaube.

Zerlegung in drei Teilkörper.

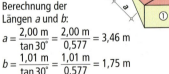

Berechnung der Längen a und b:
$$a = \frac{2{,}00 \text{ m}}{\tan 30°} = \frac{2{,}00 \text{ m}}{0{,}577} = 3{,}46 \text{ m}$$
$$b = \frac{1{,}01 \text{ m}}{\tan 30°} = \frac{1{,}01 \text{ m}}{0{,}577} = 1{,}75 \text{ m}$$

Körper 1: Dreiecksprisma:
$$\frac{3{,}50\ m \cdot 3{,}46\ m \cdot 2{,}00\ m}{2} = \quad 12{,}11\ m^3$$
Körper 2: Dreiecksprisma:
$$\frac{3{,}50\ m \cdot 3{,}46\ m \cdot 1{,}01\ m}{2} = \quad 6{,}12\ m^3$$
Körper 3: Dreieckspyramide:
$$\frac{3{,}46\ m \cdot 1{,}01\ m}{2} \cdot \frac{1{,}75\ m}{3} = \quad 1{,}02\ m^3$$
Summe BRI: **19,25 m³**

158. Berechnen Sie den Bruttorauminhalt (BRI) des dargestellten Dachgeschosses.

Zerlegung in Teilkörper.

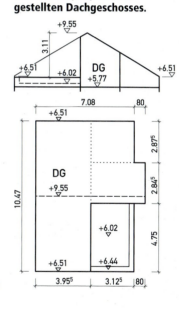

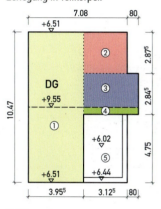

Teilkörper 1:
Höhe bis zur Traufe:
$h_T = 6{,}51\ m - 5{,}77\ m = 0{,}74\ m$
Höhe von Traufe zu First:
$h_1 = 9{,}55\ m - 6{,}51\ m = 3{,}04\ m$
Mittlere Höhe:
$$0{,}74\ m + \frac{3{,}04\ m}{2} = 2{,}26\ m$$
Grundfläche mal mittlere Höhe:
$3{,}955\ m \cdot 10{,}47\ m \cdot 2{,}26\ m = \quad$ **93,58 m³**

Berechnung der im Plan nicht direkt angegebenen Maße:

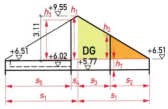

$s_1 = \dfrac{10{,}47 \text{ m}}{2} = 5{,}235 \text{ m}$

$s_3 = s_1 - s_2 = 5{,}235 \text{ m} - 2{,}875 \text{ m} = 2{,}36 \text{ m}$

$s_4 = s_1 - s_5 = 5{,}235 \text{ m} - 4{,}75 \text{ m} = 0{,}485 \text{ m}$

$h_T = 0{,}74 \text{ m}$

$h_1 = 3{,}04 \text{ m}$

$h_2: \dfrac{h_1}{s_1} = \dfrac{h_2}{s_2} \quad h_2 = \dfrac{h_1}{s_1} \cdot s_2$

$h_2 = \dfrac{3{,}04 \text{ m}}{5{,}235 \text{ m}} \cdot 2{,}875 \text{ m} = 1{,}67 \text{ m}$

$h_3: \dfrac{h_1}{s_1} = \dfrac{h_3}{s_5} \quad h_3 = \dfrac{h_1}{s_1} \cdot s_5$

$h_3 = \dfrac{3{,}04 \text{ m}}{5{,}235 \text{ m}} \cdot 4{,}75 \text{ m} = 2{,}76 \text{ m}$

Teilkörper 2: Trapezkörper:
Mittlere Höhe:

$0{,}74 \text{ m} + \dfrac{1{,}67 \text{ m}}{2} = 1{,}575 \text{ m}$

Grundfläche mal mittlere Höhe:
3,125 m · 2,875 m · 1,575 m   = **14,15 m³**

Teilkörper 3: Trapezkörper:
Mittlere Höhe:

$0{,}74 \text{ m} + \dfrac{1{,}67 \text{ m} + 3{,}04 \text{ m}}{2} = 3{,}095 \text{ m}$

Grundfläche mal mittlere Höhe:
(3,125 m + 0,80 m) · 2,36 m · 3,095 m
= **28,67 m³**

→

1 Bauplanung und Bauantrag

Teilkörper 4: Trapezkörper:
Mittlere Höhe:
$$0{,}74 \text{ m} + \frac{2{,}76 \text{ m} + 3{,}04 \text{ m}}{2} = 3{,}64 \text{ m}$$
Grundfläche mal mittlere Höhe:
$(3{,}125 \text{ m} + 0{,}80 \text{ m}) \cdot 0{,}485 \text{ m} \cdot 3{,}64 \text{ m}$
$ = \mathbf{6{,}93 \text{ m}^3}$
Summe BRI Bereich a) (überdeckt):
$93{,}58 \text{ m} + 14{,}15 \text{ m} + 28{,}67 \text{ m} + 6{,}93 \text{ m} =$
$ = \mathbf{143{,}33 \text{ m}^3}$
Teil 5:
BRI Bereich c) (nicht überdeckt):
$3{,}125 \text{ m} \cdot 4{,}75 \text{ m} \cdot (6{,}44 \text{ m} - 6{,}02 \text{ m})$
$ = \mathbf{6{,}23 \text{ m}^3}$

159. Was ist die Bruttogrundfläche (BGF) nach DIN 277?

Die Summe aller Grundrissebenen eines Gebäudes mit Nutzungen, über die Außenkanten gemessen.

160. In welche Grundflächen wird die Bruttogrundfläche nach DIN 277 aufgegliedert?

Nach DIN 277 besteht die Bruttogrundfläche (BGF) aus:
– Konstruktionsgrundfläche (KGF) und
– Nettogrundfläche (NGF). Die Nettogrundfläche gliedert sich in:
  • Nutzfläche (NF),
  • Technische Funktionsfläche (TF) und
  • Verkehrsfläche (VF).

161. Was beinhaltet die Konstruktionsgrundfläche (KGF) nach DIN 277?

Die KGF besteht aus den Flächen aller aufgehenden Bauteile wie Wände, Stützen einschließlich Verkleidungen, Wandöffnungen und Installationsschächten.

162. Welche Flächen gehören zur Technischen Funktionsfläche nach DIN 277?

Die TF besteht aus den Flächen für haus- und betriebstechnische Versorgung mit Heizung, Lüftung, Elektrizität, Wasserver- und Abwasserentsorgung.

163. Welche Flächen gehören zur Verkehrsfläche nach DIN 277?

Die VF besteht aus den Flächen für die Verkehrserschließung, wie Treppen, Treppenräume, Flure, Eingangshallen, Windfänge.

1 Bauplanung und Bauantrag

164. Wie wird die Nettogrundfläche nach DIN 277 ermittelt?

Sie wird aus den lichten Maßen oberhalb des Fußbodens ermittelt. Dabei werden Fertigmaße berücksichtigt. Sockelleisten, Türverkleidungen und kleine gestalterische Vor- und Rücksprünge bleiben unberücksichtigt. Treppen und Rampen werden der oberen Ebene zugeordnet, Flächen unterhalb davon der unteren Ebene, der jeweiligen Nutzung entsprechend.

165. Ist die DIN 277 auch Grundlage für die Ermittlung der Wohnfläche?

Nein, die Wohnfläche wird nach der Verordnung zur Berechnung der Wohnfläche (WoFlVO) ermittelt.

166. Wie wird die Wohnfläche nach der Verordnung zur Berechnung der Wohnfläche (WoFlVO) ermittelt?

Die Grundflächen werden nach den lichten Fertigmaßen zwischen den Bauteilen, einschließlich Putz oder Bekleidung, berechnet. Bei fehlenden abgrenzenden Bauteilen wird bis zum baulichen Abschluss gemessen.
Tür- und Fensterverkleidungen, Sockelleisten und frei liegende Installationen bleiben unberücksichtigt. Ebenso gehören fest eingebaute Bade- und Duschwannen sowie Öfen und Einbaumöbel zur Wohnfläche.
Treppen mit mehr als drei Stufen zählen nicht zur Wohnfläche.

167. Wann werden Türnischen und bis zum Boden reichende Fenster- und Wandnischen nach WoFlVO zur Wohnfläche hinzugerechnet?

Türnischen und bis zum Boden reichende Fenster- und Wandnischen werden zur Wohnfläche hinzugerechnet, wenn sie tiefer als 13 cm sind.

168. Wie werden Flächen ihrer lichten Höhe entsprechend nach WoFlVO zur Wohnfläche hinzugerechnet?

Abhängig von der lichten Raumhöhe werden die Grundflächen unterschiedlich angerechnet:
– Voll angerechnet werden Grundflächen von Räumen oder Raumteilen mit einer lichten Höhe von mindestens 2 m.
– Zur Hälfte angerechnet werden Grundflächen von Räumen oder Raumteilen mit einer lichten Höhe von mindestens 1 m und weniger als 2 m.
– Nicht angerechnet werden Grundflächen von Räumen oder Raumteilen mit einer lichten Höhe von weniger als 1 m.

1 Bauplanung und Bauantrag

169. Welche Flächen werden ihrer Nutzung entsprechend nach WoFlVO nur teilweise auf die Wohnfläche angerechnet?

Nach der Art der Räume unterschiedlich angerechnet werden:
- Zur Hälfte unbeheizte Wintergärten, Schwimmbäder und ähnliche allseitig umschlossene Räume.
- Zu einem Viertel Balkone, Loggien, Dachgärten und Terrassen.

170. Berechnen Sie die Wohnfläche der dargestellten Wohnung nach der Verordnung zur Berechnung der Wohnfläche. Die grau dargestellten Wände werden mit 1,5 cm Gipskalkputz verputzt, die anderen Wände sind 10 cm dicke Gipswände, die nicht verputzt werden. Bad und WC sind rundum mit einem 1 cm starken Fliesenbelag versehen. Die Durchgangsbreite einer 88,5 cm breiten Tür beträgt 80 cm.

Wohnflächenberechnung raumweise:
Schlafen:
Länge: $\quad$ 3,26 m – 2 · 0,015 m = 3,23 m
Breite: $\quad$ 3,63 m – 0,015 m = 3,615 m
Fläche: $\quad$ 3,23 m · 3,615 m = **11,68 m²**
Küche:
Länge: $\quad$ 2,50 m – 0,015 m = 2,485 m
Breite: $\quad$ 4,10 m – 0,015 m = 4,085 m
Fläche: $\quad$ 2,485 m · 4,085 m = **10,15 m²**
WC:
Längen: $\quad$ 0,78 m – 2 · 0,01 m = 0,76 m
$\quad\quad\quad\quad$ 1,08 m – 2 · 0,01 m = 1,06 m
Breiten: $\quad$ 1,15 m – 2 · 0,01 m = 1,13 m
$\quad\quad\quad\quad$ 0,45 m
Fläche: $\quad$ 0,76 m · 0,45 m + 1,06 m · 1,13 m
$\quad\quad\quad\quad$ = **1,54 m²**

Abstellraum:
Länge: $\quad$ 1,37 m – 0,015 m = 1,355 m
Breite: $\quad$ 1,75 m – 0,015 m = 1,735 m
Fläche: $\quad$ 1,355 m · 1,735 m = **2,35 m²**
Vorraum:
Länge: $\quad$ 2,55 m – 0,015 m = 2,535 m
Breite: $\quad$ 2,25 m
Fläche: $\quad$ 2,535 m · 2,25 m = **5,70 m²**
Bad:
Länge: $\quad$ 2,11 m – 0,025 m – 0,01 m
$\quad\quad\quad\quad$ = 2,075 m
Breite: $\quad$ 2,73 m – 2 · 0,015 m = 2,70 m
Abzug Schacht:
Länge: $\quad$ 0,76 m – 0,015 m = 0,745 m
Breite: $\quad$ 0,20 m
Abzug Vormauerung Waschtisch:
Länge: $\quad$ 1,27 m
Breite: $\quad$ 0,10 m
Fläche: $\quad$ 2,075 m · 2,70 m – 0,745 m
$\quad\quad\quad\quad$ · 0,20 m – 1,27 m · 0,10 m = **5,33 m²**

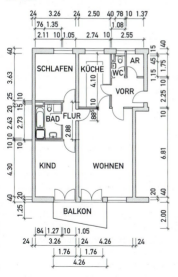

Flur:
Länge: 1,05 m – 0,015 m = 1,035 m
Breite: 2,88 m
Türnische:
Länge: 0,24 m + 2 · 0,015 m = 0,27 m
Breite: 0,80 m
Fläche: 1,035 m · 2,88 m + 0,27 m · 0,80 m
= **3,20 m²**

Kind:
Länge: 3,26 m – 2 · 0,015 m = 3,23 m
Breite: 4,30 m – 0,015 m = 4,285 m
Nische Fenstertür:
Länge: 1,76 m – 2 · 0,015 m = 1,73 m
Breite: 0,20 m + 0,015 m = 0,215 m
Fläche: 3,23 m · 4,285 m + 1,73 m
· 0,215 m = **14,21 m²**

Wohnen:
Länge: 4,26 m – 2 · 0,015 m = 4,23 m
Breite: 6,81 m – 0,015 m = 6,795 m
Nische Fenstertür:
Länge: 1,76 m – 2 · 0,015 m = 1,73 m
Breite: 0,20 m + 0,015 m = 0,215 m
Fläche: 4,23 m · 6,795 m + 1,73 m
· 0,215 m = **29,11 m²**

Wohnfläche ohne Balkon: **83,27 m²**

Balkon: $4,26 \text{ m} \cdot \dfrac{1,25 \text{ m} + 2,00 \text{ m}}{2}$
= **6,92 m²**

Anrechenbare Wohnfläche:

$$83,27 \text{ m}^2 + \frac{6,92 \text{ m}^2}{4} = \mathbf{85,00 \text{ m}^2}$$

171. Berechnen Sie die Wohnfläche des dargestellten Wohnraums im EG nach der WoFlVO. Maße sind Fertigmaße. Lichte Türbreiten 80 cm.

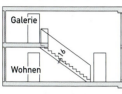

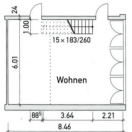

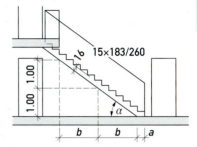

$\tan \alpha = \dfrac{18{,}3\ \text{cm}}{26\ \text{cm}} \quad \alpha = 35{,}14°$

$\sin \alpha = \dfrac{16\ \text{cm}}{a} \quad a = \dfrac{16\ \text{cm}}{\sin \alpha} \quad a = 0{,}278\ \text{m}$

$\dfrac{0{,}183\ \text{m}}{0{,}26\ \text{m}} = \dfrac{1{,}00\ \text{m}}{b} \quad b = \dfrac{0{,}26\ \text{m} \cdot 1{,}00\ \text{m}}{0{,}183\ \text{m}}$

$\qquad\qquad\qquad\qquad\quad = 1{,}421\ \text{m}$

Hauptfläche: $8{,}46\ \text{m} \cdot 6{,}01\ \text{m} = 50{,}84\ \text{m}^2$
Türen: $0{,}80\ \text{m} \cdot 0{,}24\ \text{m} \cdot 2 = 0{,}38\ \text{m}^2$
Abzug unter 1,00 m Höhe:
$(0{,}278\ \text{m} + 1{,}421\ \text{m}) \cdot 1{,}0\ \text{m} = -1{,}70\ \text{m}^2$
Abzug zwischen 1,00 und 2,00 m Höhe zur Hälfte:
$\dfrac{1{,}421\ \text{m}}{2} \cdot 1{,}00\ \text{m} = -0{,}71\ \text{m}^2$

Wohnfläche:
$50{,}84\ \text{m} + 0{,}38\ \text{m} - 1{,}70\ \text{m} - 0{,}71\ \text{m}$
$= \mathbf{48{,}81\ \text{m}^2}$

172. Was gehört zum Entwässerungsplan?

Er besteht in der Regel aus einem Lageplan und aus Grundrissen und Schnitten im Maßstab 1:100 mit eingetragener Entwässerungsanlage.

173. Was ist in den Entwässerungsplan einzutragen?

In allen Plänen wird dargestellt:
– Verlauf der geplanten und vorhandenen Leitungen,
– Leitungsquerschnitte (Nennweite/Nenndurchmesser),
– Leitungsmaterialien,
– Gefälle der Leitungen mit Höhen in Bezug auf NHN.

Die Höhenangaben beinhalten:
- Die tiefsten zu entwässernden Stellen,
- die Einlaufstellen in den öffentlichen Kanal (Siel) oder andere Abwasseranlagen und
- die Straße in Bezug auf NHN.

Im Lageplan werden dargestellt:
- Alle Schächte und Wasserablaufstellen außerhalb des Hauses mit den zu entwässernden Flächen,
- Lage des Anschlusses an die öffentliche Kanalisation mit Angaben zu Anschlussschacht, Rohrdurchmessern, Höhen des Einlaufs und der Sohlen über NHN sowie zum Gefälle,
- Lage von Brunnen, auch auf benachbarten Grundstücken,
- Lage von Kleinkläranlagen, Sickeranlagen und Vorreinigungsanlagen.

In Grundrissen und Schnitten werden dargestellt:
- Fall-, Sammel- und Grundleitungen,
- Entwässerungsgegenstände, Bodeneinläufe,
- Rückstauvorrichtungen,
- Reinigungsrohre, Putzschächte,
- Abscheider,
- Abwasserhebeanlagen.

174. Wie sind Leitungen im Entwässerungsplan darzustellen?

Abwasser als durchgezogene Linien.
Niederschlagswasser als gestrichelte Linien.
Mischwasser als Strich-Punkt-Linien.
Dränleitungen als gepunktete Linien.

175. Wann darf mit dem Bau begonnen werden?

Nach Erteilung der Baugenehmigung darf mit dem Bau begonnen werden.
Bei Bauvorhaben, die keiner Baugenehmigung bedürfen, darf, nachdem die Behörde den Eingang der Bauunterlagen bestätigt hat, nach einer festgelegten Frist begonnen werden.

1 Bauplanung und Bauantrag

176. Was ist vor Baubeginn zu tun?

– Vor Baubeginn eines Gebäudes müssen die Grundfläche abgesteckt und seine Höhenlage festgelegt und gekennzeichnet sein.
– Der Baubeginn ist der Behörde meist eine Woche vorher mitzuteilen.
– Namen und Anschrift von Bauleiter und Unternehmen sind bekanntzugeben.
– Häufig wird verlangt, den Nachbarn den Baubeginn mitzuteilen.

177. Was ist bei Baubeginn zu tun?

– Das Bauschild ist gut sichtbar an der Baustelle anzubringen.
– Die Baugenehmigungen, Bauvorlagen, bautechnischen Nachweise sowie Bescheinigungen von Prüfsachverständigen müssen auf der Baustelle von Baubeginn an vorliegen.

178. Wann erlischt die Baugenehmigung?

Sie erlischt, wenn der Bau nicht binnen einer Frist von (meist) drei Jahren nach Erteilung der Baugenehmigung begonnen wird oder die Bauausführung für mehr als ein Jahr unterbrochen wird.

179. Was bedeutet ein Bauschild mit rotem Punkt und was enthält es?

Es zeigt an, dass die Baugenehmigung erteilt ist. Es enthält Namen und Anschriften
– des Bauherrn,
– des Entwurfsverfassers,
– des Bauleiters und
– des Bauunternehmers.

180. Was bedeutet ein Bauschild mit grünem Punkt?

Es zeigt an, dass das Bauvorhaben keiner Baugenehmigung bedarf (Kenntnisgabeverfahren).

181. In welchen Fällen kann die Behörde Überprüfungen und Abnahmen durchführen?

Die Baubehörde kann jederzeit Überprüfungen auf der Baustelle und in der Baugenehmigung festgelegte Abnahmen durchführen. Diese betreffen vor allem
– die Standsicherheit,
– den Brandschutz,
– die Rohbaufertigstellung oder
– die Fertigstellung als Schlussabnahme.
Der Behörde ist schriftlich mitzuteilen, wann die Voraussetzungen für die Abnahme gegeben sind.

1 Bauplanung und Bauantrag

182. In welchen Fällen kann die Behörde den Bau einstellen?

Werden vorschriftswidrige Bauarbeiten durchgeführt, kann die Baubehörde deren Einstellung anordnen, besonders wenn
- keine Baufreigabe erfolgte,
- erforderliche Bauabnahmen oder Nachweise fehlen,
- von der erteilten Baugenehmigung oder den eingereichten Bauvorlagen abgewichen wird,
- Bauprodukte verwendet werden, die kein CE- oder Ü-Zeichen tragen.

183. Wann ist die Baufertigstellung der Behörde anzuzeigen?

Die Fertigstellung ist der Behörde zwei Wochen vorher anzuzeigen, erst danach oder nach der Schlussabnahme darf mit der Nutzung begonnen werden.

Dies gilt nicht in Baden-Württemberg, Niedersachsen und Sachsen.

184. Wann darf mit der Nutzung begonnen werden?

Eine bauliche Anlage darf erst benutzt werden, wenn sie selbst, Zufahrtswege, Wasserversorgungs- und Abwasserentsorgungs- sowie Gemeinschaftsanlagen sicher benutzbar sind.

Feuerstätten dürfen erst in Betrieb genommen werden, wenn der Bezirksschornsteinfegermeister die Tauglichkeit und die sichere Benutzbarkeit der Abgasanlagen bescheinigt hat.

185. Welche Arten der Kostenermittlung gibt es?

- Kostenrahmen
- Kostenschätzung
- Kostenberechnung
- Kostenanschlag
- Kostenfeststellung

186. Was ist der Kostenrahmen und wozu dient er?

Der Kostenrahmen ist die Grundlage für den Planungsauftrag und wird vom Bauherrn vorgegeben.

187. Wozu dient die Kostenschätzung?

Die Kostenschätzung dient als Entscheidungsgrundlage über Form und Ausführung des Bauwerks aufgrund von Vorentwürfen.

1 Bauplanung und Bauantrag

188. Wie wird die Kostenschätzung durchgeführt?

Auf Grundlage der Vorentwürfe werden die Bruttogrundfläche und der Bruttorauminhalt berechnet und Einheitspreise in €/m^2 oder €/m^3 eingesetzt. Diese Preise beruhen auf Erfahrung oder auf der Auswertung vergleichbarer Bauten in der Fachliteratur und ergeben die Kosten für die Baumaßnahme.
Hinzu kommen noch die Kosten für das Grundstück und dessen Herrichten und Erschließen, die Außenanlagen, die Ausstattung und die Baunebenkosten.
Die Steigerung der Baupreise nach dem Baupreisindex wird eingerechnet.

189. Was sind Baunebenkosten?

Honorare für Architekten, Vermessung, Statiker und Sonderfachleute sowie Genehmigungsgebühren.

190. Welche Kostengruppen sind nach DIN 276 für die Kostenschätzung zu berücksichtigen?

Die Kostengruppen der ersten Ebene für die Kostenschätzung sind:
100 Grundstück
200 Herrichten und Erschließen
300 Bauwerk – Baukonstruktionen
400 Bauwerk – Technische Anlagen
500 Außenanlagen
600 Ausstattung und Kunstwerke
700 Baunebenkosten

191. Was beinhaltet die Kostengruppe 100 Grundstück nach DIN 276?

Die Kostengruppe 100 beinhaltet:
– Kaufpreis,
– Maklergebühren,
– Notariats- und Gerichtsgebühren,
– Grunderwerbssteuer,
– Freimachen des Grundstücks.

1 Bauplanung und Bauantrag

192. Erstellen Sie eine Kostenschätzung für das bei Aufgabe 155. dargestellte Einfamilienhaus für die Kostengruppen 300 und 400.
Die Bruttogrundfläche des Hauses beträgt 232,51 m², der Bruttorauminhalt 753,71 m³. Aus einem 2010 veröffentlichten Werk ersehen Sie, dass ein vergleichbares Bauwerk nach BGF im Mittel 1 050 €/m² und nach BRI im Mittel 330 €/m³ kostet. Der Baupreisindex für Wohngebäude mit Basis 2010 ist vom statistischen Bundesamt für das vierte Quartal 2013 mit 108,1 angegeben.

Kostenschätzung der Kostengruppen 300 und 400 (Bauwerk):
Nach Bruttogrundfläche:
232,51 m² · 1 050 €/m²   = 244.136 €
Nach Bruttorauminhalt:
753,71 m³ · 330 €/m³   = 248.724 €
Im Mittel:
$$\frac{244.136\ € + 248.724\ €}{2} = 246.430\ €$$
Umrechnung auf aktuelle Baukosten mit dem Baupreisindex:
Basis 2010 = 100
Viertes Quartal 2013 = 108,1
$$\frac{108,1}{100} \cdot 246.430\ € = \mathbf{266.391\ €}$$

193. Enthalten die Kosten der Kostenschätzung die Mehrwertsteuer?

Grundsätzlich sind die gesamten Kosten einschließlich der gesetzlichen Mehrwertsteuer anzugeben oder die Nettokosten, die Mehrwertsteuer und die Gesamtkosten.

194. Wie wird die Kostenberechnung durchgeführt?

Auf Grundlage der Entwurfs- oder Baugesuchsplanung werden für Bauteile nach der zweiten Ebene der Kostengliederung nach DIN 276 Massen ermittelt und Einheitspreise in €/m² oder €/m³ eingesetzt. Auch diese Preise finden sich in der Fachliteratur.

195. Welche Kostengruppen der zweiten Ebene nach DIN 276 sind für die Kostenberechnung der reinen Bauwerkskosten zu berücksichtigen?

310 Baugrube
320 Gründung
330 Außenwände
340 Innenwände
350 Decken
360 Dächer
370 baukonstruktive Einbauten
380 sonstige Maßnahmen für Baukonstruktionen
410 Abwasser-, Wasser-, Gasanlagen
420 Wärmeversorgungsanlagen
430 lüftungstechnische Anlagen
440 Starkstromanlagen

450 Fernmelde- und informationstechnische Anlagen
460 Förderanlagen
470 nutzungsspezifische Anlagen
480 Gebäudeautomation
490 sonstige Maßnahmen für technische Anlagen

196. Wie wird der Kostenanschlag durchgeführt?

Auf Grundlage der Ausführungsplanung werden die Massen ermittelt und Leistungsverzeichnisse erstellt, welche die Gesamtaufgabe in einzelne Teilleistungen (Positionen) gliedern.

Für die einzelnen Positionen werden zuerst vom Architekten Einheitspreise eingesetzt, die von früheren Bauten oder aus der Fachliteratur stammen.

Die Leistungsverzeichnisse werden im Zuge des Angebotsverfahrens von den bietenden Unternehmen ausgefüllt und ergeben so immer genauer die zu erwartenden Kosten.

197. Wie wird die Kostenfeststellung durchgeführt?

Auf Grundlage von Schlussrechnungen, Abrechnungsbelegen und Nachweis eventueller Eigenleistungen werden die gesamten Kosten zusammengestellt, die dem Bauherren entstanden sind.

198. Was verstehen Sie unter Ausschreibung?

Die zu erbringenden Leistungen werden in einer Leistungsbeschreibung zusammengefasst. Diese wird an Unternehmen gesandt, um vergleichbare Angebote zu erhalten.

199. Was verstehen Sie unter Vergabe?

Aufgrund der geprüften Angebote wird der Auftrag an Unternehmen vergeben.

200. Welche Regelwerke werden für Vergabe und Verträge von Bauleistungen angewandt?

– Die VOB – Vergabe- und Vertragsordnung für Bauleistungen.
– Das BGB – Bürgerliches Gesetzbuch.

1 Bauplanung und Bauantrag

201. Wie ist die VOB gegliedert, und was enthalten die Teile?

VOB/A Vergabe von Bauleistungen durch öffentliche Auftraggeber.
VOB/B Allgemeine Vertragsbedingungen für Bauten öffentlicher Auftraggeber.
VOB/C Technische Vertragsbedingungen für alle Auftragnehmer, Regelungen für Ausschreibung, Ausführung und Abrechnung.

202. Warum ist es für einen privaten Auftraggeber günstiger, die VOB/B nicht zum Vertragsbestandteil zu machen?

Wird die VOB/B nicht als Vertragsbestandteil vereinbart, gelten die Regelungen des Bürgerlichen Gesetzbuches (BGB).
Die Verjährungsfrist für Mängelansprüche (Gewährleistungsfrist) ist laut BGB wesentlich länger als nach VOB/B.

203. Welche Arten von Vergabe gibt es?

- Öffentliche Ausschreibung:
  Der Regelfall bei Bauten öffentlicher Auftraggeber und größeren Bauvorhaben.
- Beschränkte Ausschreibung:
  Es werden nur bestimmte Unternehmen zur Angebotslegung aufgefordert. Sie kann erfolgen, wenn die Auftragssumme einen gewissen Wert nicht übersteigt, bei Dringlichkeit oder wenn die öffentliche Ausschreibung ergebnislos blieb.
- Freihändige Vergabe:
  Wird nur bei besonderer Dringlichkeit, Geheimhaltung oder wenn nur ein einzelner Anbieter die gewünschte Leistung erbringen kann, eingesetzt.

204. Welche Angebote werden von der Vergabe ohne nähere Prüfung ausgeschlossen?

- Verspätet abgegebene Angebote.
- Angebote von Bietern, die Verfehlungen begangen haben oder die ihre Fachkunde nicht nachweisen können.

205. Ist das Angebot mit dem niedrigsten Preis vorzuziehen?

Es ist das geeignetste Angebot auszuwählen. Dies schließt einen niedrigen Preis ebenso ein wie Qualität, fristgerechte Ausführung und dergleichen.
Angebote mit unangemessen niedrigem Preis sind von der Vergabe auszuschließen.

1 Bauplanung und Bauantrag

206. Welche Vergabearten gibt es?

Einheitspreisvertrag ist der Regelfall:
Für Teilleistungen nach Einheiten wie m, m², m³, kg oder Stück werden Preise vereinbart und nach der tatsächlich geleisteten Menge abgerechnet.
Pauschalvertrag:
Für kleinere Arbeiten und Leistungen, die nach Art und Umfang vorher genau erfasst werden können.
Stundenlohnvertrag:
Für kleinere Bauleistungen, deren Art und Umfang schwer vorauszubestimmen ist, wie etwa bei Sanierungsarbeiten.

207. Welche allgemeinen Angaben muss ein Leistungsverzeichnis enthalten?

– Angaben zur Baustelle, wie Zufahrt, Lagermöglichkeiten, Baugrund, Hindernisse, Strom- und Wasserversorgung.
– Angaben zur Ausführung, wie Arbeitsabschnitte, Mitbenutzung von Gerüsten und Hebewerkzeugen.
– Angaben zur Abrechnung, wie erforderliche Abrechnungspläne.

208. In welchem Regelwerk ist die Art der Abrechnung für Bauleistungen geregelt?

In der VOB/C – Allgemeine Technische Vertragsbedingungen – gibt es für die einzelnen Gewerke Regelungen über Ausführung und Abrechnung. Diese Regelungen sind gleichlautend auch als DIN-Normen erschienen.

209. Wie wird ein Leistungsverzeichnis aufgestellt?

Die Leistung wird in nummerierte Teilleistungen (Positionen) aufgegliedert. Diese enthalten eine Kurzbeschreibung, einen Langtext, Mengenangaben sowie Felder zum Eintragen des Einheitspreises, gegliedert nach Lohn- und Materialkosten sowie des Gesamtpreises.

16.	**Zimmer- und Holzbauarbeiten**
16.10	**Bauhölzer Abbinden, Aufstellen, Verlegen**
16.100500	**Gratsparren, Abb. Aufst. /Verl.**
	Abbinden und Aufstellen oder Verlegen des Kantholzes, Maße in cm 10/18, als Gratbalken, Walmdachform, Auflager aus Holz. Höhe des tiefsten Auflagerpunktes über Gelände 4,5 m. Neigung 35 Grad, Anschlüsse zimmermannsmäßig. Ausführung gemäß Holzliste des AG.
	L ....
	M ....
	24,00 m EP .... GP ....

210. Was sind Nebenleistungen?

Nebenleistungen sind Leistungen, die ohne gesonderte Vergütung zur Leistung gehören. Sie sind in VOB/C festgelegt. Dazu gehören:
- Baustelleneinrichtung, Werkzeuge und Kleingeräte,
- Mess- und Absteckarbeiten,
- Schutz- und Sicherheitsmaßnahmen,
- Befördern des Materials auf der Baustelle,
- Beseitigen und Entsorgen der eigenen Abfälle.

211. Was sind besondere Leistungen?

Besondere Leistungen sind Leistungen, die zusätzlich vergütet werden, wie
- Verkehrssicherheitsmaßnahmen,
- Beseitigung von Hindernissen,
- Sicherungsmaßnahmen gefährdeter Bauwerke,
- Beseitigung fremden Abfalls.

2 Vermessung

1. Welche Aufgaben hat die Landesvermessung zu erfüllen?

– Erhaltung und fortlaufende Erneuerung des Lage- und Höhenfestpunktfeldes,
– topografische Landesaufnahme einschließlich der Aktualisierung,
– Vervollständigung und Aktualisierung der topografischen Kartenwerke und deren Herausgabe bei Bedarf.

2. Was versteht man unter dem
a) Lagefestpunktfeld,
b) Höhenfestpunktfeld?

a) Lagefestpunktfeld:
Die Erdoberfläche wird als ein ebenes Koordinatensystem betrachtet, bei dem für jeden Punkt zwei Werte bestimmt werden. Der „Rechtswert" (R) ist der seitliche Abstand zum Nullmeridian in Richtung Osten gemessen (bei UTM-Koordinaten E = East-Wert). Der „Hochwert" (H) ist der Abstand vom Äquator nach Norden gemessen (bei UTM-Koordinaten N = North-Wert).

b) Höhenfestpunktfeld:
Beim Höhenfestpunktfeld sind jedem im Gelände mittels Nivellement bestimmten und vermarkten Punkt feste Höhen zugewiesen.
Ursprünglich bezogen sich die Höhen auf den Mittelstand des Wasserpegels in Amsterdam (NN-Höhen). Aktuell sind in allen 16 deutschen Bundesländern die Höhen in NHN (Normalhöhennull) ausgewiesen.

3. Bei Ihrem Bauprojekt sind die Höhen in den Zeichnungen in NN oder HN angegeben.
Worauf müssen Sie achten?

Der vom Vermessungsbüro vor Ort vor Beginn der Baumaßnahme herangebrachte Festpunkt (Bezugspunkt) wird im Regelfall ein NHN-Punkt sein. Zwischen dieser Höhenangabe und der NN- bzw. HN-Höhe im Bauprojekt können 15 cm (oder mehr) Unterschied sein.

→

Sie sollten den Höhenunterschied **eines Punktes** zwischen NN- bzw. HN-Höhe und der entsprechenden NHN-Höhe erfragen und diese Differenz auf alle Höhen des Projektes übertragen.

4. Warum müssen Festpunkte in bestimmten Abständen immer wieder neu eingemessen werden?
Nennen Sie die zwei wesentlichen Ursachen und beschreiben Sie die Auswirkungen.

a) Geotektonische Bewegungen:
Die einzelnen Platten der Erdoberfläche verschieben sich seitlich und in der Höhe. Dies führt zu meist sehr geringen Veränderungen sowohl in der Lage, als auch in der Höhe über NHN.

b) Örtliche Bewegungen in der Oberfläche:
Lageveränderungen können sich durch Hangbewegungen besonders bei nichtbindigen Böden in Steillagen ergeben – der Vermessungspunkt ist im Boden vermarkt und wird hangabwärts mit verschoben.
Höhenveränderungen sind meist Senkungen durch die Auflast von großen Bauwerken oder durch langanhaltende großflächige Grundwasserabsenkungen bei Bauarbeiten – hier senken sich alle Vermessungspunkte und müssen neu eingemessen werden. In wenigen Fällen kommt es auch zu Hebungen, wenn Wasser in quellfähigen Boden (Anhydrit) eindringt.

5. Welche Vermessungspunkte sind in den vier Bildern gezeigt? Welche der Punkte sind Höhen- bzw. Lagepunkte?

a) Mauerbolzen zur Angabe der Höhe an Bauwerken – Höhenpunkt
b) Grenzpunkt (Metallmarke) zur Befestigung auf Gehwegen oder Straßenoberflächen – Lagepunkt

a)

b)

c) 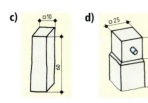 d)

c) Grenzstein aus Granit oder Basalt, den eingelassen zur Markierung im u. festigten Gelände – Lagepunkt
d) Höhenfestpunkt aus Granit zur Festlegung der Höhenlage im unbefestigten Gelände mit Bolzen zum Aufsetzen der Nivellierlatte – Höhenpunkt

6. Nennen Sie mindestens vier Möglichkeiten, Festpunkte zu kennzeichnen.

– Natursteine aus Granit oder Basalt
– Betonpfähle
– Stahlrohre
– Stahlbolzen
– Marken aus Metall oder Kunststoff

**7. Beim Bau eines Hochwasserdammes sollen Sie eine Fluchtlinie von A nach B abstecken. Wegen des Dammes sind die Punkte aber gegenseitig nicht einsehbar.
Beschreiben Sie Ihr Vorgehen und zeigen Sie es anhand der Skizze (Draufsicht).**

Zwischen den Fluchtstangen (Fluchtstäben) bei A und B stellen sich zwei Mitarbeiter (1 und 2) mit Fluchtstangen so auf, dass sie jeweils den anderen Mitarbeiter und die hinter ihm liegende Fluchtstange A bzw. B einsehen können.

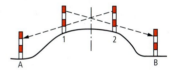

Ansicht:

Nun weist Mitarbeiter 1 den Mitarbeiter 2 in Blickrichtung B in die Flucht ein. Dann weist 2 den Mitarbeiter 1 in Richtung A ein.
Dies wird so lange wiederholt, bis keine Abweichungen in der Flucht mehr zu erkennen sind. Dann stehen alle vier Fluchtstangen in einer Flucht.

Draufsicht:

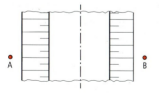

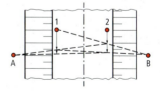

Weitere Fluchtstangen können nun auf den Teilstücken abgesteckt werden.

1. Paralleles Einweisen in die Flucht:
   Von A und B wird jeweils ein gleich großer rechtwinkliger Abstand abgesteckt (Fluchtstangen 3 und 2), sodass von dort eine gerade einsehbare Flucht möglich ist.

   Von der neuen (parallelen) Flucht lassen sich jetzt mit demselben Abstand die Punkte C und D auf die ursprüngliche Fluchtlinie abtragen.

   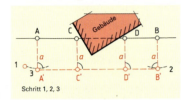
   Schritt 1, 2, 3

2. Umgehung mit Strahlensatz:
   Von A aus wird eine Hilfsflucht schräg zur Flucht abgesteckt, die durchweg einsehbar ist.

   Auf dieser Hilfslinie wird der Punkt bestimmt, der rechtwinklig zu B liegt und der Wert a auf der Hilfsflucht und der seitliche Abstand b zu B gemessen.

   Anschließend lässt sich an jeder Stelle der Hilfsflucht a_1, a_2, ... mittels Strahlensatz der entsprechende seitliche Abstand b_1, b_2, ... berechnen, der dann genau den jeweiligen Punkt auf der Fluchtlinie ergibt.

   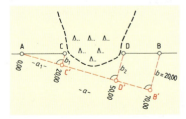

9. Sie sollen auf der Flucht von A nach B die Punkte 1, 2 und 3 abstecken.
Berechnen Sie die fehlenden Absteckwerte $b_1 \ldots b_3$, um die drei Punkte in die Fluchtlinie zu bringen.

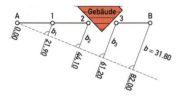

Nach dem Strahlensatz ist das Verhältnis von Gesamtlänge zu Gesamtbreite gleich dem Verhältnis der jeweiligen Teillänge zur Teilbreite, also:

$$\frac{b}{a} = \frac{b_1}{a_1} = \frac{b_2}{a_2} = \frac{b_3}{a_3}$$

$$b_1 = \frac{b}{a} \cdot a_1 = \frac{31{,}80 \text{ m}}{82{,}00 \text{ m}} \cdot 21{,}90 \text{ m}$$
$$b_1 = \mathbf{8{,}49 \text{ m}}$$

$$b_2 = \frac{b}{a} \cdot a_2 = \frac{31{,}80 \text{ m}}{82{,}00 \text{ m}} \cdot 44{,}10 \text{ m}$$
$$b_2 = \mathbf{17{,}10 \text{ m}}$$

$$b_3 = \frac{b}{a} \cdot a_3 = \frac{31{,}80 \text{ m}}{82{,}00 \text{ m}} \cdot 61{,}20 \text{ m}$$
$$b_3 = \mathbf{23{,}73 \text{ m}}$$

10. Die Richtung kann bei der Lagemessung in Grad oder Gon angegeben werden.
Rechnen Sie um.

Grad	Gon
90°	?
?	130 gon
125°	?
?	160 gon
265°	?
?	350 gon

Grad	Gon
90°	100 gon
117°	130 gon
125°	139 gon
144°	160 gon
265°	294 gon
315°	350 gon

11. Was ist der Sinn einer „Lagemessung"?

Die Lagemessung kann zwei verschiedene Aufgaben haben:
1. In der Zeichnung vorhandene Punkte ins Gelände zu übertragen („Absteckung"), z. B. die Eckpunkte eines neu zu errichtenden Gebäudes.
2. Im Gelände vorhandene Punkte in Karten oder Zeichnungen einzutragen („Aufnahme"), z. B. eine neu verlegte Leitung vor der Verfüllung des Grabens.

2 Vermessung

12. Nennen Sie mindestens fünf Grundregeln, die bei Vermessungsarbeiten zu beachten sind.

- Generell mindestens zu zweit arbeiten,
- alle Punkte (Anfangs-, Zwischen- und Endpunkte) für spätere Kontrollen markieren,
- Endpunkt sicher vor Beschädigungen schützen,
- alle Geräte lot- und waagerecht aufstellen,
- Längenmessungen immer waagerecht durchführen,
- alle Messungen durch Kontrollmessungen absichern.

13. In welchen Einheiten werden Winkel gemessen? Vergleichen Sie die Einheiten.
a) Wie lassen sich die Einheiten umrechnen?
b) Welche Einheit lässt sich auf dem Vollkreis weiter (genauer) unterteilen?

Einheiten:
1 Vollkreis = 360° (Grad)
1 Vollkreis = 400 gon (früher Neugrad)

a) Umrechnung:
  Gon $\rightarrow$ Grad $\cdot$ 0,9
  Grad $\rightarrow$ Gon : 0,9

b) Einteilung:
  1 Vollkreis = 360° $\cdot$ 60' $\cdot$ 60''
  $\qquad\qquad$ = 1 296 000''
  1 Vollkreis = 400 gon $\cdot$ 1 000 mgon
  $\qquad\qquad$ = 400 000 mgon

  Die Einteilung in Grad hat mehr als die 3-fache Anzahl an Unterteilungen.

14. Mit welchen Geräten lassen sich Winkel abstecken? Zählen Sie mindestens fünf davon auf.

- Winkelspiegel ⎫
- Winkelprisma ⎬ nur rechte Winkel
- Doppelpentagon ⎬
- Kreuzvisier (Kreuzscheibe) ⎭
- Nivelliergerät
- Laser
- Theodolit

15. Welche Angaben brauchen Sie mindestens, um einen Kreisbogen abzustecken?

- Richtungsänderung der Straße
- geplanten Radius

16. Erklären Sie folgende Begriffe der Kurventrassierung:
a) Leierpunkt,
b) Tangente,
c) Tangentenschnittpunkt,
d) Bogenanfang bzw. Bogenende.

a) Leierpunkt (L)
ist der Mittelpunkt, um welchen sich der Radius der Kurve dreht. Bei kleinen Radien lässt sich hier die Schnur festmachen, um die Kurve abzustecken.

b) Tangente (T)
ist die Verlängerung der Bordflucht (oder Bordsteinflucht) vom Bogenanfang bis zum Schnittpunkt im Kreuzungsbereich. Ihre Länge muss zur Absteckung des Kreisbogens erst ermittelt werden.

c) Tangentenschnittpunkt (TS)
ist der Schnittpunkt der Tangenten beider Bordfluchten im Kreuzungsbereich.

d) Bogenanfang/Bogenende (BA/BE)
sind die Stelle, an der die gerade Linienführung am Bord beendet ist und der Kreisbogen anschließt.

17. Berechnen Sie den Abstand t von BA/BE zum Tangentenschnittpunkt mit folgender Formel:
$t = R \cdot \tan \alpha/2$

	R	α	t
a)	7,00 m	60°	4,04 m
b)	12,50 m	90°	12,50 m
c)	6,40 m	135°	15,45 m
d)	16,00 m	45°	6,63 m
e)	22,50 m	30°	6,03 m

18. Welche Rolle spielt die Größe der Richtungsänderung zwischen den Bordfluchten für die Tangentenlänge t zwischen TS und BA/BE?

Je größer die Richtungsänderung, desto größer ist auch der Platzbedarf für die Kurvenausrundung und damit t.
Es gilt:

Richtungsänderung	t
< 90°	$t < R$
= 90°	$t = R$
> 90°	$t > R$

19. Von BA nach BE soll ein Kreisbogen abgesteckt werden. Da der Leierpunkt nicht begehbar ist, soll das Gitterverfahren (Schachtmeisterbogen) verwendet werden.
Beschreiben Sie Ihre Vorgehensweise.

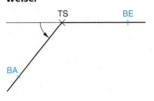

1. Die Tangentenlänge t zwischen TS und BA/BE wird gemessen oder errechnet und in beliebig viele gleich große Stücke eingeteilt.
2. Mit der Schnur wird nun wechselseitig verbunden, also: 0 mit 5, 1 mit 4, 2 mit 3, 3 mit 2, 4 mit 1 und 5 mit 0.
3. An den Schnittpunkten werden Fluchtstangen gesetzt. Diese legen die Kurve fest.

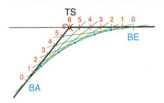

20. Eine Kurve mit einer Richtungsänderung von 80° und einem Radius von 14,00 m soll rechnerisch trassiert werden. Erklären Sie, in welchen Arbeitsschritten eine solche Absteckung von den Bordfluchten aus erfolgen kann.

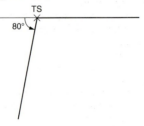

1. Rechnerische Ermittlung der Tangentenlänge t aus Radius und Richtungsänderung:
$t = R \cdot \tan \alpha/2 = 14,00 \text{ m} \cdot \tan 40°$
$= 11,75 \text{ m}$
2. In beliebigen Abständen von BA/BE aus Fluchtstangen stellen und an den von BA/BE aus gemessenen Werten x den rechtwinkligen Abstand y zur Kurve errechnen:

$$y = R - \sqrt{R^2 - x^2}$$

Wenn alle 2,00 m eine Fluchtstange steht, ergibt das für y die Werte:

x (m)	2,00	4,00	6,00	8,00	10,00
y (m)	0,14	0,58	1,35	2,51	4,20

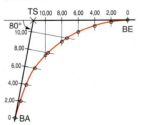

21. Im Bild ist ein Beispiel gezeigt, in dem Ihnen weder der Tangentenschnittpunkt TS noch die Richtungsänderung bekannt sind. Sie sollen zwischen den Punkten A und B eine Kurve mit dem Radius von 22,00 m abstecken. Die Entfernung zwischen A und B wurde mit $s = 35,00$ m gemessen.
Wie gehen Sie vor?

„Viertelmethode":
1. In der Kreisformel wird statt x nun $s/2$ eingesetzt, das ergibt:
$$h = R - \sqrt{R^2 - (s/2)^2}$$
$$= 22 \text{ m} - \sqrt{(22 \text{ m})^2 - (17,5 \text{ m})^2}$$
$$h = 8,67 \text{ m}$$
Das Maß h wird mittig auf s rechtwinklig abgetragen und gibt den Kurvenpunkt A.
2. Nun wird die Strecke von BA nach A (= BE nach A) gemessen und mittig auf den beiden wieder die Höhe abgetragen. Dabei ist die neue Höhe immer 1/4 der vorherigen Höhe (2,17 m).

Das Verfahren wird wiederholt, bis genügend Punkte vorhanden sind.

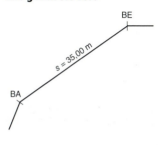

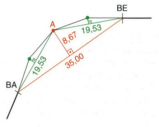

22. Was wird bei einer „Bauabsteckung" festgelegt?

– Grundstücksgrenzen,
– Mindestabstände zur Nachbarbebauung,
– Baulinie, entlang derer das Gebäude ausgerichtet werden soll,
– Gebäudeecken,
– Rechtwinkligkeit des abgesteckten Gebäudes,
– Bezugshöhe, von der die Aushubtiefen und weitere Höhen mittels Nivellement bestimmt werden können.

23. Benennen Sie die Teile einer Böschungslehre.

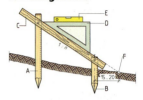

A – Haltepflock
B – Höhenpflock
C – Profillatte
D – Böschungswinkel
E – Wasserwaage
F – Böschungsanschnitt

24. Erklären Sie, wie eine Böschungslehre angebracht wird.

– Einschlagen des Haltepflockes,
– Annageln der Profillatte am Höhenpflock,
– Ausrichtung der Profillatte mittels Böschungswinkel und Wasserwaage,
– Annageln der ausgerichteten Profillatte am Haltepflock.

25. Berechnen Sie die Neigungsangaben jeweils als Verhältnis bzw. Prozentwert.

	Verhältnis	Prozentwert
a)	1:1,5	?
b)	?	0,8 %
c)	?	2,0 %
d)	1:2,8	?
e)	?	25,0 %

	Verhältnis	Prozentwert
a)	1:1,5	66,7 %
b)	1:125	0,8 %
c)	1:50	2,0 %
d)	1:2,8	35,7 %
e)	1:4	25,0 %

26. Erläutern Sie das Grundprinzip der Höhenmessung mittels Nivelliergerät.

Das Nivelliergerät ist so aufgebaut, dass die Zielachse rundum exakt waagerecht ausgerichtet ist, wodurch es in jeder Richtung in der gleichen Höhe abliest („Gerätehöhe"). Bei der Höhenmessung wird an einer bekannten Höhe (Festpunkt) eine Nivellierlatte aufgesetzt und dort die Höhe abgelesen. Die Gerätehöhe ergibt sich aus bekannter Festpunkthöhe + Ablesung. Jetzt kann an jeder Stelle im Gelände eine Nivellierlatte aufgestellt werden und vom Nivelliergerät eine Ablesung erfolgen. Gerätehöhe – Ablesung ergibt jeweils die Höhe der Punkte.

27. Im Bild sind die Ablesungen des Nivelliergerätes (I = Instrumentenstandpunkt) zum Festpunkt FP und zu den Punkten A...E angetragen.
Ermitteln Sie die NHN-Höhen der Punkte A...E, wenn FP = 122,348 m ü. NHN ist.

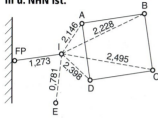

Gerätehöhe (h) = 122,348 m ü. NHN
    + 1,273 m
    = 123,621 m ü. NHN

A = 123,621 m ü. NHN − 2,146 m
  = **121,475 m ü. NHN**

B = 123,621 m ü. NHN − 2,228 m
  = **121,393 m ü. NHN**

C = 123,621 m ü. NHN − 2,495 m
  = **121,126 m ü. NHN**

D = 123,621 m ü. NHN − 2,398 m
  = **121,223 m ü. NHN**

E = 123,621 m ü. NHN − 0,781 m
  = **122,840 m ü. NHN**

28. Die Punkte A...D in Aufgabe 27. sind die Eckpunkte einer geplanten Garage. Wie groß sind die auszugleichenden Höhenunterschiede im Gelände, bevor eine Bodenplatte betoniert werden kann?
Wo ist der maximale Höhenunterschied?
Ist zur Ermittlung des Höhenunterschiedes ein Festpunkt nötig?

A → B: 8,2 cm
B → C: 26,7 cm
C → D: 9,7 cm
D → A: 25,2 cm
Diagonale A − C : 34,9 cm (max.)
Diagonale B − D : 17,0 cm

Zur Ermittlung von Höhenunterschieden (z. B. beim Betonieren einer Geschossdecke) ist kein Festpunkt nötig. Es reicht von einer beliebigen Gerätehöhe aus die Höhen abzulesen und die Differenz zu bilden.

29. Beschreiben Sie, worauf beim Aufstellen eines Nivelliergerätes zu achten ist.
Beschreiben Sie den Arbeitsablauf.

− Standplatz wählen, von dem alle zu ermittelnden Punkte einzusehen sind.
− Stativ standfest aufstellen, die Füße fest in den Boden drücken.
− Die Stativbeine so weit ausziehen, dass sich das Nivelliergerät etwa in Kopfhöhe des Vermessers befindet und der Teller etwa waagerecht ist.
− Nivelliergerät aufsetzen und fest verschrauben.
− Libellen waagerecht einspielen, indem immer zwei Stellschrauben gegenläufig bewegt werden.
− Waagerechte Lage durch Umschlag (Richtungswechsel) der Zielachse prüfen.

30. Erklären Sie die Begriffe
a) **Rückblick,**
b) **Zwischenblick und**
c) **Vorblick**
beim Nivellieren.

a) Rückblick (R):
Ablesung der Höhe am bekannten Punkt. Die Addition der Ablesung zur Höhe des Punktes ergibt die Visierhöhe.
b) Zwischenblick (Z):
Ablesung der Höhe an einem unbekannten Punkt außerhalb der Folge der Messanordnung. Die Subtraktion der Ablesung von der Visierhöhe ergibt die Höhe des Punktes.
c) Vorblick (V):
Ablesung der Höhe an einem unbekannten Punkt in der Folge der Messanordnung. Die Subtraktion der Ablesung von der Visierhöhe ergibt die Höhe des Punktes.

31. Tragen Sie die Punkte des Nivellementes in die Nivellementtabelle ein.

Pkt.	R	V	Δh	m ü. NHN
FP				122,348

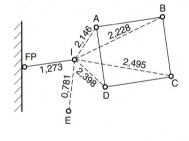

Die Differenz Rückblick – Vorblick ergibt jeweils die neue Höhe. Dabei ist der Rückblick hier immer der Blick zum FP, da von dort die Gerätehöhe bestimmt ist.

Pkt.	R	V	Δh	m ü. NHN
FP				122,348
	1,273			
A		2,146	−0,873	121,475
B		2,228	−0,955	121,393
C		2,495	−1,222	121,126
D		2,398	−1,125	121,223
E		0,781	+0,492	122,480

32. Tragen Sie die Punkte des Nivellementes in die Nivellementtabelle ein.

Pkt.	R	V	Δh	m ü. NHN
FP				367,540

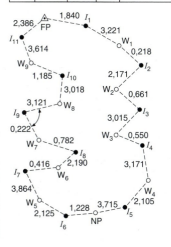

Die Differenz Rückblick – Vorblick ergibt jeweils die neue Höhe. Dabei wird der Rückblick immer zum vorher bestimmten Punkt ermittelt.

Pkt.	R	V	Δh	m ü. NHN
FP				367,540
	1,840			
W_1		3,221	−1,381	366,159
	0,218			
W_2		2,171	−1,953	364,206
	0,661			
W_3		3,015	−2,354	361,852
	0,550			
W_4		3,171	−2,621	359,231
	2,105			
NP		3,715	−1,610	357,621
	1,228			
W_5		2,125	−0,897	356,724
	3,864			
W_6		0,416	+3,448	360,172
	2,190			
W_7		0,782	+1,408	361,580
	3,121			
W_8		0,222	+2,899	364,479
	3,018			
W_9		1,185	+1,833	366,312
	3,614			
FP		2,386	+1,228	367,540

33. Erklären Sie den Unterschied in der Arbeitsweise zwischen einem Rotationslaser und einem Kanallaser.

Rotationslaser:
Durch die Rotation des Lichtgebers um eine senkrecht stehende Achse entsteht wie beim Nivellement eine waagerechte Zielebene. Der Lichtpunkt ist rundum auf gleicher Höhe. Von dieser Bezugshöhe aus können dann die Arbeitshöhen abgetragen werden.

Kanallaser:
Der Kanallaser wird in Richtung und Gefälle mittig im ersten Kanalrohr genau justiert und erzeugt einen Zielstrahl. Im neu zu verlegenden Rohr wird eine Zielscheibe eingestellt, auf der der Zielstrahl zu sehen ist. Nun muss das Rohr in Höhe und Richtung so ausgerichtet werden, dass der Laserstrahl im Zielpunkt der Scheibe liegt.

34. Kreuzen Sie an, welche Tätigkeiten auf der Baustelle mit dem Rotationslaser (RL) bzw. mit dem Kanallaser (KL) erfolgen können.

Tätigkeit	RL	KL
Trockenbaudecke abhängen	X	–
Meterriss anzeigen	X	–
Planierraupe steuern	X	–
Tunnelvortrieb steuern	–	X
Bauflucht abstecken	–	X
Betonieren einer Decke	X	–
Bordsteine im Gefälle versetzen	–	X
Kanalrohre verlegen	–	X

35. Mit welchen Verfahren ist die Lageaufnahme eines Geländeabschnittes möglich?

– Orthogonalverfahren
– Polarverfahren
– Satellitenvermessung (GPS)

36. Wovon werden bei der Lagemessung im Gelände Daten aufgenommen?
Nennen Sie mindestens fünf Beispiele.

– Grundstücksgrenzen
– Bauchfluchten
– Verkehrswege
– Bauwerke
– Versorgungsleitungen
– Abwasseranlagen
– Topografie des Geländes

37. Beschreiben Sie den Unterschied zwischen dem Polarverfahren und dem Orthogonalverfahren bei der Lagemessung.

Polarverfahren:
Jeder Punkt wird mittels Theodolit so ermittelt, dass am Standpunkt des Gerätes der Winkel zwischen null und der Blickrichtung ermittelt wird sowie die Entfernung zum Punkt.

2 Vermessung

Orthogonalverfahren:
Es wird eine Achse gewählt, von der alle Punkte einsehbar sind. Für jeden Punkt wird die Entfernung vom Nullpunkt der Achse entlang der Achse (x-Wert) und die rechtwinklige seitliche Entfernung (rechts = +, links = –) von der Achse (y-Wert) gemessen.

38. Berechnen Sie die Größe des im Orthogonalverfahren vermessenen Baugrundstückes, indem Sie die Größe der einzelnen Teilflächen ausrechnen.

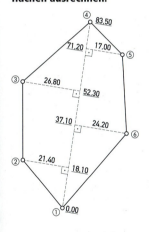

$$A_1 = \frac{l \cdot b}{2} = \frac{21{,}40 \text{ m} \cdot 18{,}10 \text{ m}}{2} = 193{,}67 \text{ m}^2$$

$$A_2 = \frac{l_1 + l_2}{2} \cdot b = \frac{26{,}80 \text{ m} + 21{,}40 \text{ m}}{2}$$
$$\cdot (52{,}30 \text{ m} - 18{,}10 \text{ m})$$

$$A_2 = 824{,}22 \text{ m}^2$$

$$A_3 = \frac{l \cdot b}{2} = \frac{26{,}80 \text{ m} \cdot (83{,}50 \text{ m} - 52{,}30 \text{ m})}{2}$$
$$= 418{,}08 \text{ m}^2$$

$$A_4 = \frac{l \cdot b}{2} = \frac{17{,}00 \text{ m} \cdot (83{,}50 \text{ m} - 71{,}20 \text{ m})}{2}$$
$$= 104{,}55 \text{ m}^2$$

$$A_5 = \frac{l_1 + l_2}{2} \cdot b = \frac{17{,}00 \text{ m} + 24{,}20 \text{ m}}{2}$$
$$\cdot (71{,}20 \text{ m} - 37{,}10 \text{ m})$$

$$A_5 = 702{,}46 \text{ m}^2$$

$$A_6 = \frac{l \cdot b}{2} = \frac{37{,}10 \text{ m} \cdot 24{,}20 \text{ m}}{2} = 448{,}91 \text{ m}^2$$

$$A_{gesamt} = A_1 + A_2 + A_3 + A_4 + A_5 + A_6$$

$$A_{gesamt} = 193{,}67 \text{ m}^2 + 824{,}22 \text{ m}^2$$
$$+ 418{,}08 \text{ m}^2 + 104{,}55 \text{ m}^2$$
$$+ 702{,}46 \text{ m}^2 + 448{,}91 \text{ m}^2$$

$$A_{gesamt} = \mathbf{2\,691{,}89 \text{ m}^2}$$

39. Welchen Vorteil bietet die Flächenberechnung nach der gaußschen Dreiecksformel?

Zur Berechnung muss nicht erst in einzelne Flächen zerlegt werden. Die Berechnung erfolgt direkt in der Wertetabelle.

40. Berechnen Sie die Fläche aus Aufgabe 38. in der Tabelle nach der Dreiecksformel von Gauß:

$$2A = \sum_{i=1}^{n} y_i \cdot (x_{i-1} - x_{i+1})$$

Vergleichen Sie das Ergebnis mit dem Ergebnis aus Aufgabe 38.

P	y_i	x_i	$x_{i-1} - x_{i+1}$	$2A$
1	0,00	0,00		
2	−21,40	18,10		
3	−26,80	52,30		
4	0,00	83,50		
5	17,00	71,20		
6	24,20	37,10		
Σ				

Für den Wert $x_{i-1} - x_{i+1}$ muss jeweils der Vorgängerwert x der Zeile vom Nachfolgerwert x der Zeile abgezogen werden. Da die Rechnung sich im Kreis bewegt, ist der Vorgänger in Zeile 1 die Zeile 6 und der Nachfolger die Zeile 2. In der ersten Zeile steht also für:

$x_{i-1} - x_{i+1} = 37{,}10 \text{ m} - 18{,}10 \text{ m} = 19{,}00 \text{ m}$

P	y_i	x_i	$x_{i-1} - x_{i+1}$	$2A$
1	0,00	0,00	19,00 m	0,00 m²
2	−21,40	18,10	−52,30 m	1 119,22 m²
3	−26,80	52,30	−65,40 m	1 752,72 m²
4	0,00	83,50	−18,90 m	0,00 m²
5	17,00	71,20	46,40 m	788,80 m²
6	24,20	37,10	71,20 m	1 723,04 m²
Σ				5 383,78 m²

$2A = 5\,383{,}78 \text{ m}^2$, also $A = \mathbf{2\,691{,}89 \text{ m}^2}$

41. Für die Punkte 1 … 5 sind die Koordinaten (y ; x) aufgenommen worden.
Berechnen Sie den Umfang der Fläche und den Flächeninhalt.

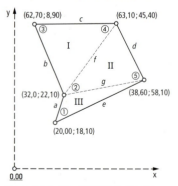

Berechnen Sie die Fläche in der Tabelle nach Gauß.

Die Längen der Strecken a, b, c, d, e sowie f und g lassen sich mit dem Satz des Pythagoras errechnen:

a	12,65 m
b	33,42 m
c	36,50 m
d	27,60 m
e	44,11 m
f	38,86 m
g	36,60 m

Der Umfang beträgt also **154,28 m**.

Mit dem Satz des Heron lassen sich aus den 3 Seiten eines Dreiecks dann die Flächen ermitteln:

$$s = \frac{a + b + c}{2}$$

$$A = \sqrt{s \cdot (s - a) \cdot (s - b) \cdot (s - c)}$$

I	562,92 m²
II	482,97 m²
III	202,86 m²

Die Gesamtfläche beträgt also **1 248,75 m²**.

Nach Gauß muss bei den Längen nirgends gerundet werden.
$2A = 2\,497{,}25\ m^2$, also $A = \mathbf{1\,248{,}63\ m^2}$

3 Erschließen eines Baugrundstückes

1. Bodenarten entstehen durch Verwitterung des Festgesteins. Was versteht man unter Verwitterung?

Unter Verwitterung versteht man die Umwandlung von Festgestein zu Böden unterschiedlicher Schichtdicken durch Einfluss von Temperaturwechseln, Wasser und Pflanzen.

2. Lasten werden über Fundamente auf den Baugrund übertragen. Welche Lasten sind das? Geben Sie jeweils zwei Beispiele an.

Der Baugrund wird beansprucht durch
- ständige Lasten: Eigenlasten der Bauwerke (Wände, Decken, Stützen usw.) und des Erddrucks,
- veränderliche Lasten: Nutzlasten (Personen, Einrichtungen usw.), Schnee- und Windlasten.

3. Zu welchem Zweck werden die Boden- und Felsarten in Klassen eingeteilt?

Die Boden- und Felsklassen werden nach dem Arbeitsaufwand beim Lösen und Laden unterschieden. Dies ist von Bedeutung für
- den Einsatz von Geräten und Maschinen,
- die Dauer der Arbeiten
- und somit für die Kosten des Bauvorhabens.

4. Bezeichnen und beschreiben Sie die Boden- bzw. Felsarten für die Klassen 1, 3, 5 und 7.

Klasse 1: Oberboden (Mutterboden) – oberste Bodenschicht aus Humus und Bodenlebewesen.
Klasse 3: Leicht lösbare Bodenarten – Sande und Kiese mit max. 30 % Steinen über 63 mm Korngröße.
Klasse 5: Schwer lösbare Bodenarten – Bodenarten nach den Klassen 3 und 4, jedoch mit mehr als 30 % Steinen über 63 mm Korngröße, sowie ausgeprägt plastische Tone.
Klasse 7: Schwer lösbarer Fels – Felsarten, die eine hohe Gefügefestigkeit haben und nur wenig klüftig oder verwittert sind.

5. Böden werden nach ihrer Korngröße unterteilt. Hierfür werden folgende Kurzzeichen verwendet: Cl, Si, Sa, Gr, Co und Bo. Welche Bedeutung haben die Kurzzeichen? Geben Sie die jeweilige Bedeutung in Deutsch und Englisch und die dazugehörige Korngröße an.

Kurz-zeichen	Bedeutung		Korngröße in mm
	deutsch	englisch	
Cl	Ton	**Cl**ay	0 … 0,002
Si	Schluff	**Si**lt	0,002 … 0,06
Sa	Sand	**Sa**nd	0,06 … 2,0
Gr	Kies	**Gr**avel	2,0 … 63
Co	Steine	**Co**bble	63 … 200
Bo	Blöcke	**Bo**ulder	> 200

6. Erklären Sie die Begriffe
a) Lehm,
b) Mergel,
c) Löss.

a) *Lehm* ist ein Gemenge aus Ton, Schluff und Sand.
b) *Mergel* ist ein Gemenge aus Ton und Kalk.
c) *Löss* ist vom Wind verwehter und abgelagerter feinkörniger Quarz-, Feldspat- und Kalkstaub.

7. Erläutern Sie anhand der Zeichnungen die Begriffe „bindiger Boden" und „nichtbindiger Boden" und nennen Sie jeweils typische Beispiele.

Bindige Böden sind aus kleinsten Einzelkörnern (0,01 … 0,001 mm) aufgebaut. Jedes dieser Bodenteilchen ist von einem dünnen Wasserfilm umgeben. Durch diesen Wasserfilm haften die Körner aneinander. Der Boden zeigt einen inneren Zusammenhalt.
Beispiele: Ton, Lehm, Schluff, Mergel
Nichtbindige Böden bilden ein loses Gefüge ohne inneren Zusammenhalt. Die grobe Kornstruktur mit Bodenteilchen > 0,06 mm Durchmesser besitzt zwar einen Wasserfilm, der aber an den Berührungspunkten der Körner unterbrochen ist und die schweren Körner nicht zusammenhalten kann.
Beispiele: Kies, Sand, Kies-Sand-Gemische

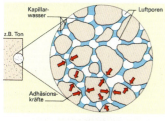

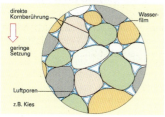

8. Erklären Sie, wovon die Tragfähigkeit eines bindigen und eines nichtbindigen Bodens abhängt.

Bindiger Boden: Die Tragfähigkeit ist vom Wassergehalt abhängig. Bei geringem Wassergehalt bilden sich um die Bodenteilchen sehr dünne Wasserfilme mit einer sehr großen Zusammenhangskraft. Der Boden besitzt eine hohe Tragfähigkeit. Mit zunehmendem Wassergehalt wird der innere Zusammenhalt gemindert, der Boden weicht auf, wird sehr plastisch und verliert seine Tragfähigkeit.

Nichtbindiger Boden: Die Tragfähigkeit ist unabhängig vom Wassergehalt und hängt nur von der Reibung zwischen den Einzelkörnern ab. Sie haben eine direkte Kornberührung. Bei guter Verzahnung geben die Bodenteilchen die Last ohne Verschiebung von Korn zu Korn weiter.

9. Erklären Sie anhand des Diagramms das Setzungsverhalten und die Setzungsdauer bindiger und nichtbindiger Böden.

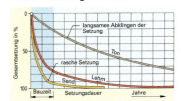

Bindige Böden setzen sich wegen ihrer geringen Wasserdurchlässigkeit sehr langsam. Durch das Austreiben der vielen Wasserfilme zwischen den zahlreichen und sehr kleinen Körnern können sich die Setzungen jedoch zu großen Beträgen addieren.

Nichtbindige Böden setzen sich sehr rasch. Es ist lediglich mit geringen späteren Setzungen zu rechnen.

10. Beschreiben Sie die Bildung von Eislinsen.

In kapillaren Böden steigt Wasser nach oben. Sinken die Temperaturen im Boden bei Frost unter den Gefrierpunkt, gefriert dieses Wasser an der Frostgrenze und bildet Eislinsen. Bilden sich bei sinkenden Temperaturen mehrere Frostgrenzen, bilden sich weitere Eislinsenhorizonte.

11. Wie verhalten sich bindige und nichtbindige Böden bei Frosteinwirkung?

Bindige Böden: Ständig steigt Wasser aus dem nicht gefrorenen Untergrund kapillar nach oben und gefriert an der Frostgrenze. Durch das ständige Aufsteigen von Kapillarwasser bilden sich Eislinsen. Der Boden hebt sich.

Nichtbindige Böden: Die Ausdehnung des gefrorenen Wassers wird weitgehend vom Luftporenraum zwischen den Einzelkörnern aufgenommen. Es tritt deshalb keine erkennbare Hebung des Bodens ein.

12. Welche Verfahren gibt es zur Baugrunduntersuchung? Erläutern Sie diese Verfahren.

Es gibt indirekte und direkte Verfahren.

Indirekte Verfahren: Es werden vorhandene Erfahrungen seitens der Bauämter, der geologischen Ämter oder örtlicher Architekten genutzt. Auch Beobachtungen, z. B. an Hängen, Kiesgruben, Flussläufen, lassen Rückschlüsse auf den geologischen Aufbau des Untergrundes zu.

Direkte Verfahren: Dazu gehören Schürfe, Sondierungen und Bohrungen.

Schürfe sind Gruben mit einer Mindestbreite von 0,75 m und einer Sohllänge von 1,50 m. Die Tiefe ist so zu wählen, dass die Bodenschichten analysiert und Bodenproben entnommen werden können.

Bei *Sondierungen* wird eine Sonde in den Boden eingerammt. Dabei wird die Anzahl der Schläge pro 10 cm Eindringtiefe festgehalten und in einer Sondierlinie dargestellt. Ändern sich die erforderlichen Schlagzahlen, so ist dies ein Hinweis darauf, dass sich die Bodenverhältnisse ändern. Die Ursache der Änderung kann z. B. durch Bohrungen festgestellt werden.

Bohrungen sind bei größeren Tiefen und höherem Grundwasserstand erforderlich. Die durch Kernbohrungen gewonnenen Bodenproben werden im Labor untersucht.

13. Nennen Sie die wichtigsten Maßnahmen, die für die Vorbereitung einer Baustelle erforderlich sind.

– Feststellen von Leitungen (Wasser, Gas, Elektrizität, Telekommunikation),
– Abbruch vorhandener Bauwerke, Recycling von Baustoffen, Entsorgung des anfallenden Sondermülls,
– Roden des Baugrundstücks, Schutz bleibender Bäume,
– Herstellen erforderlicher Zufahrten,
– Abtragen des Oberbodens (Mutterboden).

3 Erschließen eines Baugrundstückes

14. Was versteht man unter einer „Bauabsteckung"? Welche Kenntnisse sind für das Abstecken eines Gebäudes erforderlich?

Unter Bauabsteckung versteht man das genaue Einmessen der Eckpunkte des geplanten Bauwerks auf dem Baugrundstück.
Für das Abstecken sind Kenntnisse über Längenmessung, Höhenmessung, das Abstecken von Geraden und von rechten Winkeln erforderlich.

15. Nennen Sie für die dargestellte Baugrube die mit Buchstaben bezeichneten Fachausdrücke.

A – Fundamentsohle
B – Baugrubensohle
C – Böschungsbreite b
D – Arbeitsraum a
E – Baugrubentiefe t
F – Böschungswinkel β
G – Böschungsfuß
H – Böschung
I – Abtrag Oberboden
K – RFB Erdgeschoss

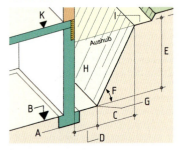

16. Welche Böschungswinkel werden nach DIN 4124 unterschieden? Ordnen Sie die jeweiligen Bodenarten den Böschungswinkeln zu.

Böschungswinkel	Bodenart
45°	nichtbindige und weiche Böden
60°	steife und halbfeste bindige Böden
80°	feste bindige Böden und Fels

17. Welche Böschungswinkel werden nach DIN 18300 VOB, Teil C unterschieden? Ordnen Sie die jeweiligen Bodenklassen den Böschungswinkeln zu.

Böschungswinkel	Bodenklasse
45°	3 – leicht lösbare Bodenarten 4 – mittelschwer lösbare Bodenarten
60°	5 – schwer lösbare Bodenarten
80°	6 – leicht lösbarer Fels 7 – schwer lösbarer Fels

18. Berechnen Sie die Böschungsbreite einer 1,80 m tiefen Baugrube (nichtbindiger Boden).

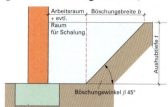

Böschungswinkel für einen nichtbindigen Boden $\beta = 45°$
Aushubtiefe t = Böschungsbreite b
$b = \mathbf{1{,}80\ m}$

19. Berechnen Sie die Böschungsbreite einer 2,80 m tiefen Baugrube (Bodenklasse 5).

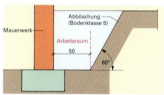

Böschungswinkel Bodenklasse 5: $\beta = 60°$,
$\tan 60° = 1{,}732$

$$\tan \beta = \frac{\text{Aushubtiefe } t}{\text{Böschungsbreite } b}$$

$b = 2{,}80\ m : 1{,}732 = \mathbf{1{,}62\ m}$

20. Berechnen Sie die Böschungsbreite einer 3,20 m tiefen Baugrube (fester bindiger Boden).

Böschungswinkel für einen festen bindigen Boden $\beta = 80°$, $\tan 80° = 5{,}671$

$$\tan \beta = \frac{\text{Aushubtiefe } t}{\text{Böschungsbreite } b}$$

$b = 3{,}20\ m : 5{,}671 = \mathbf{0{,}564\ m}$

21. Welche Arbeitsraumbreiten müssen bei abgeböschten und verbauten Baugruben eingehalten werden?

Abgeböschte Baugruben ≥ 50 cm
Verbaute Baugruben ≥ 60 cm (+ 15 cm für Schalung und + 15 cm für Verbau)
– mit Verbau ≥ 75 cm
– mit Verbau und Schalung ≥ 90 cm

3 Erschließen eines Baugrundstückes

22. Welche Vorschriften sind nach DIN 4124 bei der Sicherung von Baugruben und Gräben einzuhalten?

– Bis zu einer Tiefe von 1,25 m ist eine Wandsicherung nicht erforderlich.
– Bei einer Tiefe von 1,25 … 1,75 m muss der über 1,25 m überstehende Teil gesichert werden.
– Bei einer Tiefe von über 1,75 m müssen die Wände in ihrer ganzen Höhe gesichert werden.
– Oberhalb der Böschung ist ein mindestens 60 cm breiter Schutzstreifen freizuhalten.
– Der Verbau muss an der Erdoberfläche mindestens 5 cm, bei Grabentiefen > 2 m mindestens 10 cm überstehen.

23. Von welchen Faktoren hängt bei Leitungsgräben die Breite der Grabensohle ab?

Die Grabenbreite ist abhängig
– von der Nennweite DN des Abwasserrohres,
– vom äußeren Durchmesser des Rohrschaftes OD,
– von der Tiefe des Grabens,
– von der Art der Grabensicherung.

24. Bestimmen Sie die Mindestgrabenbreite OD + χ bei einem unverbauten Graben mit einem Böschungswinkel β > 60°, wenn der äußere Durchmesser des Rohrschaftes 360 mm (DN 300) beträgt und der Graben 80 cm tief ausgehoben wird.

OD + χ
$\geq$ 0,36 m + 0,5 m
$\geq$ **0,86 m**

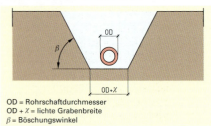

OD = Rohrschaftdurchmesser
OD + χ = lichte Grabenbreite
β = Böschungswinkel

DN	≤ 225	> 225 ≤ 350	> 350 ≤ 700	> 700 ≤ 1 200	> 1 200
Verbau	+ 0,40	+ 0,50	+ 0,70	+ 0,85	+ 1,00
β ≤ 60°	+ 0,40				
β > 60°	+ 0,40	+ 0,50	+ 0,70	+ 0,85	+ 1,00

25. In einem 1,80 m tiefen verbauten Graben soll ein Rohr DN 250 mit einem äußeren Rohrdurchmesser OD von 280 mm verlegt werden. Berechnen Sie die Mindestgrabenbreite.

OD + x ≥ 0,28 m + 0,50 m ≥ 0,78 m
Mindestbreite bei 1,80 m Tiefe = **0,90 m**
Die Mindestbreite ist maßgebend.

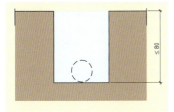

26. Nennen Sie für den dargestellten Graben die mit Ziffern bezeichneten Fachbegriffe.

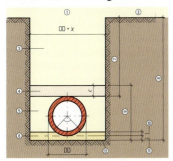

1 – Graben
2 – Oberfläche
3 – Hauptverfüllung
4 – Abdeckung
5 – Seitenverfüllung
6 – Bettung
7 – Überdeckungshöhe
8 – Grabentiefe
9 – Leitungszone
10 – obere Bettungsschicht
11 – untere Bettungsschicht (bei nicht tragfähigem Baugrund zusätzliche Gründungsschicht)
12 – Grabensohle

Mindestmaß für c:
– 15 cm über dem Rohrschaft
– 10 cm über der Verbindung

27. Nennen Sie die gebräuchlichsten Verbauarten für Baugruben.

– Trägerbohlwände (z. B. Berliner Verbau)
– Spundwände
– Bohrpfahlwände
– Schlitzwände

28. Nennen Sie die gebräuchlichsten Verbauarten für Gräben. Bei welchen Bodenarten werden sie eingesetzt?

– waagerechter Verbau bei genügend standfesten Böden,
– senkrechter Verbau bei locker gelagerten nichtbindigen und weichen bindigen Böden.

29. Welche Vorteile bietet der Grabenverbau mit Verbaugeräten?

– wirtschaftlich, da Zeit- und Materialersparnis,
– Gräben können, sofern es die Bodenart erlaubt, auf volle Tiefe ausgehoben werden,
– mehr Raum beim Verlegen der Rohre.

30. Beschreiben Sie den Arbeitsablauf beim Herstellen von Gräben mit Verbaugeräten.

a) Ausbaggern des Grabens, Bereitstellen des Verbaus
b) Einstellen des Verbaus in den Graben
c) Anpressen der Verbauplatten an die Grabenwand mithilfe von Spindeln
d) Einbringen der Rohre
e) Einbetten der Rohre
f) Verfüllen, Verdichten und stufenweises Ziehen des Verbaus

31. Bei einem Reihenhaus muss die Abwasserleitung in einem etwa 2 m tiefen Graben zum Straßenkanal geführt werden. Beim Baugrund handelt es sich um einen steifen bindigen Boden.
a) Welche Sicherungsmaßnahmen müssen Sie ergreifen?
b) Begründen Sie Ihren Vorschlag.

a) Bei einer Grabentiefe von über 1,75 m müssen die Wände in ihrer gesamten Höhe gesichert werden. Vorgesehen wird ein waagerechter Verbau.
b) Bei fortschreitendem Aushub des steifen Bodens kann der Verbau nach unten verlängert werden. Ebenso kann der Verbau beim Verfüllen von unten nach oben wieder entnommen werden.

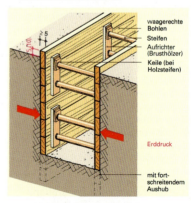

**32. Nennen Sie geeignete Verdichtungsgeräte
a) für bindige Böden,
b) für nichtbindige Böden.**

a) Grabenwalzen (handgeführt), Vibrationsstampfer und Stampframmen

b) Vibrationsplatten, Vibrationswalzen

33. Welche Vorschriften gelten nach DIN 18300 für die Abrechnung von Erdarbeiten?

– Oberbodenabtrag meist nach Flächenmaß (m²), seltener nach Raummaß (m³).
– Aushub bzw. Abtrag nach Raummaß (m³), Zuschläge für den Arbeitsraum bei geböschten Baugruben von 50 cm, bei verbauten Baugruben 60 cm, für jede Schalung bzw. jeden Verbau werden pauschal 15 cm zugerechnet.
– Einbau, Überschütten, Verdichten nach Raummaß (m³), Abzüge für Leitungen, Sandbettungen u. Ä. bei äußerer Querschnittsfläche > 0,1 m².

34. Berechnen Sie den Aushub für einen 32,30 m langen verbauten Graben mit einer durchschnittlichen Tiefe von 1,96 m. Der äußere Rohrschaftdurchmesser beträgt 360 mm (DN 300).

Grabenbreite b = 0,90 m (Mindestbreite)
+ 2 · 0,15 m (Verbau) = 1,20 m

Aushub V = 1,20 m · 1,96 m · 32,30 m
= **75,97 m³**

35. Ermitteln Sie den Aushub für einen 34,75 m langen unverbauten Graben mit einer durchschnittlichen Tiefe von 2,00 m und einem Böschungswinkel von 45°. Der äußere Rohrschaftdurchmesser beträgt 460 mm (DN 400).

Grabenbreite b_{unten} = 0,90 m (Mindestbreite)
b_{oben} = 0,90 m + 2 · 2,00 m = 4,90 m

Aushub $V = \dfrac{(0,90 \text{ m} + 4,90 \text{ m}) \cdot 2}{2} \cdot 34,75 \text{ m}$
= **201,55 m³**

36. Berechnen Sie für den im Schnitt dargestellten 27,50 m langen Graben den Bodeneinbau in m³.

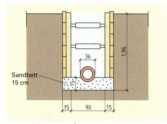

Aushubquerschnitt
= 1,20 m · 1,96 m   = 2,35 m²

Sandbettquerschnitt
= 1,20 m · 0,15 m   = 0,18 m²

Rohrquerschnitt
= 0,36 m · 0,36 m · 0,785 = 0,10 m²

Querschnitt Bodeneinbau = 2,07 m²

Bodeneinbau V
= 2,07 m² · 27,50 m   = **56,925 m³**

37. Berechnen Sie für den im Schnitt dargestellten 28,55 m langen Graben den Bodeneinbau. Der äußere Rohrschaftdurchmesser beträgt 380 mm (DN 300), die Sickerschicht ist 25 cm dick. Die Grabentiefe bis zur Sohle ist 2,06 m. Es handelt sich um die Bodenklasse 5.

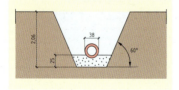

Böschungswinkel Bodenklasse 5:
$\beta = 60°$; tan 60° = 1,732

Böschungsbreite b
= 2,06 m : 1,732 = 1,19 m

Grabenbreite b_{unten}
= 0,90 m (Mindestbreite)
b_{oben} = 0,90 m + 2 · 1,19 m = 3,28 m

Sickerschicht b_{oben}
= 0,90 m + 2 · 0,25 m : 1,732 = 1,19 m
$V = \dfrac{(1,19 \text{ m} + 3,28 \text{ m}) \cdot (2,06 \text{ m} - 0,25 \text{ m})}{2}$
· 28,55 m   = 115,495 m³

Abzug Rohrverdrängung
= 28,55 · π · (0,38 m)² : 4 = −3,238 m³

Bodeneinbau V = **112,257 m³**

38. Berechnen Sie den Aushub für eine Baugrube mit Verbau und Schalung. Die UG-Außenmaße betragen 12,80 × 9,60 m. Die durchschnittliche Aushubtiefe beträgt 1,85 m.

Baugrubengrundfläche A_G:
l = 12,80 m + 2 · 0,15 m + 2 · 0,50 m
+ 2 · 0,15 m = 14,40 m
b = 9,60 m + 2 · 0,15 m + 2 · 0,50 m
+ 2 · 0,15 m = 11,20 m
A_G = 14,40 m · 11,20 m = 161,28 m²
Volumen V:
V = 161,28 m² · 1,85 m = **298,368 m³**

39. Berechnen Sie den Aushub für eine abgeböschte Baugrube (Bodenklasse 7), wenn die UG-Außenmaße 13,85 × 12,65 m und die durchschnittliche Aushubtiefe 3,15 m betragen. Die UG-Wände werden betoniert. Das Volumen kann näherungsweise ermittelt werden.

Böschungswinkel Bodenklasse 7:
β = 80°, tan 80° = 5,671
Böschungsbreite b
= 3,15 m : 5,671 = 0,555 m
Baugrubengrundfläche A_G:
l = 13,85 m + 2 · 0,15 m + 2 · 0,50 m
= 15,15 m
b = 12,65 m + 2 · 0,15 m + 2 · 0,50 m
= 13,95 m
A_G = 15,15 m · 13,95 m = 211,343 m²
Baugrubendeckfläche A_D:
A_D = (15,15 m + 2 · 0,555 m)
· (13,95 m + 2 · 0,555 m) = 244,876 m²
Aushub V:
$$V = \frac{A_G + A_D}{2} \cdot t = \frac{211{,}343 \text{ m}^2 + 244{,}876 \text{ m}^2}{2}$$
· 3,15 m = **718,545 m³**

40. Ein Reihenhaus soll die in der Zeichnung dargestellten Ausmaße erhalten. Die UG-Wände werden betoniert. Der anstehende Boden ist der Bodenklasse 5 zuzuordnen. Ermitteln Sie
a) den Böschungswinkel und die Böschungsbreite,
b) den Oberbodenabtrag in m²,
c) den Aushub in m³, wenn die mittlere Aushubtiefe 1,80 m beträgt,

a) Bodenklasse 5: β = 60°, tan 60° = 1,732
Böschungsbreite b
= 1,80 m : 1,732 = **1,04 m**
b) Oberbodenabtrag
l_1 = 10,99 m + 2 · 0,15 m + 2 · 0,50 m
+ 2 · 1,04 m = 14,37 m
l_2 = 7,50 m + 2 · 0,15 m + 2 · 0,50 m
+ 2 · 1,04 m = 10,88 m
A = 14,37 m · 10.88 m = **156,35 m²**
c) Aushub
Baugrubengrundfläche A_G
= (10,99 m + 2 · 0,15 m + 2 · 0,50 m)
· (7,50 m + 2 · 0,15 m + 2 · 0,50 m)
= 12,29 m · 8,80 m = 108,152 m²
Baugrubendeckfläche A_D = 156,35 m²
(siehe Teilaufgabe b)
Volumen $V = \dfrac{108{,}152 \text{ m}^2 + 156{,}35 \text{ m}^2}{2}$
· 1,80 m = **238,05 m³**

d) den abzufahrenden Boden in m³, wenn die Auflockerung 15 % beträgt.

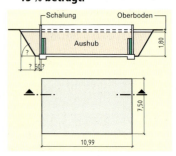

d) Bodenabfuhr
Aufgelockertes Volumen V
= 238,05 m³ · 1,15 = **273,758 m³**

41. Ermitteln Sie die Kosten der Erdarbeiten (einschließlich Mehrwertsteuer) für das Reihenhaus aus Aufgabe 40. mit folgenden Einheitspreisen:
Pos. 1 Oberbodenabtrag mit seitlicher Lagerung: 1,10 €/m² (netto)
Pos. 2 Baugrubenaushub Bodenklasse 5: 2,80 €/m³ (netto)
Pos. 3 Abfuhr und Entsorgen des Aushubmaterials: 17,80 €/m³ (netto)

Pos. 1: Oberboden
156,35 m² · 1,10 €/m²   = 171,99 €
Pos. 2: Baugrubenaushub
238,05 m³ · 2,80 €/m³   = 666,54 €
Pos. 3: Abfuhr und Entsorgung
273,758 m³ · 17,80 €/m³ = 4.872,89 €

Nettosumme	= 5.711,42 €
+ 19 % Mehrwertsteuer	= 1.085,17 €
Bruttosumme	= **6.796,59 €**

42. Ein Einfamilienhaus soll die in der Zeichnung dargestellten Ausmaße erhalten. Der vorhandene Boden ist der Bodenklasse 6 zuzuordnen. Die durchschnittliche Aushubtiefe beträgt 2,60 m. Die UG-Wände werden in Ortbeton hergestellt. Zu berechnen sind:
a) das Aushubvolumen,

a) Aushubvolumen
Bodenklasse 6: $\beta = 80°$, tan 80° = 5,671
Böschungsbreite:
b = 2,60 m : 5,671 = 0,458 m
Baugrubengrundfläche A_G
= (10,50 m + 2 · 0,15 m + 2 · 0,50 m)
· (9,50 m + 2 · 0,15 m + 2 · 0,50 m)
= 11,80 m · 10,80 m = 127,44 m²
Baugrubendeckfläche A_D
= (11,80 m + 2 · 0,458 m) · (10,80 m + 2 · 0,458 m)
= 12,716 m · 11,716 m = 148,981 m²
Aushubvolumen V
$$= \frac{127,44 \text{ m}^2 + 148,981 \text{ m}^2}{2} \cdot 2,60 \text{ m}$$
= **359,347 m³**

→   →

b) das abzutransportierende Volumen bei 18 % Auflockerung,
c) das Volumen der Verfüllung.

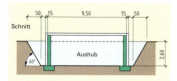

b) Bodenabfuhr $V = 359{,}347 \text{ m}^3 \cdot 1{,}18$
= **424,029 m³**

c) Volumen Verfüllung
Verfüllung = Aushubvolumen
− Bauwerksvolumen
Bauwerksvolumen $V = l \cdot b \cdot h$
= 10,50 m · 9,50 m · 2,60 m
= 259,35 m³
Volumen Verfüllung V
= 359,347 m³ − 259,35 m³ = **99,997 m³**

43. Welche Gefahren können entstehen, wenn bei einer Baugrube Wasser seitlich und von unten eindringt?

Das Arbeiten in der Baugrube wird erschwert oder unmöglich gemacht. Außerdem bewirkt das durch die Baugrubensohle einströmende Wasser einen Auftrieb, der zum Aufschwemmen der Baugrubensohle führen könnte.

44. Erklären Sie die Funktionsweise einer Grundwasserabsenkung.

Die Baugrube wird mit einem Ring von Rohrbrunnen umgeben, durch die das Grundwasser abgepumpt wird. Man bezeichnet das als geschlossene Wasserhaltung. Die Rohrbrunnen sind Filterrohre aus Stahl oder Kunststoff mit Schlitzen in der Wandung, durch die das Grundwasser eindringen kann. Über Saugrohre und Tauchpumpen wird das Wasser an die Oberfläche gefördert und dem Vorfluter zugeführt. Das anfallende Grundwasser gelangt so nicht in die Baugrube.

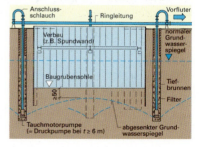

3 Erschließen eines Baugrundstückes

45. Was versteht man unter offener Wasserhaltung? Beschreiben Sie die Vorgehensweise.

Unter offener Wasserhaltung versteht man das Sammeln und Ableiten des in die Baugrube eindringenden Grundwassers. Auf der Fläche der Baugrube wird ein Flächendrän mit 1 % Gefälle in Richtung Böschung angelegt und mit Filterkies abgedeckt. Entlang der Böschung wird das Wasser über Vertiefungen in der Baugrubensohle und Dränleitungen abgeleitet, in Pumpensümpfen gesammelt und abgepumpt.

46. Welche Wasserarten werden bei der Haus- und Grundstücksentwässerung unterschieden?

– Oberflächenwasser aus Niederschlägen wie Regen und Schnee.
– Häusliches Abwasser, das durch den Gebrauch im Haushalt verschmutzt wird und deshalb gereinigt werden muss.
– Industrielles Abwasser aus Anlagen für gewerbliche und industrielle Zwecke.

47. Welche Elemente sind Bestandteile
a) der Hausentwässerung,
b) der Grundstücksentwässerung,
c) der Ortsentwässerung?
Beschreiben Sie ihre Aufgaben.

a) – Fallleitungen führen das anfallende Schmutzwasser über vertikale Rohre nach unten.
– Regenfallrohre (RR) leiten das auf den Dachflächen anfallende Regenwasser nach unten.
– Grundleitungen liegen in der Regel unterhalb des Gebäudes und leiten die gesamten Abwässer zum Revisionsschacht, der als Einsteigschacht oder als Kontrollschacht ausgeführt wird.
b) – Hofeinläufe oder Entwässerungsrinnen sammeln das auf den befestigten Flächen des Grundstücks anfallende Oberflächenwasser und führen es der Grundleitung zu.
– Eine Gebäudedränung, die entlang der Außenwände des Untergeschosses vorgesehen wird, nimmt anfallendes Sicker- und Hangwasser auf und führt es der Grundleitung zu.
c) – Ein Hausanschlusskanal führt die gesammelten Abwässer vom Kontrollschacht zum Straßenkanal.
– Ein Hauptsammler, der die Abwässer einzelner Wohngebiete zusammenfasst, leitet die Abwässer zur Kläranlage.

48. Wie werden die mit A ... D gekennzeichneten Wasserleitungen bezeichnet?

A – Versorgungsleitung
B – Verteilleitung
C – Steigleitung
D – Stockwerksleitung

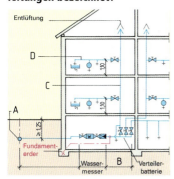

49. Die Schnittzeichnung stellt einen Einsteigschacht mit offenem Durchlauf dar. Benennen Sie die mit Ziffern gekennzeichneten Bauteile.

1 – Fundament
2 – Schachtunterteil mit Fließrinne
3 – Steigeisen
4 – Schachtring
5 – Schachthals (Konus)
6 – Auflagering
7 – Schachtabdeckung

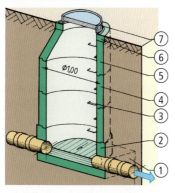

50. Unterscheiden Sie bei der Ortsentwässerung zwischen Mischsystem und Trennsystem.

– Beim *Mischsystem* werden Schmutz- und Regenwasser in einem gemeinsamen Kanal, dem Mischwasserkanal, abgeleitet.
– Beim *Trennsystem* werden Schmutz- und Regenwasser in zwei getrennten Kanälen, dem Schmutz- und dem Regenwasserkanal, abgeleitet.

3 Erschließen eines Baugrundstückes

51. Welche Eigenschaften werden von Rohren für Entwässerungsleitungen verlangt?

- Druckfestigkeit und Formbeständigkeit,
- chemische Beständigkeit gegen aggressive Stoffe,
- Dichtheit der Rohre, Formteile und Rohrverbindungen,
- glatte Innenflächen zur Gewährleistung der Abflussleistung und zur Vermeidung von Ablagerungen,
- Wurzelfestigkeit der Rohrverbindungen,
- einfache Bearbeitung zur Herstellung von Rohrverbindungen.

52. Nennen Sie die gebräuchlichsten Materialien zur Herstellung von Entwässerungsleitungen.

- Kunststoff
- Beton und Stahlbeton
- Steinzeug
- duktiles Gusseisen
- Faserzement

53. Mit welchen Linienarten werden in Bauzeichnungen Schmutzwasser-, Regenwasser-, Mischwasserkanäle, Dränleitungen und Sickerrohre dargestellt?

Schmutzwasserkanal mit einer Volllinie
Regenwasserkanal mit einer Strichlinie
Mischwasserkanal mit einer Strichpunktlinie
Dränleitung mit einer Strichzweipunktlinie
Sickerrohre mit einer Punktlinie

54. In der Bauzeichnung werden Kanalrohre mit Symbolen dargestellt. Zeichnen Sie für die dargestellten Formstücke das jeweilige Symbol.

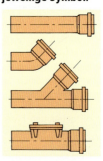

a) gerades Rohr

b) Bogen

c) Abzweig

d) Reinigungsrohr

55. Beschreiben Sie die Vorgehensweise bei der Verlegung eines Abwasserkanals mit Steinzeugrohren.

– Die geplante Lage des Kanals wird im Gelände abgesteckt.
– Der Graben wird mit der entsprechenden Tiefe ausgehoben, dabei ist das nötige Gefälle des Kanals schon zu berücksichtigen.
– Ein Auflager von mindestens 10 cm Dicke (bei Felsboden 15 cm) aus Sand, Kies oder Splitt wird eingebracht.
– Die Rohre werden vom tiefer liegenden Punkt aus verlegt, dabei müssen Flucht und Gefälle eingehalten werden.
– Die Rohre müssen in den Zwickeln seitlich unterstopft werden, sodass sie auf der gesamten Länge im Auflager satt aufliegen.
– Vor dem Zusammenschieben müssen Muffe und Spitzende gesäubert, der exakte Sitz der Dichtung in der Muffe geprüft und Gleitmittel auf beide Enden aufgetragen werden.
– Muffe und Spitzende müssen vorsichtig mithilfe einer Brechstange zusammengeschoben werden.
– Abschließend muss eine Dichtheitsprüfung des Kanals erfolgen.

56. Welche Mindestgefälle (Prozent und Verhältnis) gelten für Misch- bzw. Schmutzwasserleitungen und für Regenwasserleitungen innerhalb eines Gebäudes?

Misch- und Schmutzwasserleitungen:
2 % oder 1 : 50 bis Nenndurchmesser (DN) 100
1,5 % oder 1 : 66,7 bis Nenndurchmesser (DN) 150
Regenwasserleitungen: 1 % oder 1 : 100 für alle Nenndurchmesser (DN)

57. Eine 12,50 m lange Grundleitung soll ein Gefälle von 1 : 50 erhalten. Wie groß muss der Höhenunterschied zwischen Anfangs- und Endpunkt sein?

$$\text{Höhe} = \frac{\text{Länge}}{\text{Verhältniszahl}} = \frac{12{,}50 \text{ m}}{50} = \mathbf{0{,}25 \text{ m}}$$

3 Erschließen eines Baugrundstückes

58. Eine Leitung (DN 150) fällt auf eine Länge von 9,30 m um 21 cm. Ist das vorgeschriebene Mindestgefälle von 1 % eingehalten?

$p\% = \dfrac{h \cdot 100\%}{l} = \dfrac{0,21 \text{ m} \cdot 100\%}{9,30 \text{ m}} = \mathbf{2{,}26\%}$

Das Gefälle ist größer als das vorgeschriebene Mindestgefälle von 1 %.

59. Ein Steigungsverhältnis von 1:35 soll in % ausgedrückt werden.

Prozentsatz $p\% = 1/35 \cdot 100\% = \mathbf{2{,}86\%}$

60. Ein Kanal soll mit einem Gefälle von 1,5 % verlegt werden. Welchem Verhältnis entspricht das?

Verhältniszahl $n = \dfrac{1}{1,5\%} \cdot 100\% = 66{,}7$

Verhältnis ≈ **1:67**

61. Die Grundleitung eines Reihenhauses soll innerhalb des Gebäudes ein Gefälle von 1:66,7 erhalten. Berechnen Sie
a) den Höhenunterschied auf 1 m,
b) den Höhenunterschied zwischen Anfangs- und Endpunkt bei einer Länge von 14,70 m.

a) $h = \dfrac{l}{n} = \dfrac{100 \text{ cm}}{66,7} = \mathbf{1{,}5 \text{ cm}}$

b) $h = \dfrac{l}{n} = \dfrac{14{,}70 \text{ m}}{66,7} = \mathbf{0{,}22 \text{ m}}$

62. Eine Entwässerungsleitung fällt auf einer Länge von 18,30 m um 32 cm. Wurde das vorgeschriebene Mindestgefälle von 1,5 % eingehalten?

$p\% = \dfrac{h \cdot 100\%}{l} = \dfrac{0,32 \text{ m} \cdot 100\%}{18,30 \text{ m}} = \mathbf{1{,}75\%}$

Das Mindestgefälle wurde eingehalten.

63. Berechnen Sie die in der Tabelle fehlenden Werte.

Aufgabe	a)	b)	c)	d)
Verhältnis	1:80	?	?	1:2
Prozentsatz	?	2,5 %	?	?
Länge	120 m	?	6 m	3 m
Höhe	?	107 m	0,3 m	?

Aufgabe	a)	b)	c)	d)
Verhältnis	1:80	1:40	1:20	1:2
Prozentsatz	1,25 %	2,5 %	5 %	50 %
Länge	120 m	4280 m	6 m	3 m
Höhe	1,50 m	107 m	0,3 m	1,50 m

64. Für den dargestellten Boden eines UG-Geschosses sind die Gefälle in den Richtungen a…e zu berechnen.

$p_a\% = 0{,}02\ m \cdot 100\% : 1{,}50\ m = \mathbf{1{,}33\%}$
$p_b\% = 0{,}04\ m \cdot 100\% : 1{,}50\ m = \mathbf{2{,}67\%}$
$p_c\% = 0{,}02\ m \cdot 100\% : 2{,}20\ m = \mathbf{0{,}91\%}$
$p_d\% = 0{,}04\ m \cdot 100\% : 2{,}20\ m = \mathbf{1{,}82\%}$
$p_e\% = 0{,}02\ m \cdot 100\% : 2{,}90\ m = \mathbf{0{,}69\%}$

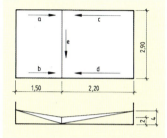

65. Zwei Schächte werden in der Bauzeichnung mit den Sohltiefen Schacht S1 = 527,60 m ü. NHN und Schacht S2 = 524,90 m ü. NHN angegeben. Die Entfernung zwischen den Schächten beträgt 115,50 m. Ermitteln Sie das Gefälle in Prozent und geben Sie das Verhältnis 1 : n an.

$h = 527{,}60\ m - 524{,}90\ m = 2{,}70\ m$
$p\% = 2{,}70\ m \cdot 100\% : 115{,}60\ m = \mathbf{2{,}34\%}$
$n = 115{,}60\ m : 2{,}70\ m = 42{,}8$
Verhältnis ≈ **1 : 43**

66. Eine Entwässerungsleitung soll ein Gefälle von 2,5 % erhalten. Wie groß ist die Höhendifferenz in m zwischen dem Austritt aus dem Haus und dem Einlauf in den Straßenkanal bei einer Entfernung von 18,50 m?

$$h = \frac{p\% \cdot l}{100\%} = \frac{2{,}5\% \cdot 18{,}50\ m}{100\%} = \mathbf{0{,}463\ m}$$

...ner Gründung

...en müssen ...rnehmen?
- Bauwerkslasten sicher und gleichmäßig, auf den Baugrund übertragen,
- größere Setzungen des Bauwerks verhindern und damit
- die Standsicherheit des Bauwerks gewährleisten.

2. Was versteht man bei Fundamenten unter der Einbindetiefe d?

Unter der Einbindetiefe d versteht man das Maß von der Gründungssohle bis zur Oberkante Gelände bzw. Kellerfußboden.

3. Welche Gründungsarten werden unterschieden? Geben Sie jeweils Anwendungsbeispiele an.

- *Flachgründungen*: Streifenfundamente, Einzelfundamente.
- *Flächengründungen*: Plattenfundamente.
- *Pfahlgründungen*: stehende Pfahlgründung, schwebende Pfahlgründung, kombinierte Pfahl-Plattengründung.

4. Erklären Sie anhand der Zeichnungen den Unterschied zwischen einer stehenden und einer schwebenden Pfahlgründung.

- *Stehende Gründung*: Die Pfähle reichen bis in tragfähige Schichten. Die Lasten werden über den Spitzendruck abgetragen.
- *Schwebende Gründung*: Die Pfähle stehen auf nicht ausreichend tragfähigem Baugrund. Die Lasten werden ausschließlich durch Mantelreibung zwischen Baugrund und Pfahloberfläche aufgenommen. Mit Setzungen ist zu rechnen.

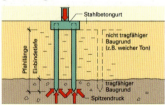

Stehende Pfahlgründung (z. B. Rammpfähle)

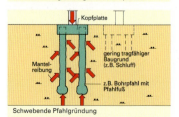

Schwebende Pfahlgründung

5. Welche Fundamentart schlagen Sie für ein Einfamilienhaus vor, wenn es
a) auf einem tragfähigen Baugrund,
b) auf einem schlechten, ungleichmäßigen Baugrund stehen soll?

a) bewehrte oder unbewehrte damente
b) bewehrtes Plattenfundament

6. Beschreiben Sie anhand der Zeichnung die Belastung des Baugrunds durch ein Bauwerk.

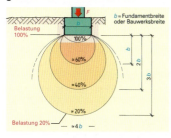

Der Druck unter der Gründungssohle verteilt sich kugelförmig. Da der Boden in größerer Tiefe aber stärker verdichtet ist, verläuft die Linie gleichen Drucks unter dem Fundament zwiebelförmig. Diese Linie wird als Druckzwiebel bezeichnet. An der Grenzfläche Bauwerk/Baugrund beträgt die Belastung 100 %. In einer Tiefe, die etwa der Fundamentbreite b entspricht, beträgt die verteilte Last etwa 60 %, in einer Tiefe von etwa $2 \cdot b$ sind es 40 % und in einer Tiefe von etwa $3 \cdot b$ sind es 20 % der ursprünglichen Last. Die Breite der Druckzwiebel entspricht etwa der vierfachen Fundamentbreite.

7. Warum sollten benachbarte Gebäude einen Mindestabstand haben?

Die Druckzwiebeln benachbarter Gebäudefundamente könnten sich bei zu geringem Abstand überlagern. Im Schnittbereich der Druckzwiebeln würde der Baugrund doppelt beansprucht. Die Gebäude könnten sich einseitig setzen.

8. Geben Sie die erforderliche Gründungstiefe an, um Frostschäden zu vermeiden.

Je nach klimatischen Verhältnissen liegt die Gründungstiefe bei 0,80 … 1,20 m unter Oberkante Gelände.

9. Wovon sind die Fundamentbreite und Fundamenttiefe eines Streifenfundamentes abhängig?

Die Fundamentbreite ist von den vorhandenen Bauwerkslasten, der Wanddicke und dem aufnehmbaren Sohldruck abhängig.
Die Fundamenttiefe ist von der Fundamentbreite, dem Druckverteilungswinkel und der Frosttiefe abhängig.

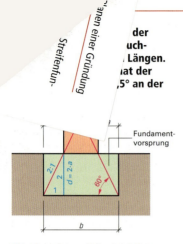

a) a = Fundamentvorsprung
b = Fundamentbreite
d = Fundamenttiefe
t = Wanddicke

b) Im Fundament werden die Bauwerkslasten nicht direkt, sondern unter einem Winkel von 60…63,5° zur Waagerechten nach unten abgeleitet. Diesen Winkel bezeichnet man als Druckverteilungswinkel. Geht man von einem Druckverteilungswinkel von 60° aus, so bildet die Verlängerung der Druckverteilungslinien mit der Gründungssohle ein gleichseitiges Dreieck.

11. Eine 25 cm dicke Stahlbetonwand steht mittig auf einem Streifenfundament mit der Breite 65 cm. Wie groß sind die Fundamentvorsprünge und die Fundamenttiefe?

Fundamentvorsprung:
$2 \cdot a = b - t = 0{,}65$ m $- 0{,}25$ m $= 0{,}40$ m
$a = 0{,}40$ m $: 2$ **= 0,20 m**
Fundamenttiefe:
$d = 2 \cdot a = 2 \cdot 0{,}20$ m **= 0,40 m**

12. Erklären Sie den Begriff „Sohldruck" und geben Sie an, wovon der Sohldruck abhängt.

Unter Sohldruck wird die Druckspannung an der Gründungssohle verstanden. Unterschieden wird die vorhandene Sohldruckbeanspruchung $\sigma_{E,d}$ und der Bemessungswert des Sohlwiderstands $\sigma_{R,d}$. Es gilt: $\sigma_{E,d} \leq \sigma_{R,d}$
Der Sohldruck ist abhängig von der Größe der übertragenden Bemessungslast F, der Sohlfläche A und der Einbindetiefe d. Es gilt: $\sigma = F : A$

13. a) Bestimmen Sie den Bemessungswert des Sohlwiderstands für Streifenfundamente auf nichtbindigem Boden, wenn die Fundamentbreite 1,25 m und die Einbindetiefe 1,50 m beträgt.

a) Nach Tabelle wird $\sigma_{R,d} = 690$ kN/m^2.

→   →

4 Planen einer Gründung

b) Wie groß wird der Bemessungswert, wenn die Setzungen auf ≤ 1 cm begrenzt werden sollen? Die Werte sind den Tabellen zu entnehmen.

b) Nach Tabelle wird $\sigma_{R,d} = 585$ kN/m^2.

Kleinste Einbindetiefe d des Fundamentes in m	Bemessungswerte $\sigma_{R,d}$ des Sohlwiderstands in kN/m^2 bei Fundamentbreiten b bzw. b'										
	0,50	0,75	1,00	1,25	1,50	1,75	2,00	2,25	2,50	2,75	3,00
0,50	280	350	420	490	560	630	700	700	700	700	700
1,00	380	450	520	590	660	730	800	800	800	800	800
1,50	480	550	620	690	760	830	900	900	900	800	900
2,00	560	630	700	770	840	910	980	980	980	980	980
Bei Bauwerken mit Einbindetiefen 0,30 m ≤ d ≤ 0,50 m und mit Fundamentbreiten b bzw. b' ≥ 0,30 m	210										

Bemessungswert des Sohlwiderstands $\sigma_{R,d}$ für Streifenfundamente auf nichtbindigem Boden nach DIN 1054

Kleinste Einbindetiefe d des Fundamentes in m	Bemessungswerte $\sigma_{R,d}$ des Sohlwiderstands in kN/m^2 bei Fundamentbreiten b bzw. b'										
	0,50	0,75	1,00	1,25	1,50	1,75	2,00	2,25	2,50	2,75	3,00
0,50	280	350	420	440	460	425	390	370	350	330	310
1,00	380	450	520	510	500	465	430	405	380	360	340
1,50	480	550	620	585	550	515	480	445	410	385	360
2,00	560	630	700	645	590	545	500	475	430	410	390
Bei Bauwerken mit Einbindetiefen 0,30 m ≤ d ≤ 0,50 m und mit Fundamentbreiten b bzw. b' ≥ 0,30 m	210										

Bemessungswert des Sohlwiderstands $\sigma_{R,d}$ für Streifenfundamente auf nichtbindigem Boden mit begrenzter Setzung nach DIN 1054

14. Bestimmen Sie den Bemessungswert des Sohlwiderstands für Streifenfundamente auf festem gemischtkörnigem Boden, wenn die Fundamentbreite 0,80 m und die Einbindetiefe 1,50 m beträgt.

Nach Tabelle wird $\sigma_{R,d} = 620$ kN/m^2.

→ →

4 Planen einer Gründung

Kleinste Ein-bindetiefe des Fundamentes in m	Bemessungswerte $\sigma_{R,d}$ des Sohlwiderstands in kN/m² für Streifenfundamente mit Breiten von 0,50 … 2,00 m								
	Mittlere Konsistenz								
	steif	halbfest	fest	steif	halbfest	fest	steif	halbfest	fest
	Gemischtkörniger Boden			Tonig-schluffiger Boden			Tonboden		
0,50	210	310	460	170	240	390	130	200	280
1,00	250	390	530	200	290	450	150	250	340
1,50	310	460	620	220	350	500	180	290	380
2,00	350	520	700	250	390	560	210	320	420
Mittlere einaxiale Druckfestigkeit in kN/m²	120 …300	300 …700	>700	120 …300	300 …700	>700	120 …300	300 …700	>700

Bemessungswert des Sohlwiderstands für Streifenfundamente bei gemischtkörnigen, tonig-schuffigem Boden und Tonboden

15. Warum wird mit zunehmender Einbindetiefe der Bemessungswert des Sohlwiderstands größer?

Je größer die Einbindetiefe, desto größer wird die Reibungsfläche zwischen Fundamentwandung und Fundamentgraben und desto größer wird der Bemessungswert des Sohlwiderstands.

16. Begründen Sie, warum Stützenfundamente bewehrt werden.

Stützenfundamente mit niedriger Höhe und großen Fundamentvorsprüngen werden auf Biegung und Schub beansprucht. Dies erfordert eine Tragbewehrung in zwei rechtwinklig zueinander verlaufenden Richtungen. Die Bewehrung wird an den Enden mit Winkelhaken verankert. Bei größerer Belastung ist eine Ringbewehrung erforderlich, die die Fundamentplatte umschließt.

17. Ein Gebäude wird in Hanglage errichtet. Zeichnen Sie die Fundamente und begründen Sie die Form.

Die Fundamentsohle muss stufenförmig ausgebildet werden, damit die Bauwerkslasten senkrecht auf den Baugrund abgeleitet werden können. Sonst besteht Gleitgefahr.

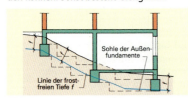

18. Das Streifenfundament eines Reihenhauses steht auf einem nichtbindigen Boden. Die Bemessungslast (einschließlich Eigenlast des Fundaments) beträgt 0,1 MN/m. Das Fundament hat die in der Zeichnung dargestellten Abmessungen. Führen Sie den Spannungsnachweis durch.

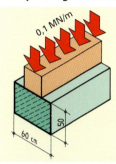

Nach Tabelle wird
$\sigma_{R,d}$ für 0,50 m Breite $= 280$ kN/m^2
$\sigma_{R,d}$ für 0,10 m Breite
$= \dfrac{70 \text{ k/Nm}^2 \cdot 0,10 \text{ m}}{0,25 \text{ m}} = 28$ kN/m^2

Bemessungswert des
Sohlwiderstands $= 308$ kN/m^2
Vorhandene Sohldruckbeanspruchung
$\sigma_{E,d} = \dfrac{F}{A} = \dfrac{100 \text{ kN}}{0,60 \text{ m} \cdot 1,0 \text{ m}}$

$= \mathbf{166{,}67 \text{ kN/m}^2 < 308 \text{ kN/m}^2}$
Der Bemessungswert der Sohldruckbeanspruchung ist kleiner als der Bemessungswert des Sohlwiderstands.

19. Eine Stahlbetonstütze wird mit 150 kN belastet. Sie erhält ein quadratisches Fundament. Die Bemessungslast des Fundaments ist mit 10,2 kN zu berücksichtigen. Der Bemessungswert des Sohlwiderstands beträgt 300 kN/m. Welche Seitenabmessung a muss das Stützenfundament erhalten?

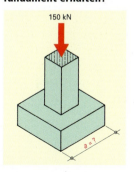

$F = 150 \text{ kN} + 10{,}2 \text{ kN} = 160{,}2 \text{ kN}$
$\sigma_{R,d} = 300 \text{ kN/m}^2$
$A = \dfrac{F}{\sigma_{R,d}} = \dfrac{160{,}2 \text{ kN}}{300 \text{ kN/m}^2} = 0{,}534 \text{ m}^2$
$a = \sqrt{0{,}534 \text{ m}^2} = 0{,}731 \text{ m}$
Die Seitenabmessung des Stützenfundaments beträgt aufgerundet **75 cm**.

4 Planen einer Gründung

20. Die Mittelwand eines Reihenhauses überträgt pro Meter eine Bemessungslast von 150 kN auf das Streifenfundament. Der Bemessungswert des Sohlwiderstands beträgt 280 kN/m². Welche Mindestbreite erhält das Streifenfundament?

$A = \dfrac{F}{\sigma_{R,d}} = \dfrac{150 \text{ kN}}{280 \text{ kN/m}^2} = 0{,}5357 \text{ m}^2$
$= 5357 \text{ cm}^2$
$b = \dfrac{A}{l} = \dfrac{5357 \text{ cm}^2}{100 \text{ cm}} = 53{,}57 \text{ cm}$

Die Breite des Streifenfundamentes muss mindestens **55 cm** betragen.

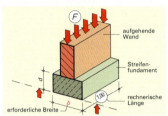

21. Das Streifenfundament unter der Außenwand eines Reihenhauses hat eine Breite von 75 cm und eine Einbindetiefe von 1,00 m. Das Fundament steht auf steifem Tonboden. Wie groß darf die Bemessungslast in kN höchstens werden?

Nach Tabelle (siehe Aufgabe **14.**) wird
$\sigma_{R,d} = 150 \text{ kN/m}^2$
$A = l \cdot b = 0{,}60 \text{ m} \cdot 1{,}00 \text{ m} = 0{,}60 \text{ m}^2$
$F \leq A \cdot \sigma_{R,d} \leq 0{,}60 \text{ m}^2 \cdot 150 \text{ kN/m}^2$
$\leq$ **90 kN pro m**

22. Fundamente mit 0,75 m Breite und 0,50 m Einbindetiefe dürfen sich bei mittiger Belastung höchstens 1 cm setzen. Es ist nichtbindiger Boden vorhanden. Wie groß ist der Bemessungswert des Sohlwiderstandes?

Nach Tabelle (siehe Aufgabe **13.**) wird
$\sigma_{R,d} =$ **350 kN/m²**

23. Berechnen Sie für Streifenfundamente die in der Tabelle fehlenden Werte.

	$\sigma_{R,d}/\sigma_{E,d}$	b	F
a)	180 kN/m²	0,75 m	?
b)	?	0,60 m	145 kN/m
c)	210 kN/m²	?	205 kN/m
d)	?	0,80 m	280 kN/m
e)	690 kN/m²	?	862,5 kN/m
f)	170 kN/m²	1,00 m	?

	$\sigma_{R,d}/\sigma_{E,d}$	b	F
a)	180 kN/m²	0,75 m	**135 kN/m**
b)	**241,7 kN/m²**	0,60 m	145 kN/m
c)	210 kN/m²	**0,976 m**	205 kN/m
d)	**350 kN/m²**	0,80 m	280 kN/m
e)	690 kN/m²	**1,25 m**	862,5 kN/m
f)	170 kN/m²	1,00 m	**170 kN/m**

24.

Auf das zylindrische Stützenfundament wird eine Bemessungslast von 200 kN übertragen. Die Eigenlast des Fundaments beträgt 7,6 kN. Berechnen Sie den Bemessungswert der Sohldruckbeanspruchung und führen Sie den Spannungsnachweis durch, wenn der Bemessungswert des Sohlwiderstands mit 280 kN/m² angegeben wird.

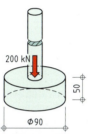

Gesamte Bemessungslast
$F = 200$ kN $+ 7,6$ kN $= 207,6$ kN
Vorhandene Sohldruckbeanspruchung
$$\sigma_{E,d} = \frac{F}{A} = \frac{207,6 \text{ kN}}{3,142 \cdot (0,45 \text{ m})^2} = \textbf{326,3 kN/m}^2$$

Bemessungswert des Sohlwiderstands
$\sigma_{R,d} = \textbf{280 kN/m}^2$
Das Stützenfundament ist **nicht** ausreichend dimensioniert.

25.

Berechnen Sie die erforderliche Breite und Tiefe für das umseitig dargestellte Streifenfundament. Der Boden besitzt einen Bemessungswert des Sohlwiderstands von 210 kN/m². Die Bemessungslast (einschließlich Fundamentlast) beträgt 175 kN. Der Druckverteilungswinkel verläuft im Fundament unter 60°, d.h., der Fundamentüberstand verhält sich zur Fundamenttiefe wie 2:1.

Fundamentbreite b:
$$A = \frac{F}{\sigma_{R,d}} = \frac{175 \text{ kN}}{210 \text{ kN/m}^2} = 0,8333 \text{ m}^2 = 8333 \text{ cm}^2$$
$$b = \frac{A}{l} = \frac{8333 \text{ cm}^2}{100 \text{ cm}} = 83,3 \text{ cm, gewählt 85 cm}$$

Fundamenttiefe d:
$a = (85 \text{ cm} - 30 \text{ cm}) : 2 = 27,5$ cm
$d = 2 \cdot 27,5$ cm $= \textbf{55 cm}$
Das Fundament muss mindestens 85 cm breit und 55 cm tief sein.

4 Planen einer Gründung

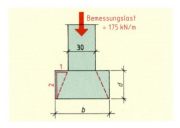

26. Berechnen Sie die Abmessungen eines quadratischen Einzelfundaments unter einer Stütze von 30 × 30 cm mit einer Bemessungslast (einschließlich Fundamentlast) von 250 kN, einem Druckverteilungswinkel von 60° und einem Bemessungswert des Sohlwiderstands von 210 kN/m².

Fundamentlänge l (= Fundamentbreite b):
$$A = \frac{F}{\sigma_{R,d}} = \frac{250 \text{ kN}}{210 \text{ kN/m}^2} = 1{,}190 \text{ m}^2$$
$$A = l \cdot l = l^2$$
$$l = \sqrt{A} = \sqrt{1{,}190 \text{ m}^2} = 1{,}09 \text{ m},$$
gewählt 1,10 m
Länge und Breite betragen jeweils 1,10 m.
Fundamenttiefe d:
$a = (110 \text{ cm} - 30 \text{ cm}) : 2 = 40 \text{ cm}$
$d = 2 \cdot 40 \text{ cm} = $ **80 cm**
Fundamentabmessungen:
$l = 1{,}10 \text{ m}; d = 80 \text{ cm}$

27. Der Fundamentplan eines Einfamilienhauses ist in der Draufsicht und im Schnitt dargestellt.

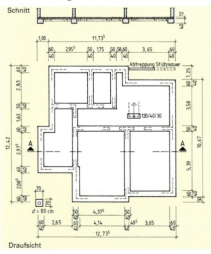

a) Welche Abmessungen haben die Fundamente unter den Außenwänden?
b) Welche Abmessungen haben die Fundamente unter den Mittelwänden?
c) Welche Dicke hat die Bodenplatte?
d) Welche Abmessungen hat das Einzelfundament unter der Stütze?

a) $b = 60$ cm, $d = 40$ cm
b) $b = 50$ cm, $d = 40$ cm
c) $d = 12$ cm
d) $l = 70$ cm, $b = 70$ cm, $d = 80$ cm

28. Erklären Sie die Begriffe
a) Frischbeton,
b) Festbeton,
c) Zementleim,
d) Zementstein.

a) *Frischbeton* ist der fertig gemischte und noch verarbeitbare Beton.
b) *Festbeton* ist der erhärtete Beton.
c) *Zementleim* ist das Gemisch aus Zement und Wasser im Frischbeton.
d) *Zementstein* ist erhärteter Zementleim, der die Gesteinskörnungen zu einem festen, künstlichen Stein verkittet.

29. Welche Betonarten werden nach der Trockenrohdichte unterschieden? Geben Sie für jede Betonart mögliche Gesteinskörnungen an.

Betonart	Trockenrohdichte in kg/dm^3	Gesteinskörnungen
Leichtbeton	$\geq 0{,}8 \ldots \leq 2{,}0$	Blähton, Blähschiefer, Natur-, Hüttenbims, Ziegelsplitt
Normalbeton	$> 2{,}0 \ldots \leq 2{,}6$	Sand, Kies, Splitt, Hochofenschlacke
Schwerbeton	$> 2{,}6$	Schwerspat, Eisenerz, Eisengranulat

30. Aus welchen Bestandteilen wird Beton hergestellt?

Beton wird aus folgenden Grundstoffen hergestellt:
– Gesteinskörnungen,
– Zement,
– Wasser,
– gegebenenfalls Betonzusätzen.

4 Planen einer Gründung

31. Welche Gesteinskörnungen werden nach ihrer Entstehung bzw. Herstellung unterschieden? Geben Sie jeweils Beispiele an.

Es werden
- *natürliche* Gesteinskörnungen, wie Sand und Kies,
- *industriell* hergestellte Gesteinskörnungen, wie Hochofenschlacke und Hüttenbims und
- *rezyklierte* Gesteinskörnungen aus Betonbruch (Betonsplitt, Betonbrechsand)

unterschieden.

32. Welche Anforderungen werden an Gesteinskörnungen für die Betonherstellung gestellt?

Gesteinskörnungen müssen frei von Verunreinigungen sein, ausreichende Eigenfestigkeit besitzen, widerstandsfähig gegen Frost sein, eine günstige Kornform, eine raue Oberfläche und eine geeignete Kornzusammensetzung aufweisen.

33. Gesteinskörnungen können oft mit Tonteilchen verunreinigt sein. Welche nachteiligen Wirkungen können solche Feinststoffe in einer Betonmischung auslösen und wie können sie nachgewiesen werden?

Feinststoffe wie Ton mindern die Festigkeitseigenschaften des Betons. Es erfolgt keine ausreichende Verbindung des Gesteins mit dem Zementleim.
Der Nachweis von Feinststoffen erfolgt durch den *Absetzversuch*:
- In einem Messzylinder von 1 000 cm^3 Inhalt werden 500 g Gesteinskörnung mit Wasser aufgefüllt und durchgeschüttelt. Dies wird nach 20 Minuten und nach 40 Minuten wiederholt.
- Innerhalb einer Stunde setzen sich die tonigen Bestandteile in einer deutlich erkennbaren Schicht ab.
- Aus der Dicke dieser Schicht wird die Schlammmenge V in cm^3 abgelesen und die Trockenmasse in % errechnet ($= 0{,}12 \cdot V$).

34. a) Erklären Sie den Begriff „Sieblinie".

a) Mit einer Sieblinie wird die Zusammensetzung eines Korngemisches grafisch dargestellt. Die Grafik zeigt auf der horizontalen Achse die Siebweite als Maßzahl für die Korngröße eines Gemisches, auf der senkrechten Achse wird der Prozentanteil des jeweiligen Siebdurchgangs dargestellt. So fallen beispielsweise bei dem dargestellten Siebliniendiagramm durch das 4-mm-Sieb 34 % und durch das 16-mm-Sieb 72 % hindurch.

b) Wozu dienen Grenzsieblinien?

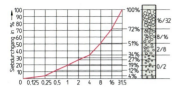

b) *Grenzsieblinien* ermöglichen die Beurteilung von Korngemischen mit Größtkorn 8 mm, 16 mm, 32 mm und 63 mm. Die Grenzsieblinien geben Vergleichswerte zur Herstellung eines dichten Gesteinsgefüges an.

35.
a) Worin unterscheiden sich die Sieblinienbereiche ① und ⑤?
b) Wie sind Gesteinskörnungen in diesen Bereichen zu beurteilen?

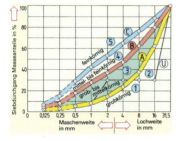

a) Sieblinie ① weist einen grobkörnigen und Sieblinie ⑤ einen feinkörnigen Bereich aus.

b) Korngemische, die in den Sieblinienbereich ① fallen, sind für die Herstellung eines Betons zu grob. Der Beton hat zu große Hohlräume, die mit Zementleim gefüllt werden müssten. Dadurch wird die Druckfestigkeit stark herabgesetzt. Durch den hohen Anteil an Zementstein kommt es zu starkem Schwinden und bei der Erhärtung zu einer großen Wärmeentwicklung. Dies führt zu einer verstärkten Rissbildung im Beton.

Korngemische, die in den Sieblinienbereich ⑤ fallen, sind für die Betonherstellung zu fein. Viele kleine Körner müssten mit Zementleim verbunden werden. Dies würde zu einem hohen Zementverbrauch, zu starkem Schwinden und zu einer geringeren Druckfestigkeit führen.

36. Was versteht man unter Mehlkorn, welche Bedeutung hat es für den Beton und wo ist der Mehlkorngehalt wichtig?

Mehlkorn besteht aus Zement, Gesteinskörnungen bis 0,125 mm Durchmesser und gegebenenfalls Betonzusatzstoffen. Mehlkorn fördert die Verarbeitbarkeit des Frischbetons, verbessert das Wasserrückhaltevermögen und führt zu einem dichten Betongefüge. Ausreichender Mehlkorngehalt ist wichtig bei Pumpbeton, Sichtbeton, bei Beton für dünnwandige, eng bewehrte Bauteile und bei wasserundurchlässigem Beton.

37. Erklären Sie die Begriffe „Körnungsziffer k" und „D-Summe".

Die *Körnungsziffer* k ist ein Maß für den Wasseranspruch der Betonmischung. Sie wird ermittelt, indem die Summe der Rückstandsprozente auf den Sieben durch 100 geteilt wird.

Körnungsziffer k
$$= \frac{\text{Summe der Rückstandsprozente}}{100}$$

Die *D-Summe* ist die Summe der Durchgänge in Prozent durch die neun Siebe.

38. Welche Beziehung besteht zwischen Körnungsziffer k und der D-Summe?

Zwischen Körnungsziffer k und der D-Summe besteht folgende Beziehung:
$100 \cdot k + D = 900$.
Je größer das Größtkorn und je sandärmer das Korngemisch ist, umso größer ist die Körnungsziffer k und umso kleiner ist die D-Summe.

39. Bei 5 000 g Siebgut (Körnung 0/32) ergaben sich die dargestellten Rückstände in g.

Sieb in mm	Rückstand in g
0,125	4 862
0,25	4 798
0,5	4 443
1	4 102
2	3 709
4	3 313
8	2 461
16	1 443
32	0

a) Berechnen Sie die Rückstände und Siebdurchgänge in %.

a)

Sieb in mm	Rückstand in g	Rückstand in %	Durchgang in %
0,125	4 862	97,2	2,8
0,25	4 798	96	4
0,5	4 443	88,9	11,1
1	4 102	82	18
2	3 709	74,2	25,8
4	3 313	66,3	33,7
8	2 461	49,2	50,8
16	1 443	28,9	71,1
32	0	0	100

→

4 Planen einer Gründung

b) Ermitteln Sie die Körnungsziffer *k* und die D-Summe.
c) Welchem Sieblinienbereich entspricht das Ergebnis des Siebversuchs?

b) Körnungsziffer k
$$= \frac{97{,}2 + 96 + 88{,}9 + 82 + 74{,}2 + 66{,}3 + 49{,}2 + 28{,}9}{100}$$
$$= \frac{582{,}7}{100} = \mathbf{5{,}827}$$
D-Summe = 2,8 + 4 + 11,1 + 18 + 25,8 + 33,7 + 50,8 + 71,1 + 100 = **317,3**
$100\,k + D = 100 \cdot 5{,}827 + 317{,}3 = \mathbf{900}$

c) Alle Siebdurchgänge liegen im grob- bis mittelkörnigen Bereich ③.

40. a) Berechnen Sie nach den Siebrückständen in g die Rückstände und Siebdurchgänge in %. Die Siebmenge betrug 5 000 g.
b) Ermitteln Sie die Körnungsziffer *k*.
c) Zeichnen Sie die Sieblinie in ein Diagramm.

Sieb in mm	Rückstand in g
0,25	4810
0,5	4666
1	4467
2	4151
4	3701
8	3049
16	1809
32	0

a)

Sieb in mm	Rückstand in g	Rückstand in %	Durchgang in %
0,25	4810	96,2	3,8
0,5	4666	93,3	6,7
1	4467	89,3	10,7
2	4151	83	17
4	3701	74	26
8	3049	61	39
16	1809	36,2	63,8
32	0	0	100

b) Körnungsziffer k
$$= \frac{96{,}2 + 93{,}3 + 89{,}3 + 83 + 74 + 61 + 36{,}2}{100}$$
$$= \frac{533}{100} = \mathbf{5{,}33}$$

c)
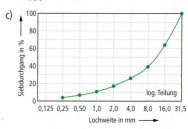

41. Welche Rohstoffe sind für die Zementherstellung erforderlich?

Zement wird aus Kalkstein und tonhaltigem Gestein, z. B. Mergel, gewonnen.

4 Planen einer Gründung

42. Beschreiben Sie die Zementherstellung.

Die Rohstoffe werden gebrochen, gemahlen und im Verhältnis von etwa 3:1 (Kalk:Ton) gemischt. Das Rohstoffgemisch wird im Drehrohrofen bei etwa 1 450 °C bis zur beginnenden Schmelze (Sinterung) gebrannt. Es entstehen Calciumoxid und hydraulische Stoffe, wie Siliciumdioxid, Aluminiumdioxid und Eisenoxid. Diese Hydraulefaktoren verbinden sich mit dem Calciumoxid zum steinharten Portlandzementklinker. Er wird zusammen mit etwa 3 % Gipsstein zu Zement gemahlen.

43. Welche Zementeigenschaften reguliert man
a) durch den Gipssteinzusatz,
b) durch die Mahlfeinheit?

a) Durch *Gipsstein* wird das Erstarren des Zements verzögert.
b) Die *Mahlfeinheit* hat Einfluss auf die Anfangsfestigkeit und auf die spätere Druckfestigkeit des Betons. Je feiner die Zementkörner sind, desto größer wird die Reaktionsoberfläche beim Anmachen mit Wasser.

44. In welche fünf Hauptarten werden Normalzemente nach DIN EN 197-1 unterteilt? Geben Sie die jeweiligen Kurzzeichen an.

Portlandzement CEM I, Portlandkompositzement CEM II, Hochofenzement CEM III, Puzzolanzement CEM IV, Kompositzement CEM V

45. Geben Sie die Hauptbestandteile (mit Kurzzeichen) an, die bei Normalzementen zum Einsatz kommen.

– Silicastaub (D)
– Portlandzementklinker (K)
– Kalkstein (L, LL)
– Puzzolan (P, Q)
– Hüttensand (S)
– gebrannter Schiefer (S)
– Flugasche (V, W)

46. Welche Bedeutung haben die Bezeichnungen N, R, VLH IV, SR, CAC, SSC, CEM II/A-P und CEM II/A?

N	– Zement mit üblicher, normaler Anfangsfestigkeit
R	– Zement mit hoher Anfangsfestigkeit
VLH IV	– Puzzolanzement mit sehr niedriger Hydratationswärme
SR	– Zement mit hohem Sulfatwiderstand
CAC	– Calciumaluminatzement
SSC	– Sulfathüttenzement

→

4 Planen einer Gründung

CEM II/A-P – Portlandpuzzolanzement mit 80…94 % Portlandzementklinker und 6…20 % natürlichem Puzzolan

CEM III/A – Hochofenzement mit 35…64 % Portlandzementklinker und 36…65 % Hüttensand

47. Welche Zementfestigkeitsklassen werden unterschieden? Welche Farbe haben die jeweiligen Säcke?

– 32,5: hellbraun
– 42,5: grün
– 52,5: rot

48. Welche Bedeutung haben die Lieferbezeichnungen
a) CEM I 42,5 R,
b) CEM III/A 32,5 L – LH/SR,
c) VLH III/C 22,5?

a) Portlandzement mit einem Masseanteil an Portlandzementklinker von 95…100 % in der Festigkeitsklasse 42,5 mit hoher Anfangsfestigkeit.

b) Hochofenzement mit einem Masseanteil an Portlandzementklinker von 35…64 % und an Hüttensand von 36…65 % in der Festigkeitsklasse 32,5 mit niedriger Anfangsfestigkeit, niedriger Hydratationswärme und mit hohem Sulfatwiderstand.

c) Sonder-Hochofenzement mit einem Masseanteil an Portlandzementklinker von 35…64 % und an Hüttensand von 36…65 % in der Festigkeitsklasse 22,5 mit sehr niedriger Hydratationswärme.

49. a) Bezeichnen Sie einen Portlandflugaschezement mit einem Masseanteil an Portlandzementklinker von 65…79 % und an kalkreicher Flugasche von 21…35 % in der Festigkeitsklasse 42,5 mit hoher Anfangsfestigkeit.

a) Portlandflugaschezement EN 197-1 – CEM II/B-V 42,5 R

b) Bezeichnen Sie einen Hochofenzement mit einem Masseanteil an Portlandzementklinker von 20…34 % und an Hüttensand von 66…80 % in der Festigkeitsklasse 52,5 mit üblicher Anfangsfestigkeit und hohem Sulfatwiderstand.

b) Hochofenzement EN 197-1 – CEM III/B – 52,5 N – SR

50. Welchen Zement würden Sie für die Ausführung einer Geschossdecke in einem Reihenhaus verwenden? Begründen Sie Ihre Wahl.

Portlandzement. Er bietet ausreichenden Korrosionsschutz für die Bewehrung und entwickelt rasch eine hohe Festigkeit, sodass die Ausschalfristen verkürzt werden können.

51. Warum verwendet man für ein massiges Betonbauteil einen Zement mit der Kurzbezeichnung VLH?

Sonderzemente, wie Hochofen-, Puzzolan- und Kompositzement mit der Bezeichnung VLH (engl.: *Very Low Heat* of Hydration) erhärten unter geringer Abgabe von Hydratationswärme. Der Hydratationsprozess läuft langsamer ab als bei Normalzementen.

52. Welche Betoneigenschaften lassen sich durch die Wahl des Zements beeinflussen?

– Druckfestigkeit durch die Zementmenge und die Festigkeitsklasse,
– Erhärtungsgeschwindigkeit durch Verwendung von N- und R-Zementen,
– Wärmeentwicklung beim Erhärten durch LH-Zemente,
– Korrosionsschutz der Bewehrung durch Verwendung von Portlandzementen,
– chemische Beständigkeit durch Verwendung von Normalzementen mit hohem Sulfatwiderstand.

53. Wie setzt sich der Gesamtwasserbedarf für den Frischbeton zusammen?

Gesamtwasserbedarf = Oberflächenfeuchte der Gesteinskörnung + Zugabewasser (Trinkwasser, in der Natur vorkommendes Wasser, aufbereitetes Restwasser).

54. Wie viel Zugabewasser ist bei einem Beton der Druckfestigkeitsklasse C16/20, der Konsistenz C2 und dem Sieblinienbereich ③ erforderlich, wenn die Gesteinskörnung eine Eigenfeuchte von 3,5 % aufweist? Die Werte für den Baustoffbedarf sind der Tabelle zu entnehmen.

Nach Tabelle beträgt der Bedarf
- an Gesteinskörnung = 1 895 kg/m³,
- an Gesamtwasser = 160 l/m³.

$$\text{Oberflächenfeuchte} = \frac{1895 \text{ kg} \cdot 3,5\%}{103,5\%}$$
$$= 64,1 \text{ kg}$$

Zugabewasser = 160 l − 64,1 l
= **95,9 l**

Konsis-tenz	Druck-festig-keits-klasse	Sieb-linien-bereich	Baustoffbedarf		
			Zement in kg/m³	Gesteins-körnung in kg/m³	Wasser in kg/m³
steif C1, F1	C 8/10	③	230	2 045	140
		④	250	1 975	160
	C 12/15	③	290	1 990	140
		④	320	1 915	160
	C 16/20	③	310	1 975	140
		④	340	1 895	160
plastisch C2, F2	C 8/10	③	250	1 975	160
		④	270	1 900	180
	C 12/15	③	320	1 915	160
		④	350	1 835	180
	C 16/20	③	340	1 895	160
		④	370	1 815	180
weich C3, F3	C 8/10	③	280	1 895	180
		④	300	1 825	200
	C 12/15	③	350	1 835	180
		④	380	1 755	200
	C 16/20	③	380	1 810	150
		④	410	1 730	200

55. Erklären Sie den Vorgang der Hydratation.

Zement bindet bei seiner Erhärtung Wasser. Diese Wasserbindung wird als Hydratation bezeichnet. Die einzelnen Zementkörner quellen auf, unter Abgabe von Wärme kristallisieren Salzhydrate aus, die ineinander verwachsen und miteinander verkitten. Sie bilden die sogenannten Hydratationsprodukte, die auch als Zementgel bezeichnet werden. Aus dem Zementleim entsteht so Zementstein.

4 Planen einer Gründung

56. Beschreiben Sie die Entstehung von Kapillarporen im Zementstein.

Zum Erhärten des Zementleims werden nur etwa 25 % des Anmachwassers in den Hydratationsprodukten chemisch gebunden. Das nicht gebundene Wasser, auch Überschusswasser genannt, füllt den zwischen den Zementkörnern vorhandenen Raum. Nach dem Verdunsten des Überschusswassers bleiben kleine Hohlräume zurück, die auch als Kapillarporen bezeichnet werden.

57. Was drückt der Wasserzementwert aus?

Der *Wasserzementwert* drückt das Masseverhältnis des Wassergehaltes zum Zementgehalt aus.

$$\text{Wasserzementwert } w/z = \frac{\text{Wassergehalt } w \text{ in kg}}{\text{Zementgehalt } z \text{ in kg}}$$

58. a) Warum ist ein *w/z*-Wert von unter 0,4 für den Frischbetoneinbau auf der Baustelle unbrauchbar?
b) Welche Auswirkungen hat ein *w/z*-Wert von über 0,8 auf die Eigenschaften eines Betons?

a) Bei einem *Wasserzementwert* von unter 0,4 lässt sich der Frischbeton nur schwer verarbeiten und verdichten.
b) Bei einem Wasserzementwert von über 0,8 ist der Anteil an Überschusswasser zu hoch. Dies führt zu einer Zunahme an Kapillarporen. Sie beeinflussen die Betoneigenschaften, wie Festigkeit, Wassersaugen, Schwinden und Bluten des Frischbetons, negativ.

59. a) Erklären Sie den Begriff Konsistenz.
b) Wie werden verschiedene Konsistenzstufen in der Herstellung erreicht?

a) Unter *Konsistenz* versteht man die Steifigkeit des Frischbetons. Die Konsistenz dient als Maß für das Zusammenhaltevermögen und die Verarbeitbarkeit des Frischbetons von sehr steif bis sehr fließfähig.
b) Die verschiedenen Konsistenzstufen werden durch die zugegebene Wassermenge oder durch Zugabe von Fließmitteln erreicht.

60. Mit welchen Verfahren wird üblicherweise in Deutschland die Konsistenz des Frischbetons festgestellt?

Feststellung der Konsistenz erfolgt
– mit dem Ausbreitversuch: Konsistenzklassen F1 … F6,
– mit dem Verdichtungsversuch: Konsistenzklassen C0 … C4.

61. Beschreiben Sie die Vorgehensweise
a) beim Ausbreitversuch,
b) beim Verdichtungsversuch.

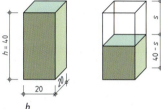

$$c = \frac{h}{h-s}$$

a) Für die Durchführung des Versuchs sind ein Arbeitstisch 70 × 70 cm, eine kegelstumpfförmige Form mit 20 cm Höhe und ein Stößel erforderlich. Die auf dem Arbeitstisch stehende Form wird in zwei Schichten mit Frischbeton gefüllt, wobei jede Schicht mit 10 leichten Stößen verdichtet wird. Nach 30 Sekunden wird die Form behutsam nach oben gezogen. Die Tischplatte wird 15-mal bis zum Anschlag angehoben und wieder frei fallen gelassen. Rechtwinklig zueinander werden die Durchmesser d_1 und d_2 gemessen und daraus ein Mittelwert gebildet. Durch Vergleich der Messwerte mit vorgegebenen Tabellenwerten wird die Konsistenz des Frischbetons festgestellt.

Klasse	Ausbreitmaß in mm	Beschreibung
F1	≤ 340	steif
F2	350 … 410	plastisch
F3	420 … 480	weich
F4	490 … 550	sehr weich
F5	560 … 620	fließfähig
F6	≥ 630	sehr fließfähig

b) Ein Blechbehälter mit den Abmessungen 40 × 20 × 20 cm wird mit Frischbeton gefüllt. Der Beton wird so lange gerüttelt, bis er nicht mehr zusammensackt. An allen vier Seiten wird mittig das Abstichmaß s vom oberen Rand bis zur Betonoberfläche gemessen. Daraus wird das mittlere Abstichmaß ermittelt und das Verdichtungsmaß c berechnet. Durch Vergleich mit Tabellenwerten kann der Frischbeton der Konsistenzklasse zugeordnet werden.

4 Planen einer Gründung

Klasse	Verdichtungsmaß	Konsistenzbeschreibung
C0	≥ 1,46	sehr steif
C1	1,45 … 1,26	steif
C2	1,25 … 1,11	plastisch
C3	1,10 … 1,04	weich
C4	< 1,04	sehr weich (nur für Leichtbeton)

62. Worin unterscheiden sich die Konsistenzklassen C2 und F6?

C2 wird über den Verdichtungsversuch bestimmt. Der Frischbeton weist eine plastische Konsistenz auf, d. h., der Frischbeton ist beim Schütten zusammenhängend.

F6 wird über den Ausbreitversuch bestimmt. Der Frischbeton ist sehr fließfähig, er darf nicht gerüttelt werden. Seine Konsistenz wird durch Zumischen eines Fließmittels erreicht.

63. Bei einem Ausbreitversuch ergeben sich folgende Messwerte:
$d_1 = 46$ cm
$d_2 = 50$ cm
Bestimmen Sie die Konsistenzklasse.

Mittelwert $= \dfrac{d_1 + d_2}{2} = \dfrac{48 \text{ cm} + 52 \text{ cm}}{2}$
$= 50 \text{ cm} = 500 \text{ mm}$

Nach den Tabellenwerten (vorige Seite) ist der Frischbeton der **Konsistenzklasse F4** mit Ausbreitmaßen von 490 … 550 mm zuzuordnen.

64. Bei einem Verdichtungsversuch wurden folgende Abstiche gemessen:
$s_1 = 6,0$ cm
$s_2 = 5,8$ cm
$s_3 = 6,6$ cm
$s_4 = 6,8$ cm
Bestimmen Sie mithilfe der Tabellenwerte die Konsistenzklasse.

$s = \dfrac{6,0 \text{ cm} + 5,8 \text{ cm} + 6,6 \text{ cm} + 6,8 \text{ cm}}{4}$
$= \dfrac{25,2 \text{ cm}}{4} = 6,3 \text{ cm} = 63 \text{ mm}$

Verdichtungsmaß $c = \dfrac{400 \text{ mm}}{400 \text{ mm} - 63 \text{ mm}}$
$= 1,19$

Nach den Tabellenwerten (oben) ist der Frischbeton der **Konsistenzklasse C2** mit einem Verdichtungsmaß von 1,25 … 1,11 zuzuordnen.

4 Planen einer Gründung

65.
a) Beschreiben Sie die Konsistenz eines sehr weichen Betons.
b) Welchen Konsistenzklassen wird er zugeordnet?
c) Wie erfolgt die Verdichtung?

a) Sehr weicher Frischbeton ist beim Schütten schwach fließend.
b) Mögliche Konsistenzklassen sind C3, C4, F3, F4.
c) Die Verdichtung erfolgt durch Stochern oder Klopfen an die Schalung.

66. Von welchen Faktoren hängt der Wasseranspruch einer Betonmischung ab?

Der Wasseranspruch hängt ab von der
– Zusammensetzung der Gesteinskörnung: feine Korngruppen benötigen mehr Wasser,
– angestrebten Konsistenz.

67. Erklären Sie anhand des Diagramms den Zusammenhang zwischen Körnungsziffer und Wasseranspruch.

Eine hohe Körnungsziffer deutet darauf hin, dass das Korngemisch sandarm ist und aus einer Vielzahl großer Körner besteht. Der Wasseranspruch wird geringer.
Je kleiner die Körnungsziffer wird, desto sandreicher wird das Korngemisch und desto höher wird der Wasseranspruch.

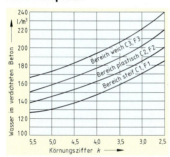

68. Ermitteln Sie anhand des Diagramms aus Aufgabe **67.** den Wasseranspruch für
a) $k = 4{,}25$; plastischer Beton,
b) $k = 3{,}50$; weicher Beton,
c) $k = 5{,}25$; steifer Beton.

a) 163 l/m³
b) 195 l/m³
c) 135 l/m³

69. Stellen Sie anhand des Diagramms (siehe Aufgabe **67.**) den Konsistenzbereich fest, wenn der Beton aus einem Körnungsgemisch $k = 4{,}75$ mit 160 l/m³ Wasser angemacht wird?

Plastischer Bereich C2, F2

4 Planen einer Gründung

70. Für ein Streifenfundament wird Beton mit der Konsistenz „steif" hergestellt. Der Siebversuch ergab folgende Werte:

Sieb (mm)	0,25	0,5	1	2
Rückstand (%)	90	79	69	57

Sieb (mm)	4	8	16	32
Rückstand (%)	47	28	1	–

Ermitteln Sie den Wasseranspruch anhand des Diagramms (siehe Aufgabe 67.).

$$k = \frac{90 + 79 + 69 + 57 + 47 + 28 + 1}{100}$$
$$= 3,71$$
Wasseranspruch = **160 l/m³**

71. Ermitteln Sie den Wasseranspruch anhand des Diagramms (siehe Aufgabe 67.) für die Sieblinien A_{32}, B_{32} und C_{32}, wenn jeweils die Konsistenz „weich" angestrebt wird.

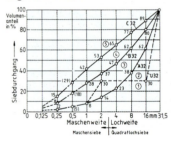

Wasseranspruch für die Sieblinie A_{32}:
$$k = \frac{98 + 95 + 92 + 86 + 77 + 62 + 38}{100}$$
$$= \frac{548}{100} = 5,48$$
Wasseranspruch = **158 l/m³**

Wasseranspruch für die Sieblinie B_{32}:
$$k = \frac{92 + 82 + 72 + 63 + 53 + 38 + 20}{100}$$
$$= \frac{420}{100} = 4,20$$
Wasseranspruch = **180 l/m³**

Wasseranspruch für die Sieblinie C_{32}:
$$k = \frac{85 + 71 + 58 + 47 + 35 + 23 + 11}{100}$$
$$= \frac{330}{100} = 3,30$$
Wasseranspruch = **205 l/m³**

72. Welche Faktoren beeinflussen die Betondruckfestigkeit?

Die Betondruckfestigkeit wird beeinflusst durch
- die Zementart,
- die Zementmenge,
- die Festigkeitsklasse des Zements,
- die Art und die Zusammensetzung der Gesteinskörnung,
- den w/z-Wert,
- die Art der Verdichtung,
- die Nachbehandlung.

4 Planen einer Gründung

73. Ein Beton erhält die Bezeichnung „C 30/37".
a) Erklären Sie die Bezeichnung.
b) Wann und an wie vielen Probekörpern wird die Druckfestigkeitsprüfung durchgeführt?

a) Beton C 30/37; es bedeuten:
   C – Symbol für Beton (engl.: „concrete")
   30 – charakteristische Mindestdruckfestigkeit von Zylindern $f_{ck} \geq 30$ N/mm^2
   37 – charakteristische Mindestdruckfestigkeit von Würfeln $f_{ck,cube} \geq 37$ N/mm^2
b) Druckfestigkeitsprüfung erfolgt nach 28 Tagen an 3 Probekörpern (= Würfel). Werden die Probekörper trocken bzw. an der Luft gelagert, erhalten sie das Symbol $f_{c,dry,cube}$.

74. In welchen Druckfestigkeitsklassen wird hochfester Beton hergestellt?

Hochfester Beton wird in den Druckfestigkeitsklassen C 55/67, C 60/75, C 70/85, C 80/95, C 90/105 und C 100/115 hergestellt.

75. Welche Umwelteinwirkungen können Bewehrungs- bzw. Betonkorrosion auslösen?

– Chemische Umweltbedingungen: Korrosion durch Sauerstoff, Wasser, Säuren, Kohlendioxid, Chloride.
– Physikalische Umweltbedingungen: Korrosion durch Frost und Verschleiß.

76. Erklären Sie den Begriff „Expositionsklasse".

Die *Expositionsklasse* gibt die Gefährdungen an, denen der Beton durch Umwelteinwirkungen ausgesetzt ist. Je nach Art der Umgebungsbedingungen werden sieben Expositionsklassen unterschieden. Die verschiedenen Angriffsstufen werden mit Ziffern gekennzeichnet.

77. Erklären Sie folgende Expositionsklassen:
X0, XC4, XD1, XA3, XM2.
Geben Sie jeweils die Umgebungsbedingungen an und nennen Sie ein Anwendungsbeispiel.

X0 – unbewehrter Beton ohne Korrosions- und Angriffsrisiko: unbewehrte Innenbauteile und Fundamente.
XC4 – Bewehrungskorrosion, ausgelöst durch Karbonatisierung; Bauteile in wechselnd nasser und trockener Umgebung: Außenbauteile mit direkter Beregnung.
XD1 – Bewehrungskorrosion, verursacht durch Chloride; Bauteile in mäßig feuchter Umgebung: Einzelgaragen, Bauteile im Sprühnebelbereich von Verkehrsflächen.

→

XA3 — Betonkorrosion, verursacht durch chemischen Angriff; Bauteile in chemisch stark angreifender Umgebung: Industrieabwasseranlagen, Kühltürme mit Rauchgasableitung.

XM2 — Betonkorrosion, verursacht durch Verschleißbeanspruchung; Bauteile mit starker Verschleißbeanspruchung: Industrieböden mit Beanspruchung durch Gabelstapler.

78. Für ein Gründungsbauteil wird unbewehrter Beton mit folgenden Angaben bestellt: DIN EN 206-1/DIN 1045-2, C 12/15, X0, F3, d_g = 32 mm. Erläutern Sie die Abkürzungen.

- DIN EN 206-1/ DIN 1045-2   Normen
- C 12/15   Betonfestigkeitsklasse: 12 N/mm² — Mindestdruckfestigkeit von Zylindern, 15 N/mm² — Mindestdruckfestigkeit von Würfeln
- X0   Expositionsklasse, unbewehrter Beton ohne Korrosions- oder Angriffsrisiko
- F3   Konsistenzklasse, Ausbreitmaß 420…480 mm: weicher Beton
- d_g = 32 mm   Durchmesser Gesteinskörnung 32 mm

Korrektur: die Einheiten oben sind N/mm^2.

79. Welche Personenkreise sind für Festlegung und Herstellung des Betons verantwortlich? Geben Sie jeweils deren Aufgaben an.

- *Verfasser* (Architekt, Tragwerksplaner): Er schätzt die Umgebungsbedingungen ab und legt alle Anforderungen für die Betoneigenschaften fest.
- *Verwender* (Bauunternehmer): Er führt auf der Baustelle die Identitätsprüfung durch.
- *Hersteller* (Transportbetonwerk): Er ist für die Qualitätsüberwachung verantwortlich.

80. Worin unterscheiden sich
a) Standardbeton,
b) Beton nach Eigenschaften,
c) Beton nach Zusammensetzung?

a) Für *Standardbeton* werden nach DIN EN 206-1 und DIN 1045-2 exakte Vorgaben für den Anwendungsbereich, die Betonzusammensetzung und die Festlegung gegeben. Standardbeton wird hergestellt für unbewehrte und bewehrte Bauteile bis Druckfestigkeitsklasse C 16/20 und die Expositionsklassen X0, XC1 und XC2.

b) Bei *Beton nach Eigenschaften* werden dem Hersteller durch den Verfasser eindeutige Eigenschaften vorgegeben. Der Hersteller legt die Zusammensetzung fest und führt mit einer Erstprüfung den Nachweis, dass diese Eigenschaften auch sicher erreicht werden.

c) Beim *Beton nach Zusammensetzung* werden die zu verwendenden Ausgangsstoffe und deren Zusammensetzung dem Betonhersteller vorgegeben. Er hat die Eigenschaften zu überprüfen.

81. Für Standardbeton mit einem Größtkorn 32 mm und der Zementfestigkeitsklasse 32,5 ist der Mindestzementgehalt in Tabellen vorgegeben.
a) Wann muss der Zementgehalt vergrößert werden?
b) Wann darf der Zementgehalt verringert werden?

a) Der Zementgehalt muss vergrößert werden um
– 10 % bei einem Größtkorn von 16 mm,
– 20 % bei einem Größtkorn von 8 mm.

b) Der Zementgehalt kann verringert werden um
– höchstens 10 % bei Zement der Festigkeitsklasse 42,5,
– höchstens 10 % bei einem Größtkorn von 63 mm.

82. Für ein Fundament wird Standardbeton verwendet. Welcher Mindestzementgehalt in kg/m³ ist erforderlich bei C 16/20, Konsistenz plastisch, Zement der Festigkeitsklasse 32,5, Größtkorn 16 mm, Sieblinienbereich ③?

Zementgehalt nach Tabelle = 340 kg/m³
Größtkorn 16 mm + 10 % = 34 kg/m³

Mindestzementgehalt **374 kg/m³**

4 Planen einer Gründung

Konsistenz	Druckfestigkeitsklasse	Sieblinienbereich	Baustoffbedarf		
			Zement in kg/m³	Gesteinskörnung in kg/m³	Wasser in kg/m³
steif **C1, F1**	C 8/10	③	230	2 045	140
		④	250	1 975	160
	C 12/15	③	290	1 990	140
		④	320	1 915	160
	C 16/20	③	310	1 975	140
		④	340	1 895	160
plastisch **C2, F2**	C 8/10	③	250	1 975	160
		④	270	1 900	180
	C 12/15	③	320	1 915	160
		④	350	1 835	180
	C 16/20	③	340	1 895	160
		④	370	1 815	180
weich **C3, F3**	C 8/10	③	280	1 895	180
		④	300	1 825	200
	C 12/15	③	350	1 835	180
		④	380	1 755	200
	C 16/20	③	380	1 810	150
		④	410	1 730	200

83. Veranschlagen Sie den Bedarf an Zement, Gesteinskörnungen und Wasser für 1 m³ Standardbeton bei folgenden Festlegungen:
a) C 8/10, Sieblinienbereich ③, C1, Zementfestigkeitsklasse 32,5, Größtkorn 63 mm,
b) C 12/15, Sieblinienbereich ④, F2, Zementfestigkeitsklasse 42,5, Größtkorn 32,5 mm,
c) C 16/20, Sieblinienbereich ③, F3, Zementfestigkeitsklasse 32,5, Größtkorn 8 mm.

a) Zement = 230 kg/m³ – 23 kg/m³
 = **207 kg/m³**
 Gesteinskörnung = **2 045 kg/m³**
 Wasser = **140 kg/m³**

b) Zement = 350 kg/m³ – 35 kg/m³
 = **315 kg/m³**
 Gesteinskörnung = **1 835 kg/m³**
 Wasser = **180 kg/m³**

c) Zement = 380 kg/m³ + 76 kg/m³
 = **456 kg/m³**
 Gesteinskörnung = **1 810 kg/m³**
 Wasser = **150 kg/m³**

4 Planen einer Gründung

84. Zur Herstellung von Streifenfundamenten werden 43 m³ Standardbeton C 12/15 (Sieblinienbereich ③, Konsistenz F2) benötigt. Wie viel Zement, Gesteinskörnung und Wasser werden benötigt?

Zement = 43 m³ · 320 kg/m³ = 13 760 kg
= **13,76 t**
Gesteinskörnung = 43 m³ · 1 915 kg/m³
= 82 345 kg = **82,345 t**
Wasser = 43 m³ · 160 kg/m³ = 6 880 kg
= **6,88 t**

Zwölf der dargestellten Einzelfundamente sollen in C 16/20 (Sieblinienbereich ③, Konsistenz C2, Zementfestigkeitsklasse 32,5 und Größtkorn 16 mm) hergestellt werden.
Wie viel Zement und Gesteinskörnung in t sind dazu erforderlich?

Volumen Fundament (= Festbeton für ein Fundament):
$$V = 1{,}10 \text{ m} \cdot 1{,}10 \text{ m} \cdot 0{,}70 \text{ m} + \frac{0{,}20 \text{ m}}{3}$$
$$\cdot (1{,}10 \text{ m} \cdot 1{,}10 \text{ m} + 0{,}40 \text{ m} \cdot 0{,}40 \text{ m}$$
$$+ \sqrt{(1{,}10 \text{ m})^2 \cdot (0{,}40 \text{ m})^2}) = 0{,}950 \text{ m}^3$$

Festbeton für 12 Fundamente
$V = 0{,}950 \text{ m}^3 \cdot 12$ = 11,4 m³
Zementbedarf
= 11,4 m³ · 340 kg/m³ = 3 876 kg
Größtkorn 16 mm + 10 % = 387,6 kg
_____
Zementbedarf = 4 263,6 kg
= **4,264 t**

Bedarf an Gesteinskörnung
= 11,4 m³ · 1 895 kg/m³ = 21 603 kg
= **21,603 t**

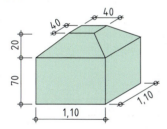

85. Für das dargestellte Fundament (folgende Seite) sind zu berechnen:
a) der Aushub in m³, wenn die Fundamenttiefe 60 cm beträgt,
b) der Bedarf an Zement, Gesteinskörnung und Wasser.
Betontechnische Angaben:
– Standardbeton C 12/20
– Sieblinienbereich ④
– Konsistenz F2
– Zementfestigkeitsklasse 32,5
– Größtkorn 32 mm
(Tabelle siehe Aufgabe 82.)

a) Aushub – Hinweis zum Rechengang:
V = (Gesamtfläche – Teilflächen)
· Fundamenttiefe
V = (11,25 m · 9,39 m – 5,22 m · 8,49 m
– 8,14 m · 6,62 m) · 0,60 m
= **4,460 m³**

b) Zementbedarf
= 4,460 m³ · 350 kg/m³ = 1 561 kg
= **1,561 t**
Bedarf an Gesteinskörnung
= 4,460 m³ · 1 835 kg/m³ = 8 184,1 kg
= **8,184 t**
Bedarf an Wasser
= 4,460 m³ · 180 kg/m³ = 802,6 kg
= **0,803 t**

4 Planen einer Gründung

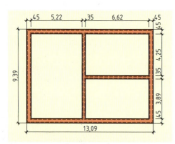

86. Für das auf der folgenden Seite dargestellte Fundament sind zu berechnen:
a) der Aushub in m³,
b) der Bedarf an Zement, Gesteinskörnung und Wasser.
Betontechnische Angaben:
– **Standardbeton C 16/20**
– **Sieblinienbereich ③**
– **Konsistenz F3**
– **Zementfestigkeitsklasse 32,5**
– **Größtkorn 16 mm**
(Tabelle siehe Aufgabe 82.)

a) Aushub
Hinweis für den Rechengang: Der Aushub wird getrennt nach den einzelnen Fundamentbreiten ermittelt.

Fundamentbreite 75 cm:
$V_1 = (10{,}06\text{ m} + 0{,}75\text{ m} + 0{,}40\text{ m})$
$\cdot\ 0{,}75\text{ m} \cdot 0{,}40\text{ m}\quad = 3{,}363\text{ m}^3$
Fundamentbreite 70 cm:
$V_2 = 10{,}06\text{ m} \cdot 0{,}70\text{ m} \cdot 0{,}40\text{ m}$
$\quad = 2{,}817\text{ m}^3$
Fundamentbreite 40 cm:
$V_3 = (1{,}57\text{ m} + 10{,}06\text{ m}$
$+ 9{,}06\text{ m} + 6{,}31\text{ m} + 1{,}25\text{ m}$
$+ 3{,}25\text{ m} + 1{,}00\text{ m}) \cdot 0{,}50\text{ m}$
$\cdot\ 0{,}40\text{ m}\quad = 6{,}500\text{ m}^3$
Fundamentbreite 25 cm
(Schornsteinfundament)
$V_4 = 0{,}90\text{ m} \cdot 0{,}25\text{ m} \cdot 0{,}40\text{ m}$
$\quad = 0{,}090\text{ m}^3$

Aushub V = **12,770 m³**

b) Festbeton für die Fundamente
$V = 12{,}770\text{ m}^3$
Zementbedarf
$= (380\text{ kg/m}^3 + 38\text{ kg/m}^3) \cdot 12{,}770\text{ m}^3$
$= 5\,337{,}85 = \mathbf{5{,}338\ t}$
Bedarf an Gesteinskörnung
$= 1\,810\text{ kg/m}^3 \cdot 12{,}770\text{ m}^3 = 23\,113{,}7\text{ kg}$
$= \mathbf{23{,}114\ t}$
Wasserbedarf
$= 150\text{ kg/m}^3 \cdot 12{,}770\text{ m}^3 = 1\,915{,}5\text{ kg}$
$= \mathbf{1{,}916\ t}$

4 Planen einer Gründung

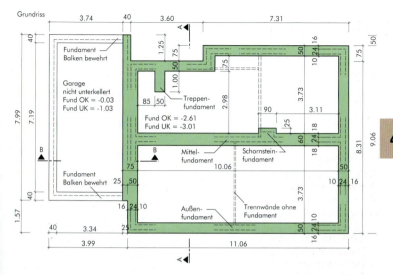
Grundriss

5 Kellergeschoss

1. Nennen Sie die wesentlichen Vorteile eines Kellers.

– Nutzflächengewinn,
– Platz für technische Einrichtungen,
– Wohnfläche der Obergeschosse kann optimal genutzt werden,
– Pufferzone gegen Feuchtigkeit und Kälte,
– bei Reihen- und Doppelhäusern besserer Schallschutz.

2. Welcher Unterschied besteht zwischen einem Nutz- und einem Wohnkeller?

– Nutzkeller = „kalter" (nicht beheizter) Keller.
– Wohnkeller = „warmer" (beheizter) Keller.

3. Worin unterscheidet sich bautechnisch ein Nutzkeller von einem Wohnkeller?

Bei einem Nutzkeller kann auf die Wärmedämmung der Kelleraußenwände und der Bodenplatte verzichtet werden. Die Decke über dem Keller als Grenze zum Wohngeschoss muss jedoch wärmegedämmt werden.

4. Nennen Sie die statischen Belastungen von Kelleraußenwänden.

Neben den vertikalen Belastungen aus den Eigenlasten und den Nutzlasten der darüberliegenden Geschosse, werden Kelleraußenwände auch durch horizontale Lasten, wie z. B. Erddruck, belastet.

5. Warum sind senkrechte Wandschlitze weniger problematisch als waagerechte?

Senkrechte Wandschlitze schwächen die Wand lediglich um die Querschnittsfläche des senkrechten Schlitzes. Waagerechte Wandschlitze schwächen die Wand über den gesamten Verlauf des waagerechten Schlitzes.

6. Welchen Vorteil besitzen Kellerwände in Stahlbeton gegenüber gemauerten?

Stahlbetonwände haben eine höhere Festigkeit und eine höhere Dichtigkeit.

7. Stellen Sie eine Übersicht über die künstlichen Mauersteine in Form eines Organigramms dar.

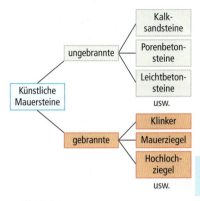

8. Nennen Sie je zwei Steinformate für
a) **Kleinformate,**
b) **Mittelformate,**
c) **Großformate.**

a) NF, 1 DF, 2 DF;
b) 3 DF ... 6 DF;
c) 8 DF ... 20 DF.

9. Welche Abmessungen besitzt ein
a) **2-DF-Stein,**
b) **3-DF-Stein,**
c) **10-DF-Stein?**

	Länge	Breite	Höhe
a)	24 cm	11,5 cm	11,3 cm
b)	24 cm	30 cm	11,3 cm
c)	24 cm	30 cm	23,8 cm

10. Nennen Sie die Stationen bei der Ziegelherstellung.

– Rohstoffabbau
– Aufbereitung
– Formen
– Trocknen
– Brennen

11. Welche Eigenschaften eines Mauerziegels werden durch die Brenntemperatur beeinflusst?

Die Brenntemperatur hat Einfluss auf die Dichte, die Festigkeit und die Wasseraufnahmefähigkeit.

12. Nennen Sie die Rohstoffe (Grundstoffe) von Kalksandsteinen.

Branntkalk (CaO) und Quarzsand.

13. Beschreiben Sie die Stationen bei der Herstellung von Kalksandsteinen.

– Mischen der Grundstoffe mit Wasser,
– Lagern in einem Reaktionsbehälter,
– Pressen,
– Erhärten im Dampf-Härtekessel.

5 Kellergeschoss

14. Kalksandsteine besitzen eine relativ hohe Rohdichte. Welche bautechnischen Eigenschaften resultieren daraus?

– Hohe Wärmespeicherfähigkeit,
– hohe statische Festigkeit,
– hohes Luftschalldämmvermögen.

15. Woraus werden Leichtbetonsteine hergestellt?

– Gesteinskörnungen mit porigem Gefüge wie z. B. Bims, Blähton usw.,
– Zement als Bindemittel.

16. Beschreiben Sie die Herstellung von Leichtbetonsteinen.

Die Gesteinskörnung wird mit Zement unter Zugabe von Wasser gemischt, in Formen gefüllt und verdichtet. Die Erhärtung erfolgt an der Luft oder mit Dampf.

17. Nennen Sie mindestens drei unterschiedliche Arten von Leichtbetonsteinen.

– Vollsteine (V)
– Plansteine (V-P)
– Vollblöcke (z. B. Vbl)
– Planblöcke (z. B. Vbl-P)

18. Nennen Sie die wesentlichen Rohstoffe für die Herstellung von Porenbetonsteinen.

– Feingemahlener Quarzsand,
– Zement und Kalk als Bindemittel,
– Wasser und
– Aluminiumpulver als Treibmittel.

19. Warum ist Porenbeton auch zur Herstellung von Fertigteilen für Deckenplatten oder Fensterstürze geeignet?

Porenbeton eignet sich auch für stahlbewehrte, biegebeanspruchte Bauteile. Die Stahlbewehrung muss korrosionsgeschützt sein. Aufgrund der geringen Dichte des Porenbetons weisen die biegebeanspruchten Bauteile eine relativ geringe Eigenlast auf.

20. Welche Aufgaben hat der Mauermörtel?

Der Mauermörtel verbindet die Mauersteine untereinander, gleicht Unebenheiten aus und ermöglicht eine vollflächige Übertragung der Lasten.

21. Woraus besteht frischer Mauermörtel?

Aus Sand, Bindemittel und evtl. Zusatzmitteln sowie Wasser.

22. Was bewirken die Zusatzmittel im Mörtel?

Mit Zusatzmitteln lassen sich die Mörteleigenschaften durch chemische oder physikalische Wirkung verändern. Z. B. wird durch Luftporenbildner die Wärmedämmfähigkeit erhöht, durch Erstarrungsverzögerer oder -beschleuniger wird die Erhärtung beeinflusst.

5 Kellergeschoss

23. Welche Sandarten eignen sich für die Herstellung von Mauermörtel?

Flusssand, Seesand, Grubensand, Dünensand und Brechsand.

24. Die Mauermörtel lassen sich in drei Arten unterscheiden. Nennen Sie diese Arten.

– Normalmauermörtel (NM)
– Leichtmauermörtel (LM)
– Dünnbettmörtel (DM)

25. Nach ihrer Zusammensetzung werden die Normalmauermörtel in Mörtelgruppen unterteilt. Nennen Sie die Mörtelgruppen und ihre Bezeichnungen nach den jeweiligen Bindemitteln.

– Mörtelgruppe I → Kalkmörtel
– Mörtelgruppe II und IIa → Kalkzementmörtel
– Mörtelgruppe III und IIIa → Zementmörtel

26. Nennen Sie typische Anwendungen für die einzelnen Mörtelgruppen.

– MG I → für unbelastete Wände mit mind. 24 cm Dicke.
– MG II und IIa → für tragende und nichttragende Wände (MG II und IIa sind die am häufigsten verwendeten Mörtelgruppen).
– MG III und IIIa → für sehr hoch belastetes Mauerwerk.

27. Worin unterscheiden sich Baustellenmörtel und Werkmörtel?

– Baustellenmörtel wird auf der Baustelle mit Sand, Bindemittel, Wasser und ggf. mit Zusatzmitteln gemischt.
– Werkmörtel werden als Werktrockenmörtel oder Werkfrischmörtel auf die Baustelle geliefert.

28. Erklären Sie den Unterschied zwischen Bauricht- und Baunennmaßen.

– Baurichtmaße basieren auf dem Grundmaß von 25 cm und werden in Teilen oder Vielfachen als Planungsmaße verwendet.
– Baunennmaße werden aus den Baurichtmaßen gebildet. Sie sind die wirklichen Maße der Bauteile und sie entsprechen entweder dem Baurichtmaß oder diesem abzüglich bzw. zuzüglich einer Fugendicke von 1 cm.

29. Welche der folgenden Bauteilabmessungen sind Außenmaße, Innenmaße und Anbaumaße?
Gebäudebreite, Raumlänge, Wanddicke, Mauervorsprung, Fensteröffnungsbreite, Fensterbrüstungshöhe.

Außenmaße:
– Gebäudebreite
– Wanddicke
Innenmaße:
– Raumlänge
– Fensteröffnungsbreite
Anbaumaße:
– Mauervorsprung
– Fensterbrüstungshöhe

30. Ordnen Sie folgende Abmessungen den Außenmaßen, Innenmaßen und Anbaumaßen zu:
8,25 m, 88,5 cm, 2,00 m, 9,99 m, 1,49 m, 13,5 cm, 4,01 m, 24 cm, 12,5 cm, 12,76 m, 2,615 m, 7,635 m, 75 cm, 5,375 m, 3,74 m.

Außenmaße	Innenmaße	Anbaumaße
9,99 m	4,01 m	75 cm
24 cm	7,635 m	2,00 m
1,49 m	88,5 cm	12,5 cm
3,74 m	12,76 m	5,375 m
2,615 m	13,5 cm	8,25 m

31. Begründen Sie die Notwendigkeit, das Mauerwerk in Verbänden herzustellen.

Die Verzahnung der einzelnen Mauersteine erhöht den Zusammenhalt und die Tragfähigkeit des Mauerwerks. Durch den Verband wird das Mauerwerk zu einem nahezu monolithischen Bauteil.

32. Stellen Sie durch Ansichtsskizzen folgende Verbände dar: Läuferverband, Binderverband, Blockverband und Kreuzverband.

Läuferverband Binderverband

Blockverband Kreuzverband

33. Skizzieren Sie die 1. und 2. Schicht einer 24 cm dicken Mauerkreuzung im Blockverband aus Mauersteinen im Normalformat.

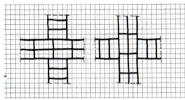

1. Schicht   2. Schicht

34. Erläutern Sie die Begriffe „Ortbetonkeller" und „Fertigkeller".

– Ein Ortbetonkeller wird auf der Baustelle geschalt und betoniert.
– Ein Fertigkeller wird in einem Werk in Teilen gefertigt. Diese Teile werden dann auf die Baustelle geliefert und dort versetzt.

35. Nennen Sie die Vorteile eines Fertigkellers gegenüber einem Ortbetonkeller.

Schnellere Bauzeit, maßgenaue Bauteile, meist wirtschaftlicher.

36. Erklären Sie den Unterschied zwischen einer Hohlwand und einer Beton-Massivwand bei einem Fertigkeller.

– Eine Hohlwand besteht aus einer äußeren und einer inneren Betonschale, die durch Gitterträger miteinander verbunden sind. Der Zwischenraum zwischen den beiden Schalen wird mit Ortbeton verfüllt.
– Die Beton-Massivwand ist eine vollständig vorgefertigte Kellerwand, die im Gegensatz zur Hohlwand nicht mehr mit Ortbeton verfüllt werden muss.

37. Nennen Sie die Feuchtigkeitsarten, die auf eine Kelleraußenwand wirken können.

– Sickerwasser
– Schichtwasser
– Kapillarwasser

38. Wodurch und wie entstehen die Feuchtigkeitsarten der Frage 37.?

– Sickerwasser entsteht, wenn Niederschlag im Boden versickert und sich an wenig durchlässigen Bodenschichten aufstaut.
– Schichtwasser entsteht, wenn Sickerwasser durch wasserdurchlässige Bodenschichten fließt.
– Kapillarwasser steigt durch die Kapillarwirkung bindiger Böden auf.

39. Bei Bauwerksabdichtungen wird zwischen drei Arten der Beanspruchung unterschieden. Nennen Sie diese Arten.

– Abdichtungen gegen Bodenfeuchtigkeit,
– Abdichtungen gegen nichtdrückendes Wasser,
– Abdichtungen gegen von außen drückendes Wasser.

40. Worin unterscheidet sich Bodenfeuchtigkeit von nichtdrückendem Wasser?

– Bodenfeuchtigkeit ist im Boden gebundenes Wasser, welches nicht in tropfbarflüssiger Form auftritt.
– Nichtdrückendes Wasser tritt in tropfbarflüssiger Form auf (als Niederschlags-, Sicker- oder Brauchwasser). Es übt jedoch keinen Druck auf die Abdichtungen aus.

41. Welcher Unterschied besteht zwischen einer waagerechten (horizontalen) und einer senkrechten (vertikalen) Abdichtung in Kellerwänden?

– Waagerechte (horizontale) Abdichtungen in Kellerwänden bestehen aus in der ersten Steinlage (Lagerfuge) eingelegten Dichtungsbahnen.
– Senkrechte (vertikale) Abdichtungen werden an den Außenflächen der Kellerwände angebracht.

42. Welche Dichtstoffe eignen sich für eine senkrechte (vertikale) Abdichtung einer Kelleraußenwand gegen Bodenfeuchtigkeit.

Deckaufstrichmittel, Spachtelmassen, Asphaltmastix usw.

43. Skizzieren Sie den Schnitt durch eine Kelleraußenwand aus Mauerwerk mit einer Abdichtung gegen Bodenfeuchtigkeit.

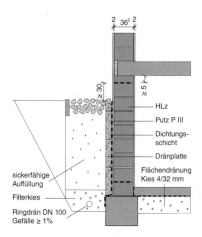

5 Kellergeschoss

44. Nennen Sie ein Beispiel für das Auftreten von nichtdrückendem Wasser.

Z. B. bei Terrassen über Kellerräumen.

45. Nennen Sie ein Beispiel für das Auftreten von drückendem Wasser.

Wenn ein Kellergeschoss in den Grundwasserspiegel eintaucht.

46. Erklären Sie den Begriff „Schwarze Wanne".

Bei einer Schwarzen Wanne wird um den Keller eine trogartige Abdichtung ausgebildet. Dabei wird auf der Sohlplatte eine Schutzwand erstellt, auf die eine mehrlagige Abdichtung aufgebracht wird. Danach wird die Fundamentplatte eingebaut und die Kellerwände werden errichtet.

47. Erklären Sie den Begriff „Weiße Wanne".

Eine Weiße Wanne wird unter Verwendung von wasserundurchlässigem Beton (WU-Beton) hergestellt. Dabei werden die das Grundwasser berührenden Bauteile alle aus WU-Beton hergestellt.

48. Worin unterscheiden sich Flächendränungen von Ringdränungen?

– Flächendränung = Entwässerung unter der Bodenplatte.
– Ringdränung = Entwässerung außerhalb des Gebäudes am Außenwandfuß.

49. Erläutern Sie die Wirkungsweise einer Ringdränung.

Das Sickerwasser an der Kelleraußenwand wird am Wandfuß in den Ringdrän eingeleitet. Dadurch wird verhindert, dass Stauwasser auf die Abdichtung der Kellerwand drückt.

50. Woraus bestehen Ringdränleitungen?

Sie bestehen meist aus Kunststoff-Rippenrohren (Schläuchen) mit einem Durchmesser von 100 mm. Ggf. werden die Leitungen mit einem Filtervlies ummantelt.

51. Welche Aufgabe haben Spülschächte bei einer Ringdränung?

Sie ermöglichen das Durchspülen der Dränleitungen. Sie werden an den Gebäudeecken oder bei größeren Richtungsänderungen der Dränung platziert.

6 Wände

1. Welche Anforderungen werden an Außenwände gestellt?

– Witterungsschutz
– Tragfähigkeit
– Wärmeschutz
– Schallschutz

2. Welcher Zusammenhang besteht zwischen Wandhöhe und Wanddicke?

Je höher eine Wand und je dünner sie ist, umso schlanker ist sie. Das Verhältnis von Höhe zur Dicke wird als „Schlankheit" bezeichnet. Je schlanker eine Wand ist, umso größer ist die Gefahr des Knickens.

3. Welcher Zusammenhang besteht zwischen der Schlankheit einer Wand und ihrer Tragfähigkeit?

Je schlanker eine Wand ist, umso geringer ist ihre Tragfähigkeit.

4. Welche Arten von Wänden werden nach statischen Gesichtspunkten unterschieden?

Es werden tragende, aussteifende und nichttragende Wände unterschieden.

5. Nennen Sie
a) die Mindestdicke für tragende Mauerwerkswände und
b) die Mindestquerschnittsabmessungen für tragende Mauerpfeiler.

a) 11,5 cm
b) 11,5 cm/36,5 cm bzw. 17,5 cm/24 cm

6. Wodurch wird das Kippen von gemauerten Wänden verhindert?

Durch aussteifende Querwände, durch steife Deckenscheiben und aussteifende Ringbalken oder Ringanker aus Stahlbeton.

7. Nennen Sie je ein Beispiel für Decken, die
a) als Scheibe wirken und
b) nicht als Scheibe wirken.

a) Stahlbetonmassivplatte
b) Holzbalkendecke

8. Unter welchen Gegebenheiten ist der Einbau eines Ringbalkens erforderlich?

Wenn die Decke keine Scheibenwirkung besitzt.

6 Wände

9. Welcher Unterschied besteht zwischen einem Ringbalken und einem Ringanker?

– Der Ringbalken überträgt Horizontalkräfte (z. B. Windkräfte) auf die aussteifenden Querwände.
– Mauerwerk kann nur geringe Zugspannungen aufnehmen. Bewegungen in einem Gebäude, z. B. durch unterschiedlich auftretende Belastungen oder durch Baugrundsetzungen, verursachen Zugspannungen im Mauerwerk. Der Ringanker aus Stahlbeton nimmt solche Zugspannungen auf, indem er wie ein „Ring" die Wände zusammenhält.

10. Nennen Sie die wichtigsten Gründe für den baulichen Wärmeschutz.

– Reduktion der CO_2-Emission,
– Ressourcenschonung,
– Senkung der Betriebskosten.

11. Welcher Zusammenhang besteht zwischen baulichem Wärmeschutz und Umweltschutz?

Der bauliche Wärmeschutz leistet einen sehr großen Beitrag zum Umweltschutz durch die Verringerung der klimaschädlichen CO_2-Emission.

12. Welche Aussage hat der Wärmestrom ϕ (phi) für die Wärmedämmfähigkeit einer Außenwand?

Der Wärmestrom gibt an, welche Wärmemenge pro Sekunde durch die Außenwand fließt.

13. Nennen Sie die drei Phasen der Wärmeübertragung in einem Außenbauteil (z. B. Außenwand).

1. Wärmeübergang von der Innenraumluft an das Bauteil.
2. Wärmeleitung durch das Bauteil.
3. Wärmeübergang vom Bauteil an die Außenluft.

14. Erläutern Sie den Begriff „Wärmedurchlasswiderstand".

Der Wärmedurchlasswiderstand gibt an, wie groß der Widerstand gegen den Wärmestrom durch ein Bauteil ist. Er ist die Summe der Quotienten aus den Schichtdicken und den jeweils dazugehörigen Wärmeleitfähigkeiten.

15. Ordnen Sie folgende Baustoffe nach zunehmender Wärmeleitfähigkeit: Holz, Beton, Polystyrolschaum, Stahl.

Polystyrolschaum → Holz → Beton → Stahl

16. Welcher Zusammenhang besteht zwischen dem Wärmedurchgangswiderstand und dem Wärmedurchgangskoeffizienten eines Bauteils?

Der Wärmedurchgangskoeffizient ist der Kehrwert des Wärmedurchgangswiderstands:
$U = 1/R_T$

17. Berechnen Sie den Wärmedurchlasswiderstand R, den Wärmedurchgangswiderstand R_T und den Wärmedurchgangskoeffizienten U für folgende Außenwand:

$\lambda_1 = 1{,}0 \ \dfrac{W}{m \cdot K}$

$\lambda_2 = 0{,}19 \ \dfrac{W}{m \cdot K}$

$\lambda_3 = 1{,}0 \ \dfrac{W}{m \cdot K}$

d_1 = 2 cm Kalkzementputz
d_2 = 36,5 cm Porenbeton-Plansteine ϱ = 600 kg/m²
d_3 = 1,5 cm Kalkputz

$R_{si} = 0{,}13 \ \dfrac{m^2 \cdot K}{W}; \quad R_{se} = 0{,}04 \ \dfrac{m^2 \cdot K}{W}$

$R = \dfrac{d_1}{\lambda_1} + \dfrac{d_2}{\lambda_2} + \dfrac{d_3}{\lambda_3}$

$R = \left(\dfrac{0{,}02}{1{,}0} + \dfrac{0{,}365}{0{,}19} + \dfrac{0{,}015}{1{,}0} \right) \dfrac{m^2 \cdot K}{W}$

$R = \mathbf{1{,}96 \ \dfrac{m^2 \cdot K}{W}}$

$R_T = R_{si} + R + R_{se}$
$R_T = (0{,}13 + 1{,}96 + 0{,}04) \ \dfrac{m^2 \cdot K}{W} = \mathbf{2{,}13 \ \dfrac{m^2 \cdot K}{W}}$

$U_{vorh.} = \dfrac{1}{R_T} = \dfrac{1}{2{,}13} = \mathbf{0{,}47 \ \dfrac{W}{m^2 \cdot K}}$

18. Welche Vorteile besitzen Wohngebäude mit einer hohen Wärmespeicherfähigkeit gegenüber Wohngebäuden mit einer niedrigen?

Im Winter speichern die Gebäude mit hoher Wärmespeicherfähigkeit die Wärme, z.B. nachts bei gedrosselter Heizung. Beim Stoßlüften z.B. bleibt die Wärme weitgehend in den Bauteilen gespeichert und die Räume kühlen nicht so stark aus.

Im Sommer heizen sich die Räume weniger auf, es herrscht ein angenehmeres Raumklima.

19. Nennen Sie Baustoffe mit hoher Wärmespeicherfähigkeit.

Mauersteine mit einer hohen Rohdichte (z. B. Kalksandsteine), Beton, Stahlbeton.

20. Erläutern Sie den Begriff „Wärmebrücke".

Als Wärmebrücke werden Stellen bezeichnet, an denen die wärmedämmende Gebäudehülle geschwächt oder durchbrochen ist.

6 Wände

21. Nennen Sie Maßnahmen zur Vermeidung von Wärmebrücken.

- Das Gebäude ringsum dämmen, z. B. durch ein Wärmedämm-Verbundsystem.
- Auskragende Stahlbetonteile (z. B. Balkone) vollständig vom gedämmten Bauteil trennen.
- Rollladenkästen vor der gedämmten Gebäudehülle anordnen.

22. Wonach erfolgt die Kennzeichnung der Wärmedämmstoffe?

Die Kennzeichnung der Wärmedämmstoffe kann nach
- dem Material,
- der Dämmfähigkeit und
- dem Einbauort

erfolgen.

**23. Erklären Sie folgende Kurzzeichen:
MW,
EPS,
XPS,
PUR,
PF,
CG,
WW bzw. WW-C,
EPB,
ICB und
WF.**

Kurzzeichen	Bedeutung
MW	Mineralwolle
EPS	Polystyrol-Hartschaum
XPS	Polystyrol-Extruderschaum
PUR	Polyurethan-Hartschaum
PF	Phenolharz-Hartschaum
CG	Schaumglas
WW, WW-C	Holzwolle, Mehrschichtenplatte
EPB	Expandierte Perlite
ICB	Expandierter Kork
WF	Holzfaser

24. Wodurch wird die Dämmfähigkeit eines Wärmedämmstoffs angegeben?

Die Dämmfähigkeit eines Wärmedämmstoffs wird durch die Wärmeleitgruppe oder Wärmeleitstufe angegeben.

25. Erläutern Sie die Bedeutung der Wärmeleitgruppe (WLG) 035.

Der Wärmedämmstoff hat eine Wärmeleitfähigkeit von 0,035 W/(m·K).

26. Wonach werden Wärmedämmstoffe bei der Einteilung nach dem Einbauort unterschieden?

- Decke und Dach
- Wand
- Perimeter

6 Wände

27. Nennen Sie verschiedene Dämmstoffarten
a) für Wände,
b) für Decke und Dach,
c) für Perimeter (außen liegende Dämmung gegen den Boden).

a) Außendämmung unter Putz als Wärmedämm-Verbundsystem mit Polystyrol-Hartschaumplatten (EPS).
b) Zwischensparrendämmung mit einem Faserdämmstoff aus Mineralwolle (MW).
c) Außen liegende Wärmedämmung an den Kelleraußenwänden gegen den Boden mit Polyurethan-Hartschaumplatten (PUR).

28. Nennen Sie die beiden wichtigsten Vorschriften für den baulichen Wärmeschutz.

– DIN 4108 „Wärmeschutz und Energieeinsparung im Hochbau"
– Energieeinsparverordnung EnEV

29. Worin unterscheiden sich DIN 4108 und EnEV voneinander?

In DIN 4108 sind Mindestwerte für den Wärmedurchlasswiderstand R und Höchstwerte für den Wärmedurchgangskoeffizienten U der Gebäudeteile festgelegt, die ein gesundes und hygienisches Wohnklima sicherstellen.
Die EnEV ist eine Verordnung auf der Grundlage des Energieeinspargesetzes. Wie der Name sagt, ist oberstes Ziel die Energieeinsparung.

30. Erläutern Sie den Begriff „Energiebilanz eines Gebäudes".

In einer Energiebilanz werden die in einem Gebäude benötigten Energien den gewonnenen Energien gegenübergestellt.

31. Erklären Sie den Begriff „Jahres-Primärenergiebedarf".

Der Jahres-Primärenergiebedarf ist die Summe aller Energien, die zur Beheizung, Lüftung, Kühlung und Warmwasserbereitung in einem Jahr erforderlich sind.

32. Erklären Sie den Unterschied zwischen dem Energiebedarfsausweis und Energieverbrauchsausweis.

Beim Energiebedarfsausweis wird der Energiebedarf für Heizung, Lüftung, Warmwasserbereitung usw. errechnet, wobei auch die Energiegewinne berücksichtigt werden.
Beim Energieverbrauchsausweis wird der tatsächliche Energieverbrauch eines Gebäudes innerhalb eines Jahres ermittelt.

33. Welcher der in Aufgabe 32. genannten Ausweise ermöglicht eine objektive Aussage zum Energieverbrauch eines Gebäudes?

Da der Energieverbrauch stark nutzerabhängig ist, ist der Energiebedarfsausweis aussagekräftiger (weil objektiver) als der Energieverbrauchsausweis.

34. Skizzieren und beschreiben Sie den Aufbau eines Wärmedämm-Verbundsystems.

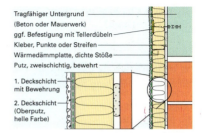

35. Beschreiben Sie den Aufbau und die Funktionsweise einer transparenten Wärmedämmung (TWD).

Eine TWD besteht aus einer Glasabdeckung und einer strahlungsdurchlässigen Dämmschicht. Die Sonnenstrahlen gehen bis zur dahinterliegenden Wand durch, wo sie absorbiert und in Wärme umgewandelt werden.

36. Nach welcher Himmelsrichtung sollte eine Außenwand gerichtet sein, an der eine TWD angebracht wird?

Nach Süden bis Westen.

37. Vergleichen Sie eine einschalige Außenwand mit Außendämmung und eine einschalige Außenwand mit Innendämmung hinsichtlich der wärmetechnischen Eigenschaften.

– Außendämmung: Guter winterlicher und sommerlicher Wärmeschutz, Verminderung von Wärmebrücken, keine Gefahr durch Tauwasserbildung.
– Innendämmung: Guter winterlicher Wärmeschutz, sommerlicher Wärmeschutz kaum vorhanden, Gefahr von Tauwasserbildung in der Dämmschicht.

38. Stellen Sie die Vorteile und die Nachteile von Wänden aus Stahlbeton und Wänden aus Mauerwerk einander gegenüber.

Stahlbetonwände sind hoch belastbar, sie sind sehr dicht und besitzen dadurch eine gute Luftschalldämmung. Ihre Wärmedämmfähigkeit ist sehr schlecht, dafür besitzen sie aber eine hohe Wärmespeicherfähigkeit. Beton ist beliebig formbar, und die Oberfläche ist vielfältig gestaltbar.
Wände aus Mauerwerk sind einfach (ohne Schalung) herzustellen. Durch entsprechende Wahl der Mauersteine entweder gut wärmedämmend (bei schlechter Luftschalldämmung) oder gut luftschalldämmend (bei schlechter Wärmedämmung). Möglichkeit der Oberflächengestaltung durch Sichtmauerwerk.

6 Wände

39. Woraus besteht eine Wand-Rahmenschalung?

Die Rahmenschalung besteht im Wesentlichen aus Stahl- oder Aluminiumrahmen mit aussteifenden Querprofilen und darauf aufgeschraubten Schalungsplatten.

40. Beschreiben Sie den Aufbau einer Trägerschalung für Wände.

Eine Trägerschalung besteht aus der Schalhaut, die durch senkrecht angeordnete Träger aus Holz unterstützt ist. Im unteren und oberen Wanddrittel verlaufen quer zu den Trägern horizontale Gurte aus Stahlträgern, an denen die Spannanker und Richtstützen befestigt werden.

41. Welche Aufgaben hat die Schalhaut und welche Anforderungen muss sie erfüllen?

Die Schalhaut gibt dem Betonteil die Form und bestimmt die Oberflächenstruktur.
Dazu muss sie dicht und maßhaltig sein, eine gleichmäßige Druckverteilung ermöglichen und möglichst für mehrere Schalungsvorgänge verwendbar sein.

42. Aus welchem Material besteht die Schalhaut bei Großflächenschalungen?

Sie besteht meist aus Holzwerkstoffplatten mit einer Phenolharz-Beschichtung.

43. Welche Aufgaben haben Trennmittel und was muss bei der Verarbeitung beachtet werden?

Trennmittel vermindern die Haftung zwischen Beton und Schalhaut. Sie erleichtern das Ausschalen und erhöhen die Lebensdauer der Schalhaut.
Die Bewehrung darf nicht mit Trennmitteln in Berührung kommen, um die Verbundwirkung und Haftung von Beton und Bewehrung nicht zu beeinträchtigen.

44. Welche Mindestdicke muss eine Stahlbetonwand als Fertigteil besitzen, wenn die zu tragende Decke über der Wand durchlaufend ist?

Ab einer Betongüte von C 16/20 oder LC 16/18 $\rightarrow$ $\geq$ 8 cm.

45. Nennen Sie Gründe für den Einsatz von Betonfertigteilen.

Durch den Einsatz von Betonfertigteilen kann der Bauablauf wirtschaftlicher und schneller gestaltet werden.

46. Welche Vorteile bietet eine Fertigung in Werken gegenüber der Fertigung auf der Baustelle?

Die Fertigung ist witterungsunabhängig, die Qualität, insbesondere die Maßgenauigkeit ist größer, die Bauzeiten sind kürzer.

47. Für welche Bauaufgaben ist die Verwendung von Betonfertigteilen besonders wirtschaftlich?

Bei sich häufig wiederholenden Bauteilen eignet sich die Verwendung von Betonfertigteilen besonders.

48. Erläutern Sie den Begriff „Großtafelbauweise".

Von der Großtafelbauweise spricht man, wenn die Tafeln (Decken- und Wandelemente) so groß sind, dass Tragwirkung und Raumbegrenzung in einem Element vereint sind.

49. Welchen Vorteil haben bei Innenwandelementen die Hohltafeln gegenüber Volltafeln?

Hohltafeln besitzen eine geringere flächenbezogene Masse (sind leichter), und sie sind etwas wärmedämmender als Volltafeln.

50. Beschreiben Sie den Aufbau eines Doppelwandelements.

Es besteht aus 4 ... 6 cm dicken Betonplatten, die mit Gitterträgern auf Abstand unverschiebbar miteinander verbunden sind. Nach dem Versetzen wird der Zwischenraum mit Beton verfüllt.

51. Skizzieren Sie den Querschnitt durch den Stoß einer tragenden mit einer aussteifenden Innenwand in der Großtafelbauweise.

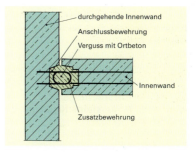

52. Auf welche Art und Weise können Fugen von Außenwandelementen ausgebildet werden?

– Konstruktiv geschlossene Fugen,
– druckausgleichende Fugen,
– mit Dichtungsstoffen verfüllte Fugen.

53. Welche Vorteile besitzt ein zweischaliges Mauerwerk gegenüber einem einschaligen?

– Gestaltungsmöglichkeiten durch Sichtmauerwerk,
– guter Witterungsschutz durch entsprechendes Sichtmauerwerk,
– Möglichkeit des Einbaus einer Wärmedämmschicht zwischen den beiden Schalen.

54. Nennen Sie die Arten von zweischaligem Mauerwerk.

Zweischaliges Mauerwerk mit
- Putzschicht,
- Luftschicht,
- Luftschicht und Wärmedämmschicht sowie
- Kerndämmung.

55. a) Skizzieren Sie den Schnitt durch ein zweischaliges Mauerwerk mit Kerndämmung.
b) Geben Sie die Funktionen der einzelnen Schichten an.

a)
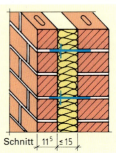

b) Außenschale → Witterungsschutz, Gestaltungsmöglichkeit durch Sichtmauerwerk
Dämmschicht → Wärmedämmung
Innenschale → tragendes Mauerwerk (Tragschale)

56. Welche Anforderungen werden an Mauersteine für Sichtmauerwerk gestellt?

- Geringe Wasseraufnahmefähigkeit, dadurch Witterungs- und Frostbeständigkeit.
- ansprechendes Aussehen.

57. Nennen Sie Mauersteine, die sich für Sichtmauerwerk eignen.

Vormauerziegel, Klinker, KS-Vormauersteine und KS-Verblender.

58. Welche Aufgabe erfüllen die Drahtanker zwischen den Schalen eines zweischaligen Mauerwerks?

Sie verbinden die Außenschale mit der Innenschale.

59. Nennen Sie Situationen, wo Verblendabfangungen notwendig sind.

Eine Abfangung des Verblendmauerwerks ist notwendig:
- In der Höhe mindestens alle 12 m oder alle zwei Geschosse, wenn bis zu einem Drittel seiner Dicke über dem Auflager vorsteht,
- über größeren Öffnungen,

– wenn aus bauphysikalischen Gründen das Verblendmauerwerk nicht auf ein Fundament gegründet oder auf auskragenden Decken aufgelagert werden soll,
– wenn Deckenbereiche oder Balkone durch das Verblendmauerwerk nicht belastet werden dürfen.

60. Begründen Sie die Notwendigkeit von Bewegungsfugen in Fassaden.

Durch Temperaturunterschiede entstehen Spannungen, die zu Rissen führen können. Um solche Risse zu vermeiden, werden Bewegungsfugen angeordnet.

61. An welchen Stellen müssen Bewegungsfugen angebracht werden?

– Senkrechte Bewegungsfugen an allen Gebäudeecken. Bei längeren Gebäuden alle 8 … 10 m.
– Waagerechte Bewegungsfugen an Dachüberständen, Fenster- und Sohlbänken sowie an Verblendabfangungen.

62. Wodurch zeichnet sich ein gutes Fenster aus?

– Geringer Wärmedurchgangskoeffizient,
– guter Schutz vor Lärm, Zugluft, Feuer und Einbruch.

63. Nennen Sie die Bauteile eines Fensters.

Blendrahmen, Flügelrahmen, Pfosten, Riegel und Verglasung.

64. Nennen Sie die Öffnungsarten von Flügeln und skizzieren Sie die Darstellungssymbole in der Ansicht.

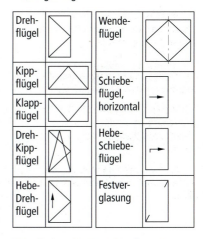

65. Welche Rahmenwerkstoffe werden für Fenster verwendet?

Holz, Kunststoff, Aluminium bzw. Aluminium/Holz.

6 Wände

66. Beschreiben Sie den Aufbau einer Isolierverglasung mit Gasfüllung (evtl. mit Skizze).

67. Welche Fläche sollten die Fenster in einem Aufenthaltsraum mit einer Grundfläche von 24 m² haben?

Etwa 1/8 der Grundfläche, also etwa 3 m².

68. Welche Aufgaben haben Außenputze zu erfüllen?

- Gestaltung des Gebäudes,
- Schutz vor Durchfeuchtung der Wandbaustoffe infolge Schlagregens,
- Aufnahme von Temperaturschwankungen,
- Schutz vor mechanischen Einflüssen,
- je nach Wandart und -höhe kommen Aufgaben des Wärme-, Brand- und Schallschutzes hinzu.

69. Damit der Außenputz seine Aufgaben erfüllen kann, muss er bestimmte Eigenschaften besitzen. Nennen Sie diese Eigenschaften.

- Gute Haftung am und guter Verbund mit Putzgrund,
- gleichmäßiges Gefüge innerhalb des Putzes,
- ausreichende Festigkeit gegenüber mechanischen Beanspruchungen,
- ausreichende Wasserdampfdurchlässigkeit,
- ausreichende Biegezugfestigkeit, um Risse durch Schwingungen und Erschütterungen zu vermeiden,
- gute Verarbeitbarkeit, abgestimmt auf Maschineneinsatz oder Verputzen von Hand.

70. Nennen Sie die Gruppen der mineralischen Putzmörtel.

Putzmörtelgruppe	Mörtelart
P I	Luftkalkmörtel, Wasserkalkmörtel, Mörtel mit hydraulischem Kalk
P II	Kalkzementmörtel, Mörtel mit hochhydraulischem Kalk oder mit Putz und Mauerbinder
P III	Zementmörtel mit oder ohne Zusatz von Kalkhydrat
P IV	Gipsmörtel und gipshaltige Mörtel

71. Welche Eigenschaften muss der Putzgrund aufweisen?

Der Putzgrund muss sauber, rau, saugfähig und tragfähig sein.
Er darf keine Risse oder offene Fugen aufweisen und soll lot-, fluchtrecht und eben sein. Er darf nicht aus Mischmauerwerk bestehen.

72. Bei welchen Situationen sind Putzträger erforderlich?

Bei ungenügender Haft- und Tragfähigkeit des Putzgrundes.

73. Welche Aufgabe hat eine Putzbewehrung?

Die Putzbewehrung hat die Aufgabe Zugspannungen aufzunehmen, die zu Rissen führen könnten.

74. Putzsysteme bestehen aus mehreren Lagen. Nennen Sie die einzelnen Lagen.

– Spritzbewurf
– Unterputz
– Oberputz

75. Nennen Sie die Putzweisen (Oberflächenstrukturen) für Oberputze.

– Geriebener Putz
– Spritzputz
– Kratzputz
– Waschputz
– Kellenstrichputz

76. Nennen Sie die Putze mit besonderen Eigenschaften.

– Wärmedämmputze
– Leichtputze
– Sanierputze
– Sockelputze und Sperrputze

6 Wände

77. Erklären Sie die Wirkungsweise eines Sanierputzes.

Durch den Zusatz von Luftporenbildnern (z. B. Naturharzseifen) wird erreicht, dass der erhärtete Putz über 40 % Luftporenanteil besitzt. Außerdem befinden sich Wasser abweisende (hydrophobierende) Zusätze im Mörtel. Diese bewirken, dass der Putz Feuchtigkeit nicht kapillar aufnimmt. Die im Mauerwerk enthaltene Feuchtigkeit kann auf diese Weise dem Putz keinen Schaden zufügen. Die austretende Feuchtigkeit verdunstet innerhalb des Putzes und lagert dort die mitgeführten Salze ab. Diese werden dann nicht mehr als Schadensbild an der Oberfläche sichtbar.

78. Welche Schäden und Mängel kann in den Fassadenputz eindringendes Wasser verursachen?

Frostschäden, Ausblühungen, Befall und Bewuchs mit Mikroorganismen, Algen oder Moos, Transport von Schadstoffen in die Wand, verminderte Wärmedämmfähigkeit der Wand.

79. Erklären Sie den Begriff „Hydrophobierung".

Unter Hydrophobierung versteht man das Imprägnieren (Durchtränken) der Fassadenoberfläche mit einem flüssigen Wirkstoff, der die Kapillaren und Poren im Baustoff mit einer dünnen Schicht auskleidet.

80. Welche Vorteile besitzen hydrophobierte Fassaden?

– Verminderung der Schadstoffaufnahme sowie der Verschmutzungs- und Vergrünungsgefahr,
– Erhaltung der Wärmedämmfähigkeit des Baustoffes,
– Verbesserung der Frostbeständigkeit,
– Verminderung der Rissanfälligkeit infolge von Quell- und Schwindvorgängen durch Feuchtigkeit.

6 Wände

81. Erläutern Sie die beiden Arten der Nassreinigung von Fassaden.

– *Nassreinigung ohne chemische Mittel*: Soll auf chemische Reinigungsmittel verzichtet werden, kann die Reinigungswirkung durch die Verwendung von heißem Wasser und hohem Wasserdruck gesteigert werden. Heißes Wasser trocknet schnell ab und vermindert so die Durchfeuchtung.
– *Nassreinigung mit chemischen Mitteln*: Dabei werden die Schmutzschichten chemisch so verändert, dass sie wasserlöslich werden. Rückstände der chemischen Mittel müssen nach der Reinigung restlos ausgespült werden.

82. Worauf ist beim Einsatz saurer Reinigungsmittel zu achten?

Starke Säuren dürfen nicht auf mineralischen Baustoffen eingesetzt werden. Besonders auf kalkgebundenen Steinen würde das Bindemittel chemisch gelöst und zerstört. Werden verdünnte saure Reinigungsmittel verwendet, ist die Oberfläche gut vorzunässen und nach der Reinigung abzuwaschen.

83. Warum sind alkalische Reinigungsmittel für grobporige Natursteine ungeeignet?

Laugenreste sind aus den Vertiefungen grobporiger Natursteine schlecht zu entfernen und können zu weißen Kaliumkarbonatausscheidungen führen.

84. Warum sollte auf Sandstrahlen als mechanische Reinigungsart möglichst verzichtet werden?

Mechanische Reinigungsverfahren, wie z. B. Sandstrahlen, führen zu Materialverlust, wodurch es bei weichen Natursteinen zu Oberflächenschäden kommen kann.

85. Machen Sie jeweils einen Vorschlag, wie Sie folgende Verschmutzungen beseitigen würden:
– **Vergrünung durch Algen,**
– **Kalkausblühungen,**
– **Verschmutzung durch Graffiti.**

– Vergrünung: Vernichtung durch organische Zinn- und Stickstoffverbindungen.
– Kalkausblühungen: Abbürsten und Nassreinigung mit chemischen Mitteln.
– Verschmutzung durch Graffiti: Reinigung mit Spezialreinigern, danach abwaschen.

86. Worauf sind die häufigsten Schäden bei Mauerwerk zurückzuführen?

Die meisten Schäden werden durch kapillare Feuchtigkeitsbewegungen verursacht. Mauersteine und Mörtel besitzen eine hohe Kapillarität.

6 Wände

87. Auf welche Art und Weise kann Feuchtigkeit im Mauerwerk gemessen werden?

1. Durch zerstörungsfreie Methoden. Das sind
   - die Widerstandsmessung,
   - die Infrarot-Thermografie und
   - das radiometrische Neutronen-Messverfahren.
2. Zu den zerstörenden Methoden zählt die Calcium-Carbid-Methode.

88. Beschreiben Sie die mechanischen Verfahren zur Horizontalabdichtung von Mauerwerk.

- Beim Edelstahlverfahren werden geriffelte Edelstahlbleche in eine Lagerfuge des Mauerwerks eingetrieben (eingerammt).
- Beim Mauersägeverfahren wird das Mauerwerk mit einer Kreissäge durchtrennt. In die Schnittfuge werden Abdichtungsfolien oder Edelstahlbleche eingeschoben und mit Mörtel verpresst.

89. Beschreiben Sie ein chemisches Verfahren zur Horizontalabdichtung von Mauerwerk.

Das durchfeuchtete Mauerwerk wird trockengelegt, indem Heizstäbe in Bohrlöcher eingeführt werden. Danach werden in die bereits vorhandenen und in zusätzlich gebohrte Löcher Injektionsmittel (= flüssige Dichtstoffe) eingefüllt. Die chemischen Mittel bilden dann eine etwa 15 cm dicke Sperrschicht.

90. Beschreiben Sie mögliche Vertikalabdichtungen für Kelleraußenwände.

Kellerwände unterhalb der Geländeoberfläche können nachträglich von außen oder von innen abgedichtet werden.
Von außen kann es durch einen wasserdichten Sperrputz, durch zementgebundene Dichtungsschlämme, durch Bitumenbahnen oder bitumenhaltige Beschichtungen erfolgen.
Außerdem sind auch Innenabdichtungen möglich. Diese sollten aber nur dann zur Anwendung kommen, wenn das Mauerwerk von außen nicht freigelegt werden kann.

7 Konstruieren eines Stahlbetonbalkens

1. Erklären Sie die Begriffe Kragträger, Einfeldträger und Durchlaufträger. Skizzieren Sie das jeweilige statische System.

Kragträger sind eingespannte Träger, die über die Auflager hinausragen. Der hinausragende Teil des Trägers wird als Kragarm bezeichnet.

Einfeldträger sind Träger über zwei Auflagern.

Durchlaufträger überspannen mehr als zwei Auflager. Sie werden auch als Mehrfeldträger bezeichnet.

2. a) Welche Lasten müssen Stahlbetonbalken aufnehmen?
b) Worin unterscheiden sich diese Lasten? Geben Sie Beispiele an.

a) *Stahlbetonbalken* müssen Eigenlasten und Nutzlasten aufnehmen.
b) *Eigenlasten* sind unveränderlich und ständig vorhanden. Sie resultieren aus der Masse der tragenden Bauteile, wie Balken, Stützen und Wände, und den aufzunehmenden Lasten wie Bodenbeläge und Putze.
Nutzlasten sind veränderliche oder bewegliche Lasten, die auf den Stahlbetonbalken einwirken. Dazu gehören Personen, Einrichtungsgegenstände, Lagerstoffe, Maschinen, Fahrzeuge usw.

3. Welche Bedeutung haben die angeführten Formelzeichen? Geben Sie jeweils die gebräuchlichen Einheiten an:
$g_k - G_k - q_k - Q_k - V - m - \varrho - \gamma - \gamma_k - \gamma_g - F$

g_k – Last pro Einheitsfläche oder Einheitslänge in kN/m² oder kN/m

G_k – charakteristischer Wert einer ständigen Einwirkung in kN

q_k – charakteristischer Wert einer gleichförmig verteilten Belastung oder Linienlast in kN/m² oder kN/m

Q_k – charakteristischer Wert einer veränderlichen Einwirkung in kN

V – Volumen des Bauteils in cm³, dm³ oder m³

7 Konstruieren eines Stahlbetonbalkens

m – Masse von Baustoffen oder Bauteilen in g, kg oder t
ϱ – Dichte eines Baustoffes in g/cm³, kg/dm³ oder t/m³
γ – Wichte eines Baustoffes in kN/m³
γ_Q – Teilsicherheitsbeiwert für veränderliche Einwirkungen (Nutzlasten) = 1,50 (ohne Einheit)
γ_G – Teilsicherheitsbeiwert für ständige Einwirkungen (Eigenlasten) = 1,35 (ohne Einheit)
F – Bemessungslast in N, kN oder MN

4. Erklären Sie, warum bei der Ermittlung der Bemessungslasten sogenannte Teilsicherheitsbeiwerte berücksichtigt werden müssen.

Die Belastungen eines Bauteils können sich durch verschiedene Einflussgrößen, hervorgerufen beispielsweise durch Schnee, Feuchte, erhöhte Lasten, verändern. Um solchen Problemen gerecht zu werden, müssen die Lasten (Eigenlasten und Nutzlasten) mit einem Teilsicherheitsbeiwert multipliziert werden.

5. Wie können Sie die Eigenlast von Baustoffen und Bauteilen als Einzellast g_k berechnen?

Die Eigenlast von Baustoffen oder Bauteilen wird als Einzellast mithilfe des Volumens und der Wichte nach der folgenden Formel berechnet:
Eigenlast in kN = Volumen · Wichte
               in m³   in kN/m³
$$g_k = V \cdot \gamma$$

6. Worauf ist zu achten, wenn beispielsweise die Eigenlast eines Trägers über die Masse ermittelt wird?

Die Masse wird mit dem Faktor 10 multipliziert. Er ergibt sich aus der Fallbeschleunigung; sie beträgt etwa 10 m/s². Der neue Wert erhält die Einheit Newton.
Eigenlast in N = Masse in kg/m · Länge · 10
$$G_k = m \cdot l \cdot 10$$

7. Berechnen Sie die Eigenlast und die Bemessungslast eines Stahlträgers IPE 300 mit 12 m Länge. Die längenbezogene Masse ist Tabellen zu entnehmen.

Eigenlast G_k
$= m \cdot l \cdot 10 = 42{,}2$ kg/m · 12,00 m · 10
$= 5064$ N = **5,064 kN**
Bemessungslast F
$= \gamma_G \cdot G_K = 1{,}35 \cdot 5{,}064$ kN = **6,836 kN**

8. Ermitteln Sie für das 22 m lange Brückenfertigteil aus Stahlbeton die Eigenlast und die Bemessungslast. Die Wichte für Stahlbeton ist Tabellen zu entnehmen.

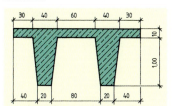

$A = \dfrac{0{,}40 \text{ m} + 0{,}20 \text{ m}}{2} \cdot 1{,}0 \text{ m} \cdot 2$
$+ 2{,}0 \text{ m} \cdot 0{,}1 \text{ m} = 0{,}80 \text{ m}^2$

Eigenlast G_k
$= 0{,}80 \text{ m}^2 \cdot 22{,}0 \text{ m} \cdot 25 \text{ kN/m}^3 =$ **440 kN**

Bemessungslast F
$= 1{,}35 \cdot 440 \text{ kN} =$ **594 kN**

9. Ermitteln Sie mithilfe von Tabellen die Eigenlast und die Bemessungslast von
a) 2,5 m³ Holz der Festigkeitsklasse C22 und
b) 3,2 m³ Granit.

a) Holz:
Eigenlast G_k
$= 2{,}5 \text{ m}^3 \cdot 4{,}1 \text{ kN/m}^3 =$ **10,250 kN**

Bemessungslast F
$= 1{,}35 \cdot 10{,}25 \text{ kN} =$ **13,838 kN**

b) Granit:
Eigenlast G_k
$= 3{,}2 \text{ m}^3 \cdot 29{,}0 \text{ kN/m}^3 =$ **92,80 kN**

Bemessungslast F
$= 1{,}35 \cdot 92{,}80 \text{ kN} =$ **125,28 kN**

10. Erklären Sie die Begriffe Drehmoment und Hebelarmlänge.

Unter *Drehmoment* wird das Produkt aus der Kraft und dem dazugehörigen Hebelarm verstanden.
Unter *Hebelarmlänge* versteht man den Abstand vom Drehpunkt zur Wirkungslinie der zugehörigen Kraft. Hebelarm und Wirkungslinie stehen immer rechtwinklig zueinander.

11. Wie lauten die Gleichgewichtsbedingungen?

Die Summe aller vertikal wirkenden Kräfte ($\sum V = 0$), die Summe aller horizontal wirkenden Kräfte ($\sum H = 0$) und die Summe aller Momente um einen Drehpunkt ($\sum M = 0$) müssen null sein.

7 Konstruieren eines Stahlbetonbalkens

12. Welche Auflagerarten werden bei Stahlbetonbalken unterschieden? Geben Sie die Art an und zeichnen Sie das jeweilige Symbol mit den wirkenden Kräften.

Auflagerart	Symbol und Kräfte	Auflagerart	Symbol und Kräfte
		bewegliche Auflager (Gleitlager) nehmen nur vertikale Kräfte auf	$\downarrow V$
		feste Auflager nehmen vertikale und horizontale Kräfte auf	$H \rightarrow \downarrow V$
		eingespannte Auflager nehmen vertikale, horizontale Kräfte und Momente auf	$M, \uparrow V, H$

13. Auf einen Einfeldträger wirken die Kräfte $F_1 = 15$ kN, $F_2 = 22$ kN und $F_3 = 31$ kN. Die Auflagerkraft bei A beträgt 26 kN. Wie groß ist die Auflagerkraft bei B?

$\sum V = 0$
$F_1 + F_2 + F_3 - A - B = 0$
$B = F_1 + F_2 + F_3 - A$
$B = 15 \text{ kN} + 22 \text{ kN} + 31 \text{ kN} - 26 \text{ kN}$
$B = \mathbf{42 \text{ kN}}$

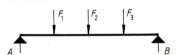

14. Auf einen Einfeldträger wirkt die horizontale Kraft $H = 16$ kN. Wie groß muss die Summe der horizontalen Auflagerkräfte sein?

$\sum H = 0$
$A_H + B_H - H = 0$
$A_H + B_H = H$
$A_H + B_H = \mathbf{16 \text{ kN}}$

15. An einem Auslegergerüst wird durch Belastung ein rechtsdrehendes Moment von 3,5 kNm hervorgerufen. Wie groß muss das linksdrehende Moment mindestens sein, damit das Auslegergerüst im Gleichgewicht ist?

$\sum M = 0$
$M_R + M_L = 0$
$M_L \quad = M_R$
$M_L \quad =$ **3,5 kNm**

16. Berechnen Sie die Auflagerkräfte A und B am dargestellten Einfeldträger.

$\sum M_A = 0$
$B \cdot 3{,}40 \text{ m} = 7{,}20 \text{ kN} \cdot 1{,}20 \text{ m}$
$B = \dfrac{7{,}20 \text{ kN} \cdot 1{,}20 \text{ m}}{3{,}40 \text{ m}} =$ **2,54 kN**

$\sum V = 0$
$A = 7{,}20 \text{ kN} - 2{,}54 \text{ kN} =$ **4,66 kN**

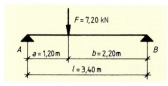

17. Für den dargestellten Einfeldträger sollen die Auflagerkräfte A und B berechnet werden.

$\sum M_A = 0$
$B \cdot 2{,}95 \text{ m}$
$= 19 \text{ kN} \cdot 0{,}70 \text{ m} + 24 \text{ kN} \cdot 2{,}05 \text{ m}$
$B = \dfrac{19 \text{ kN} \cdot 0{,}70 \text{ m} + 24 \text{ kN} \cdot 2{,}05 \text{ m}}{2{,}95 \text{ m}}$
$=$ **21,19 kN**

$\sum V = 0$
$A = 19 \text{ kN} + 24 \text{ kN} - 21{,}19 \text{ kN} =$ **21,81 kN**

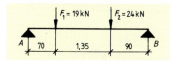

18. Berechnen Sie für den dargestellten Einfeldträger die Auflagerkräfte A und B, wenn er mit einer gleichförmigen Streckenlast von 10 kN/m beansprucht wird.

Die gleichförmige Streckenlast wird zu einer Ersatzkraft Q_k zusammengefasst:
$Q_k = 10 \text{ kN/m} \cdot 8{,}00 \text{ m} = 80 \text{ kN}$

Wegen der Symmetrie gilt:
$A = B = 80 \text{ kN} : 2 =$ **40 kN**

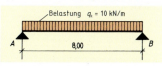

7 Konstruieren eines Stahlbetonbalkens

19. Berechnen Sie für den dargestellten Einfeldträger die Auflagerkräfte **A** und **B**.

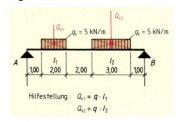

Hilfestellung: $Q_{k1} = q \cdot l_1$
$Q_{k2} = q \cdot l_2$

Ersatzkräfte:
$Q_{k1} = 5$ kN/m · 2,00 m = 10 kN
$Q_{k2} = 5$ kN/m · 3,00 m = 15 kN

$\sum M_A = 0$
$B \cdot 9{,}00$ m
$= 10$ kN · 2,00 m + 15 kN · 6,50 m
$B = \dfrac{10 \text{ kN} \cdot 2{,}00 \text{ m} + 15 \text{ kN} \cdot 6{,}50 \text{ m}}{9{,}00 \text{ m}}$
$= \mathbf{13{,}06 \text{ kN}}$

$\sum V = 0$
$A = 10$ kN + 15 kN − 13,06 kN = **11,94 kN**

20. Berechnen Sie für den dargestellten Einfeldträger die Auflagerkräfte **A** und **B**.

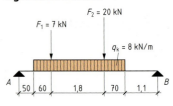

Ersatzkraft:
$F_q = 8$ kN/m · 3,10 m = 24,80 kN

$\sum M_B = 0$
$A \cdot 4{,}70$ m = 7 kN · 3,60 m
+ 20 kN · 1,80 m + 24,8 kN · 2,65 m
$A = \dfrac{7 \text{ kN} \cdot 3{,}60 \text{ m} + 20 \text{ kN} \cdot 1{,}80 \text{ m} + 24{,}8 \text{ kN} \cdot 2{,}65 \text{ m}}{4{,}70 \text{ m}}$
$= \mathbf{27{,}00 \text{ kN}}$

$\sum V = 0$
$B = 7$ kN + 20 kN + 24,80 kN − 27,00 kN
$= \mathbf{24{,}80 \text{ kN}}$

21. Berechnen Sie für den dargestellten Einfeldträger mit Kragarm die Auflagerkräfte **A** und **B** und führen Sie die Probe durch.

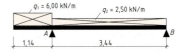

Ersatzkräfte:
$Q_{k1} = 6$ kN/m · 1,14 m = 6,84 kN
$Q_{k2} = 2{,}50$ kN/m · 3,44 m = 8,60 kN

$\sum M_B = 0$
$A \cdot 3{,}44$ m
$= 6{,}84$ kN · 4,01 m + 8,60 kN · 1,72 m
$A = \dfrac{6{,}84 \text{ kN} \cdot 4{,}01 \text{ m} + 8{,}60 \text{ kN} \cdot 1{,}72 \text{ m}}{3{,}44 \text{ m}}$
$= \mathbf{12{,}27 \text{ kN}}$

$\sum M_A = 0$
$B \cdot 3{,}44$ m
$= 8{,}60$ kN · 1,72 m − 6,84 kN · 0,57 m
$B = \dfrac{8{,}60 \text{ kN} \cdot 1{,}72 \text{ m} - 6{,}84 \text{ kN} \cdot 0{,}57 \text{ m}}{3{,}44 \text{ m}}$
$= \mathbf{3{,}17 \text{ kN}}$

Probe: $\sum V = 0$
6,84 kN + 8,60 kN − 12,27 kN − 3,17 kN = 0

22. a) Wovon hängt die Auflagerpressung bzw. Druckspannung ab?
b) Nach welcher Formel kann die Druckspannung berechnet werden? Geben Sie mögliche Einheiten an.

a) Die Auflagerpressung bzw. Druckspannung hängt von der Auflagerfläche und der Größe der Auflast ab.

b) Die Druckspannung wird nach folgender Formel berechnet:
$$\sigma_D = \frac{\text{Kraft } F}{\text{Fläche } A}$$

vorhandene Spannung σ_{vorh}
≤ zulässige Spannung σ_{zul}

Einheiten: σ_D in MN/m², N/mm² oder MPa (1 MPa = 1 Million Pa = 1 N/mm² = 1 MN/m²)

23. Ein Stahlbetonbalken überträgt auf ein darunterliegendes Mauerwerk eine Kraft von 32 kN. Die Auflagerfläche beträgt 24 × 24 cm. Wie groß ist die vorhandene Spannung?

$$\sigma_{vorh} = \frac{F}{A}$$

$A = 240 \text{ mm} \cdot 240 \text{ mm} = 57\,600 \text{ mm}^2$

$$\sigma_{vorh} = \frac{32\,000 \text{ N}}{57\,600 \text{ mm}^2} = \mathbf{0{,}556 \text{ N/mm}^2}$$

24. Eine Maueröffnung wird mit einem 4,50 m langen Stahlträger I PBl 20 überbrückt. Die Auflagerkraft beträgt 35 kN.
Berechnen Sie
a) die Bemessungslast für das Auflager,
b) die Auflagerlänge für den Träger, wenn die zulässige Druckspannung des Mauerwerks 1,6 MN/m² beträgt.

Bemessungslast:
F = 35 000,0 N
G_k = 42,3 kg/m · 4,50 m · 10 = 1 903,5 N

Bemessungslast F_{ges} = 36 903,5 N

Auflagerlänge:
$$A_{erf} = \frac{F_{ges}}{\sigma_{zul}} = \frac{36\,903{,}5 \text{ N} \cdot \text{mm}^2}{1{,}6 \text{ N}}$$
$= 23\,064{,}7 \text{ mm}^2$

$A = l \cdot b$
$$l_{erf} = \frac{A}{b} = \frac{23\,064{,}7 \text{ mm}^2}{200 \text{ mm}} = 115{,}32 \text{ mm}$$

Die Auflagerlänge beträgt mindestens **12 cm**.

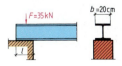

25. Ein Stahlbetonbalken belastet das Mauerwerk mit einer zulässigen Druckspannung von 2,2 N/mm². Wie groß ist die Auflagerkraft in kN, wenn die Länge des Auflagers 20 cm beträgt?

$F_{max} = A_{min} \cdot \sigma_{zul}$

$A = 200 \text{ mm} \cdot 140 \text{ mm} = 28\,000 \text{ mm}^2$

$F_{max} = 28\,000 \text{ mm}^2 \cdot 2,2 \text{ N/mm}^2 = 61\,600 \text{ N}$
     $= \mathbf{61{,}6 \text{ kN}}$

26. Die Auflagerkraft eines 24 cm breiten Stahlbetonbalkens beträgt 37 kN. Das darunterliegende Mauerwerk besteht aus Hbl 2, Mörtelgruppe II. Berechnen Sie die erforderliche Auflagerlänge.

Die charakteristische Druckfestigkeit für Hbl 2, Mörtelgruppe II beträgt nach Tabelle $f_k = 1,4 \text{ N/mm}^2$.

$A_{erf} = \dfrac{F}{f_k} = \dfrac{37\,000 \text{ N} \cdot \text{mm}^2}{1,4 \text{ N}} = 26\,428{,}6 \text{ mm}^2$

$A = l \cdot b$

$l_{erf} = \dfrac{A}{b} = \dfrac{26\,428{,}6 \text{ mm}^2}{240 \text{ mm}} = 110{,}1 \text{ mm}$

Die erforderliche Auflagerlänge beträgt mindestens **12 cm**.

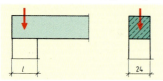

27. Berechnen Sie für den auf der folgenden Seite dargestellten Stahlbetonbalken
a) die Auflagerkräfte *A* und *B*,

a) Auflagerkräfte
Ersatzkraft Q_k
 $= 15 \text{ kN/m} \cdot 2{,}75 \text{ m} = 41{,}25 \text{ kN}$

$\sum M_A = 0$
$B \cdot 2{,}75 \text{ m} = 41{,}25 \text{ kN} \cdot 1{,}375 \text{ m}$
$+ 20 \text{ kN} \cdot 0{,}80 \text{ m} + 30 \text{ kN} \cdot 1{,}35 \text{ m}$

$B = \dfrac{41{,}25 \text{ kN} \cdot 1{,}375 \text{ m} + 20 \text{ kN} \cdot 0{,}80 \text{ m} + 30 \text{ kN} \cdot 1{,}35 \text{ m}}{2{,}75 \text{ m}}$

 $= \mathbf{41{,}17 \text{ kN}}$

$\sum V = 0$
$A = 20 \text{ kN} + 30 \text{ kN} + 41{,}25 \text{ kN}$
$- 41{,}17 \text{ kN} = \mathbf{50{,}08 \text{ kN}}$

b) die vorhandenen Spannungen in den Auflagern.
c) Welches Mauerwerk kann für die Auflager gewählt werden?

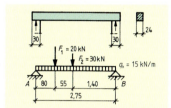

b) Spannungen
$A = 30$ cm $\cdot$ 24 cm $= 720$ cm^2

linkes Auflager A: $\sigma_{vorh} = \dfrac{50{,}08 \text{ kN}}{720 \text{ cm}^2}$
$= 0{,}07$ kN/cm^2 = **0,7 N/mm^2**

rechtes Auflager B: $\sigma_{vorh} = \dfrac{41{,}17 \text{ kN}}{720 \text{ cm}^2}$
$= 0{,}057$ kN/cm^2 = **0,57 N/mm^2**

c) Mögliches Mauerwerk: Mauerziegel oder Kalksandsteine, Leichtmauermörtel LM 21 mit $f_k = 1{,}4$ N/mm^2

28. Ein Profilstahlträger über einer Toreinfahrt hat sein Auflager auf einer 30 cm dicken Wand. Die Wand besteht aus Vollziegeln der Steinfestigkeitsklasse 6, Mörtelgruppe II. Die Auflagerkraft am Trägerende beträgt 153 kN.
Wie lange muss die druckverteilende Stahlplatte bei einer Breite von 25 cm mindestens sein, damit die zulässige Druckspannung des Mauerwerks nicht überschritten wird?

Nach Tabelle beträgt die charakteristische Festigkeit für Vollziegel, NM II, $f_k = 3{,}6$ N/mm^2.
$A_{erf} = \dfrac{F}{f_k} = \dfrac{153\,000 \text{ N} \cdot \text{mm}^2}{3{,}6 \text{ N}} = 42\,500$ mm^2
$A = l \cdot b$
$l_{erf} = \dfrac{A}{b} = \dfrac{42\,500 \text{ mm}^2}{250 \text{ mm}} = 170$ mm

Die erforderliche Auflagerlänge beträgt mindestens **17 cm**.

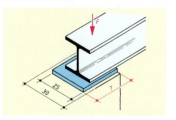

7 Konstruieren eines Stahlbetonbalkens

29. Berechnen Sie für den dargestellten Kragträger
a) die Auflagerkräfte A und B,
b) die vorhandenen Spannungen in den Auflagern.
c) Welches Mauerwerk kann für die Auflagerbereiche gewählt werden?

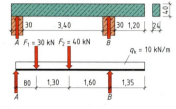

a) Auflagerkräfte
Ersatzkräfte:
Feld: Q_k = 10 kN/m · 3,70 m = 37 kN
Kragarm: Q_k = 10 kN/m · 1,35 m = 13,5 kN

$\sum M_B = 0$
A · 3,70 m = 30 kN · 2,90 m + 40 kN · 1,60 m + 37 kN · 1,85 m − 13,5 kN · 0,675 m

A = (30 kN · 2,90 m + 40 kN · 1,60 m + 37 kN · 1,85 m − 13,5 kN · 0,675 m) : 3,70 m
= **56,85 kN**

$\sum M_A = 0$
B · 3,70 m = 30 kN · 0,80 m + 40 kN · 2,10 m + 37 kN · 1,85 m + 13,5 kN · 4,375 m

B = (30 kN · 0,80 m + 40 kN · 2,10 m + 37 kN · 1,85 m + 13,5 kN · 4,375 m) : 3,70 m
= **63,65 kN**

Probe: $\sum V = 0$
37 kN + 13,5 kN + 30 kN + 40 kN − 56,85 kN − 63,65 kN = 0

b) Spannungen
A = 30 cm · 24 cm = 720 cm²
linkes Auflager A: $\sigma_{vorh} = \dfrac{56,85 \text{ kN}}{720 \text{ cm}^2}$
= 0,079 kN/cm² = **0,79 N/mm²**
rechtes Auflager B: $\sigma_{vorh} = \dfrac{63,65 \text{ kN}}{720 \text{ cm}^2}$
= 0,088 kN/cm² = **0,88 N/mm²**

c) Mögliches Mauerwerk: Hohlblöcke aus Leichtbeton Hbl, Steinfestigkeitsklasse 2, NM II mit f_k = 1,4 N/mm²

30. Erklären Sie die Begriffe Querkraft und Biegemoment.

Unter der *Querkraft* an einer beliebigen Schnittstelle eines Trägers wird die Summe aller Vertikalkräfte links oder rechts des Schnittes verstanden. Die Querkraft ist positiv, wenn durch die äußeren Kräfte der linke Trägerteil nach oben und der rechte Trägerteil nach unten verschoben wird. Die Querkraft ist negativ, wenn durch die äußeren Kräfte der linke Trägerteil nach unten oder der rechte Trägerteil nach oben verschoben wird.

Unter dem *Biegemoment* an einer beliebigen Schnittstelle eines Trägers wird die Summe aller Momente links oder rechts des Schnittes verstanden. Das Biegemoment erzeugt Druck- und Zugspannungen in der Schnittfläche.

31. Wie wird bei einem Einfeldträger mit Streckenlast
a) die Querkraftfläche,
b) die Momentenfläche begrenzt?
Skizzieren Sie die jeweilige Fläche.

a) Die Querkraftfläche wird durch eine schräg verlaufende Gerade begrenzt.

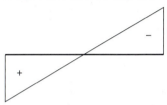

b) Die Momentenfläche wird durch eine Parabel begrenzt.

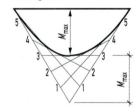

32. Skizzieren Sie die Querkraftfläche und die Momentenfläche bei einem
a) Kragträger mit Streckenlast,
b) Einfeldträger mit mittiger Einzellast.

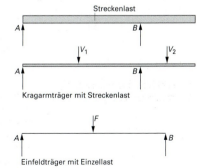

33. Für den dargestellten Stahlbetonträger mit Strecken- und Einzellast sind
a) **die Auflagerkräfte zu ermitteln,**
b) **die Querkräfte und die Momente zu berechnen und die Flächen im geeigneten Maßstab zu zeichnen.**

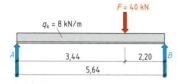

a) Auflagerkräfte A und B:
$\sum M_B = 0$
$A \cdot 5{,}64 \text{ m} = 8 \text{ kN/m} \cdot 5{,}64 \text{ m} \cdot 2{,}82 \text{ m} + 40 \text{ kN} \cdot 2{,}20 \text{ m}$
$A = \dfrac{8 \text{ kN/m} \cdot 5{,}64 \text{ m} \cdot 2{,}82 \text{ m} + 40 \text{ kN} \cdot 2{,}20 \text{ m}}{5{,}64 \text{ m}}$
$= \mathbf{38{,}163 \text{ kN}}$

$\sum M_A = 0$
$B \cdot 5{,}64 \text{ m} = 40 \text{ kN} \cdot 3{,}44 \text{ m} + 8 \text{ kN} \cdot 5{,}64 \text{ m} \cdot 2{,}82 \text{ m}$
$B = \dfrac{40 \text{ kN} \cdot 3{,}44 \text{ m} + 8 \text{ kN} \cdot 5{,}64 \text{ m} \cdot 2{,}82 \text{ m}}{5{,}64 \text{ m}}$
$= \mathbf{46{,}957 \text{ kN}}$

b) Querkräfte:
$V_A = A = \mathbf{+38{,}163 \text{ kN}}$
$V_{Fli} = A - q \cdot l = 38{,}163 \text{ kN} - 8 \text{ kN/m} \cdot 3{,}44 \text{ m} = \mathbf{+10{,}643 \text{ kN}}$
$V_{Fre} = Q_{Fli} - F = 10{,}643 \text{ kN} - 40 \text{ kN}$
$= \mathbf{-29{,}357 \text{ kN}}$
$V_{Bli} = -B = \mathbf{-46{,}957 \text{ kN}}$

Querkraftfläche: Zeichnung im Maßstab 1 cm = 20 kN

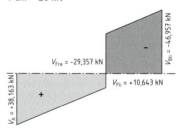

Momente:
$M_A = 0$
$M_F = M_{max} = 38{,}163 \text{ kN} \cdot 3{,}44 \text{ m} - 8 \text{ kN/m} \cdot 3{,}44 \text{ m} \cdot 1{,}72 \text{ m} = \mathbf{+83{,}946 \text{ kNm}}$

Momentenfläche: Maßstab 1 cm = 40 kNm

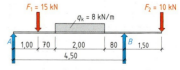

7 Konstruieren eines Stahlbetonbalkens

34. Für den dargestellten Stahlbetonträger mit Strecken- und Einzellasten sind
a) die Auflagerkräfte zu ermitteln,
b) die Querkräfte und die Momente zu berechnen und die Flächen im geeigneten Maßstab zu zeichnen.

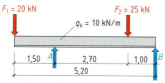

a) Auflagerkräfte A und B:

$\sum M_B = 0$
$A \cdot 3{,}70 \text{ m} = -20 \text{ kN} \cdot 5{,}20 \text{ m} - 10 \text{ kN/m} \cdot 5{,}20 \text{ m} \cdot 2{,}60 \text{ m} - 25 \text{ kN} \cdot 1{,}00 \text{ m}$
$A = \dfrac{-20 \text{ kN} \cdot 5{,}20 \text{ m} - 10 \text{ kN/m} \cdot 5{,}20 \text{ m} \cdot 2{,}60 \text{ m} - 25 \text{ kN} \cdot 1{,}00 \text{ m}}{3{,}70 \text{ m}} = \mathbf{-71{,}405 \text{ kN}}$

$\sum M_A = 0$
$B \cdot 3{,}70 \text{ m} = 25 \text{ kN} \cdot 2{,}70 \text{ m} + 10 \text{ kN/m} \cdot 3{,}70 \text{ m} \cdot 1{,}85 \text{ m} - 20 \text{ kN} \cdot 1{,}50 \text{ m}$
$- 10 \text{ kN/m} \cdot 1{,}590 \text{ m} \cdot 0{,}75 \text{ m}$

$B = \dfrac{25 \text{ kN} \cdot 2{,}70 \text{ m} + 10 \text{ kN/m} \cdot 3{,}70 \text{ m} \cdot 1{,}85 \text{ m} - 20 \text{ kN} \cdot 1{,}50 \text{ m} - 10 \text{ kN/m} \cdot 1{,}590 \text{ m} \cdot 0{,}75 \text{ m}}{3{,}70 \text{ m}}$

$B = \dfrac{94{,}025 \text{ kNm}}{3{,}70 \text{ m}} = \mathbf{25{,}412 \text{ kN}}$

b) Querkräfte:

$V_{F1re} \qquad\qquad\qquad\qquad\qquad\qquad = \mathbf{-20 \text{ kN}}$
$V_{Ali} \ = -20 \text{ kN} - 10 \text{ kN/m} \cdot 1{,}50 \text{ m} \ = \mathbf{-35 \text{ kN}}$
$V_{Are} \ = -35 \text{ kN} + 71{,}405 \text{ kN} \ = \mathbf{+36{,}405 \text{ kN}}$
$V_{F2li} = +36{,}405 \text{ kN} - 10 \text{ kN/m} \cdot 2{,}70 \text{ m} = \mathbf{+9{,}405 \text{ kN}}$
$V_{F2re} = +9{,}405 \text{ kN} - 25 \text{ kN} \qquad\qquad = \mathbf{-15{,}595 \text{ kN}}$
$V_{Bli} \ = -15{,}595 \text{ kN} - 10 \text{ kN/m} \cdot 1{,}00 \text{ m} = \mathbf{-25{,}595 \text{ kN}}$

Querkraftfläche: Zeichnung im Maßstab 0,5 cm ≙ 20 kN

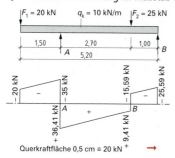

Querkraftfläche 0,5 cm ≙ 20 kN

handwerk-technik.de

Biegemomente:
$M_A = -20$ kN · 2,50 m − 10 kN/m · 1,50 m · 0,75 m $= -61,25$ kNm
$M_{F2} = +25,595$ kN · 1,00 m − 10 kN/m · 1,00 m · 0,50 m $= +20,595$ kNm
M_B $= 0$

Momentenfläche: Maßstab 0,5 cm ≙ 20 kNm

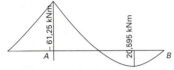

Momentenfläche 0,5 cm ≙ 20 kNm

35. In der Zeichnung ist ein Einfeldträger dargestellt. Er wird mittig durch eine Einzellast beansprucht.

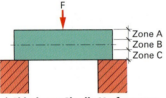

a) **Skizzieren Sie die Verformung des Balkens.**
b) **Wo entstehen am Balken Druck- bzw. Zugkräfte?**
c) **Welche Aufgaben übernimmt der Beton in den Zonen A, B und C?**

a) Verformung

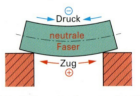

b) Zugkräfte entstehen an der Unterseite der Zone C, sie nehmen zur Mitte hin ab. Druckkräfte entstehen an der Oberseite der Zone A, sie nehmen zur Mitte hin ab.

c) In der Zone A übernimmt der Beton die Druckkräfte.
In der Zone B nehmen die Beanspruchungen ab, in der neutralen Faserschicht sind sie null. Der Beton dient hier nur als Füllstoff.
In der Zone C übernimmt der Beton die Ummantelung der Bewehrung.

36. a) Welche Spannungen werden in einem belasteten Stahlbetonbalken hervorgerufen?
b) Wie werden die Spannungen aufgenommen?

a) Stahlbetonbalken sind biegebeanspruchte Bauteile, in denen Druck-, Biege-, Querschub- und Längsschubspannungen auftreten.

b) Der Beton nimmt die Druckspannungen auf. Die Zugspannungen werden durch die Bewehrungsstähle aufgenommen. Zur Aufnahme der Quer- und Längsschubspannungen dienen aufgebogene Längsstähle, Bügel und Querkraftzulagen in Form von Bügelkörben.

7 Konstruieren eines Stahlbetonbalkens

37. In welchem Querschnittsbereich liegt die Zugbewehrung bei
a) **Kragbalken,**
b) **frei aufliegenden Einfeldbalken,**
c) **Durchlaufbalken?**

a) Bei einem Kragbalken liegt die Zugbewehrung im Bereich des Kragarms oben. Bei Belastung treten im oberen Bereich Zugspannungen auf. Der Kragarm biegt sich bei Belastung nach unten.
b) Bei einem frei aufliegenden Einfeldbalken liegt die Zugbewehrung unten. Bei Belastung biegt sich der Balken durch.
c) Bei einem Durchlaufbalken liegt die Zugbewehrung im Feld unten, im Bereich der Auflager liegt sie oben. Bei Belastung biegt sich der Balken zwischen den Auflagern durch, über den Auflagern kann er sich nach oben wölben.

38. Zeichnen Sie in die dargestellten Stahlbetonbalken die Lage der erforderlichen Zugbewehrung ein.

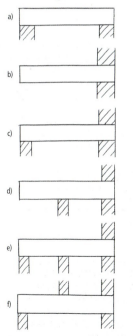
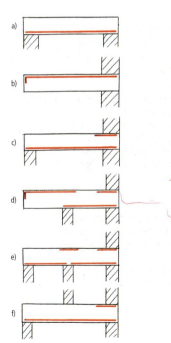

39. Skizzieren Sie die Durchbiegung eines eingespannten Zweifeldträgers mit einseitigem Kragarm und zeichnen Sie den Kräfteverlauf mit Pfeilen ein.

Durchbiegung bei einem eingespannten Zweifeldträger mit einseitigem Kragarm:

40. Erklären Sie, warum es bei belasteten Stahlbetonbalken zu schräg verlaufenden Rissen kommen kann.

In einem Stahlbetonbalken treten bei Belastung Querkräfte auf, die Schubspannungen in Quer- und Längsrichtung des Balkens verursachen. Die Schubspannungen werden zum Auflager hin größer. Durch das Zusammenwirken beider Spannungen entstehen im Beton, besonders im Auflagerbereich, schräg gerichtete Zugkräfte. Da Beton nur geringe Zugspannungen aufnehmen kann, kommt es zu schräg verlaufenden Rissen.

41. a) Erklären und skizzieren Sie den Aufbau eines Plattenbalkens.
b) Welche Vorteile bieten Plattenbalken gegenüber Rechteckbalken?

a) Bei Plattenbalken ist ein Stahlbetonbalken fest mit einer darüberliegenden Platte verbunden.

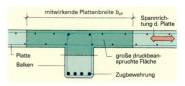

b) Vorteile:
– Durch die Mitwirkung der Platte ist eine große auf Druck beanspruchte Fläche vorhanden.
– Im Zugbereich ist nur so viel Beton notwendig, wie für die Aufnahme der Bewehrung erforderlich ist.
– Plattenbalken weisen gegenüber Stahlbetonbalken eine geringere Eigenlast auf und sind für größere Spannweiten geeignet.

42. Im dargestellten Diagramm ist das Dehnungsverhalten eines Betonstahls dargestellt. Beschreiben Sie die Veränderungen des Stahls in den Abschnitten A, B und C.

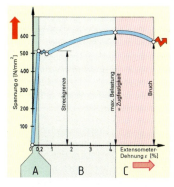

Abschnitt A: Bei Belastung bis etwa 550 N/mm² dehnt sich der Stahl und er verhält sich elastisch, d.h., er nimmt bei Entlastung seine ursprüngliche Länge wieder ein.

Abschnitt B: Mit dem Erreichen der Streckgrenze wird der Stahl so stark gedehnt, dass es zu einer Gefügeveränderung kommt. Der Stahl geht nicht wieder auf seine Ausgangslänge zurück.

Abschnitt C: Mit dem Erreichen der maximalen Belastbarkeit („Zugfestigkeit") schnürt sich der Stahl im Querschnitt ein, wird nochmals gedehnt und reißt dann.

43. a) Erklären Sie den Begriff Duktilität.
b) Welche Duktilitätsklassen werden unterschieden?

a) *Duktilität* ist ein Maß für die Dehnung, die der Betonstahl aufnehmen kann, ohne dass er zerstört wird.
b) Es werden folgende *Duktilitätsklassen* unterschieden:
– Klasse A: normale Duktilität,
– Klasse B: hohe Duktilität,
– Klasse C: sehr hohe Duktilität (in Deutschland nicht gebräuchlich).

44. Erklären Sie die Kurzbezeichnungen und geben Sie die jeweiligen Lieferformen für folgende Betonstähle an:
a) B500A,
b) B500B.

a) B – Betonstahl: Betonstahl in Ringen und Betonstahlmatten
500 – Mindestzugfestigkeit in N/mm² oder MPa (Streckgrenze)
A – normale Duktilität

b) B – Betonstahl: Betonstabstahl, Betonstahl in Ringen, Betonstahlmatten
500 – Mindestzugfestigkeit in N/mm² oder MPa (Streckgrenze)
B – hohe Duktilität

7 Konstruieren eines Stahlbetonbalkens

45. Stahlbeton wird als Verbundbaustoff bezeichnet.
a) Erklären Sie die Wirkungsweise.
b) Von welchen Einflüssen hängt die Qualität der Verbundwirkung zwischen Beton und Stahl ab?

a) Der Verbund zwischen Stahl und Beton beruht auf Adhäsion. Durch die Haftung kann der Beton die in ihm auftretenden Zugspannungen auf den Stahl übertragen. Die Stahloberfläche muss frei von Schmutz, Öl, Fett und losem Rost sein.
b) Die Qualität des Zusammenwirkens von Beton und Stahl hängt ab von
 – der Oberflächengestaltung (gerippte Oberfläche) des Betonstahls,
 – den Abmessungen des Bauteils,
 – der Lage der Bewehrung während des Betonierens,
 – einer ausreichend dicken und dichten Betondeckung.

46. Warum wird die Verbundwirkung auch bei großen Temperaturunterschieden nicht beeinträchtigt?

Auch bei großen Temperaturunterschieden wird die Verbundwirkung nicht beeinträchtigt, weil die Längenausdehnungszahlen beider Baustoffe annähernd gleich sind. Nach DIN EN 1992-1-1 darf für beide Baustoffe mit einer Längenausdehnungszahl von 0,01 mm/mK gerechnet werden.

47. a) Warum müssen Betonstähle verankert werden?
b) Nennen Sie verschiedene Möglichkeiten für die Verankerung von Längsbewehrungen.

a) Die sichere Einleitung der Kräfte erfolgt durch den Verbund zwischen Stahl und Beton. Dazu ist es erforderlich, dass an Auflagern eine ausreichende Verankerungslänge eingehalten wird. Sie beträgt am Endauflager mindestens $6 \cdot \phi$.
b) Möglichkeiten für die Verankerung sind Haken, Winkelhaken, Schlaufen, gerade Stabenden.

48. Erklären Sie folgende für die Betondeckung wichtigen Formelzeichen:
– c_{nom}
– c_v
– c_{min}
– $c_{min,b}$
– $c_{min,dur}$
– Δc_{dev}

– c_{nom} = Nennmaß der Betondeckung; $c_{nom} \geq c_{min} + \Delta c_{dev}$ ist für jeden Bewehrungsstab sicherzustellen und führt zur Festlegung des Verlegemaßes c_v.
– c_v = Verlegemaß der Bewehrung; $c_v \geq c_{nom}$ ist auf der Bewehrungszeichnung anzugeben.

→

- c_{min} = erforderliche Mindestbetondeckung (Kontrollmaß am erhärteten Beton); $c_{min} \geq \max(c_{min,b}, c_{min,dur} + \Delta c_{dur,\gamma}) + \Delta c_{dev}$, $c_{min} \geq c_{min,b}$.
- $c_{min,b}$ = Mindestbetondeckung zur Sicherstellung der Verbundwirkung; $c_{min,b} \geq \phi_l$.
- $c_{min,dur}$ = Mindestbetondeckung zur Sicherstellung der Dauerhaftigkeit.
- Δc_{dev} = Vorhaltemaß der Betondeckung ist immer auf der Bewehrungszeichnung anzugeben.

49. Ein Stahlbetonbalken aus C30/37 der Anforderungsklasse S3 und der Expositionsklasse XC3 wird mit Längsstählen ϕ 25 mm und mit Bügeln ϕ 10 mm bewehrt. Bestimmen Sie
a) **das Nennmaß c_{nom} der Betondeckung,**
b) **das Verlegemaß c_v der Bewehrung.**

Fehlende Werte sind der Tabelle zu entnehmen.

a) Nennmaß c_{nom}:
$c_{min,b} = 25$ mm
$\Delta c_{dev} = 10$ mm
Nach Tabelle wird $c_{min,dur} = 20$ mm und $\Delta c_{dur,\gamma} = 0$ mm.
Für die Mindestbetondeckung wird der größere Wert zugrunde gelegt:
$c_{min} \geq c_{min,b} = 25$ mm.
$c_{nom} \geq c_{min} + \Delta c_{dev} = 25$ mm + 10 mm
= **35 mm**

b) Verlegemaß c_v:
$c_v = c_{nom} + \phi_{bü} = 35$ mm + 10 mm
= **45 mm**

Anforde-rungs-klassen	Expositionsklassen						
	X0	XC1	XC2 XC3	XC4	XD1 XS1	XD2 XS2	XD3 XS3
	Mindestbetondeckung $c_{min,dur}$ in mm						
S1	10	10	10	15	20	25	30
S2	10	10	15	20	25	30	35
S3 $\Delta c_{dur,\gamma}$	10 0	10 0	20 0	25 0	30 +10	35 +5	40 0
S4	10	15	25	30	35	40	45
S5	15	20	30	35	40	45	50
S6	20	25	35	40	45	50	55

7 Konstruieren eines Stahlbetonbalkens

50. Welche Möglichkeiten gibt es, um Bewehrungsstähle zu stoßen?

Bewehrungsstähle können miteinander verschweißt oder mithilfe von Press- oder Schraubmuffen gestoßen werden.

51. Erläutern Sie anhand von Skizzen die Verankerungsmöglichkeiten von Bügeln in der Druckzone.

Bügel müssen in der Druckzone mit Haken oder Winkelhaken verankert werden. Winkelhaken erhalten zusätzliche Kappenbügel.

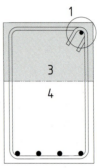

Schließen in der Druckzone mit Haken oder Winkelhaken und Kappenbügeln

1 – Verankerungselement mit Haken oder Winkelhaken
2 – Kappenbügel
3 – Betondruckzone
4 – Betonzugzone

7 Konstruieren eines Stahlbetonbalkens

52. Wie groß ist der Mindestabstand parallel laufender Bewehrungsstäbe?

– mindestens Stabdurchmesser
– mindestens 2 cm

53. Welche Angaben sind bei jedem Bewehrungsstab erforderlich?

– Positionsnummer,
– Anzahl der Stähle,
– Durchmesser in mm,
– Betonstahlsorte und Duktilität,
– Stablänge in m bzw. cm,
– Stababstand in cm.

54. Für die Bewehrung eines Stahlbetonbalkens sind folgende Stabstähle erforderlich:

Pos.	Anzahl	Durchmesser	Schnittlänge in m
1	2	6	5,45
2	2	25	6,48
3	2	25	5,45
4	26	8	1,62

a) Stellen Sie eine Stahlliste auf.
b) Ermitteln Sie die Gesamtlänge der einzelnen Positionen und die Gesamtmasse der Bewehrung.

Pos.	Stück	ϕ in mm	Einzellänge in m	Gesamtlänge in m		
				$\phi 6$	$\phi 8$	$\phi 25$
1	2	6	5,45	10,90		
2	2	25	6,48			12,96
3	2	25	5,45			10,90
4	26	8	1,62		42,12	
Gesamtlänge in m				10,90	42,12	23,86
Nennmasse in kg/m				0,222	0,395	3,85
Masse in kg				2,42	16,64	91,86
Gesamtmasse B500B in kg				**110,92**		

55. Für einen Stahlbetonbalken sind 18 der dargestellten Stabstähle erforderlich. Ermitteln Sie
a) die Schnittlänge eines Stabes,
b) die Gesamtmasse der Bewehrung.

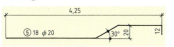

a) Schnittlänge eines Stabes:
Längenzugabe bei 30° Aufbiegung l_z
= 0,228 · h = 0,228 · 20 cm = 4,6 cm
Schnittlänge l
= 4,25 m + 0,12 m + 0,046 m = **4,42 m**

b) Gesamtmasse m
Nennmasse nach Tabelle = 2,47 kg/m
m = 18 · 4,43 m · 2,47 kg/m
= **196,958 kg**

56. Erstellen Sie für den dargestellten Stahlbetonbalken die Stahlliste. Verwendet wird B500B.

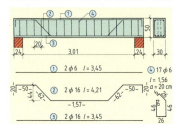

Pos.	Stück	ϕ in mm	Einzel-länge in m	Gesamtlänge in m	
				$\phi 6$	$\phi 16$
1	2	6	3,45	6,90	
2	2	16	4,21		8,42
3	2	16	3,45		7,90
4	17	6	1,56	26,52	
Gesamtlänge in m				33,42	16,32
Nennmasse in kg/m				0,222	1,58
Masse in kg				7,419	25,786
Gesamtmasse B500B in kg				**33,205**	

57. Nach der statischen Berechnung sind für einen Stahlbetonbalken mit 35 cm Breite 4 Stähle mit $\phi\,20$ mm B500B erforderlich. Die Betondeckung beträgt 2,5 cm.
a) Wie viele Stähle mit $\phi\,16$ mm können stattdessen gewählt werden?
b) Wie groß ist der Abstand zwischen den Stählen, wenn Bügel mit $\phi\,8$ mm verwendet werden?

a) Vorhandener Querschnitt
$A_s = 4 \cdot 2{,}0 \text{ cm} \cdot 2{,}0 \text{ cm} \cdot 0{,}785$
$\quad = 12{,}56 \text{ cm}^2$
Querschnitt $\phi\,16$ mm nach Tabelle
$= 2{,}02 \text{ cm}^2$

Anzahl $\phi\,16$ mm $= \dfrac{12{,}56 \text{ cm}^2}{2{,}02 \text{ cm}^2}$

$= 6{,}22$; gewählt **7 Stähle**
Gewählter Querschnitt
$A_s = 7 \cdot 2{,}02 \text{ cm}^2 = 14{,}14 \text{ cm}^2$
$\geq 12{,}56 \text{ cm}^2$

b) Abstand der Stähle
$a = \dfrac{35 \text{ cm} - (2 \cdot 2{,}5 \text{ cm} + 2 \cdot 0{,}8 \text{ cm}) - 7 \cdot 1{,}6 \text{ cm}}{6 \text{ Stahlabstände}}$
$= \dfrac{17{,}2 \text{ cm}}{6} = \mathbf{2{,}87 \text{ cm} > 2{,}0 \text{ cm}}$

58. Ein Betonstabstahl mit $\phi = 20$ mm soll zur Verankerung im Auflagerbereich aufgebogen werden. Berechnen Sie die Länge der Schräge bei einem Aufbiegewinkel von 60°, einer Balkenhöhe von 60 cm und einem Bügeldurchmesser von 10 mm. Die Betondeckung beträgt 30 mm.

Aufbiegelänge bei 60°:
$l_z = 1{,}155 \cdot h$

$h = 60 \text{ cm} - 2 \cdot 3{,}0 \text{ cm} - 2 \cdot 1{,}0 \text{ cm}$
$\quad = 52{,}0 \text{ cm}$

$l_z = 1{,}155 \cdot 52{,}0 \text{ cm} = \mathbf{60{,}06 \text{ cm}}$

59. a) Erklären Sie das Schlüsselsystem für Stabformen.
b) Zeichnen Sie die Stabform mit der Schlüsselnummer 44.

a) Zur Anwendung von DV-Anlagen ist ein Schlüsselsystem erforderlich. Es besteht für jede Stabform aus zwei Zeichen. Das erste Zeichen gibt die Anzahl der Bögen an, das zweite Zeichen den Winkelgrad und die Richtung der Bögen.

b) Stabform mit der Schlüsselnummer 44 besteht aus vier Bögen mit 90° und vorgegebenem Radius, nicht alle Bögen weisen in die gleiche Richtung.

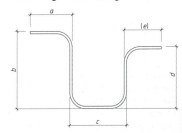

60. Benennen Sie die Einzelteile der dargestellten Balkenschalung und geben Sie an, welche Aufgaben die einzelnen Elemente haben.

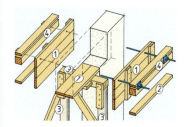

1 – *Schalhaut*: Sie gibt dem Beton die Form.
2 – *Drängbretter*: Sie verhindern unten das seitliche Ausweichen der Schalung durch den Druck des Frischbetons.
3 – *Unterkonstruktion*: Sie sichert die Höhenlage und verhindert die Durchbiegung unter der Last.
4 – *Verspannung*: Sie verhindert im oberen Bereich das seitliche Ausweichen der Schalung durch den Druck des Frischbetons.

7 Konstruieren eines Stahlbetonbalkens

61. Skizzieren Sie im Maßstab 1:10 den Schalungsquerschnitt für einen Stahlbetonbalken mit den Maßen 50 × 30 cm.

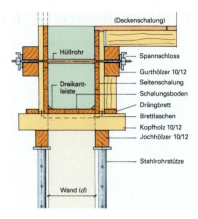

8 Konstruieren einer Treppe

1. Was versteht man unter einer notwendigen Treppe?

Notwendige Treppen dienen als Hauptzugang zu den darüberliegenden Geschossen. Sie müssen nach behördlichen Vorschriften vorhanden sein. Zu den notwendigen Treppen zählen Geschosstreppen, Dachgeschosstreppen, Sicherheitstreppen, Fluchttreppen.

2. Erklären Sie folgende Begriffe: Treppenlauflinie, Treppensteigung, Treppenauftritt, Treppenlauflänge, Unterschneidung, Treppenwange, lichte Treppendurchgangshöhe.

– Die *Treppenlauflinie* kennzeichnet den Gehbereich einer Treppe.
– Die *Treppensteigung* ist das senkrechte Maß von der Trittfläche einer Stufe zur Trittfläche der nächsten Stufe.
– Der *Treppenauftritt* ist das waagerechte Maß von der Vorderkante einer Stufe bis zur Vorderkante der nächsten Stufe.
– Die *Treppenlauflänge* ist das Maß von Vorderkante Antrittstufe bis Vorderkante Austrittstufe. Sie wird im Grundriss an der Lauflinie gemessen.
– Die *Unterschneidung* ist das waagerechte Maß, um das die Vorderkante einer Stufe über die Breite der Trittfläche der darunterliegenden Stufe vorspringt.
– Die *Treppenwangen* tragen die Stufen und begrenzen den Lauf seitlich.
– Die *lichte Treppendurchgangshöhe* ist der senkrecht gemessene kleinste Abstand zwischen den Vorderkanten der Stufen und der Unterkante darüberliegender Bauteile, wie weitere Treppenläufe, Türstürze, Unterzüge usw.

3. Benennen Sie die mit Buchstaben gekennzeichneten Teile einer Geschosstreppe.

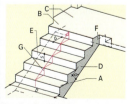

A – Antrittstufe
B – Austrittstufe
C – Podest
D – Licht- oder Freiwange
E – Wandwange
F – Treppenauge
G – Lauflinie
a – Auftrittbreite
b – Laufbreite
d – Dicke der Laufplatte
s – Steigung

8 Konstruieren einer Treppe

4. Bezeichnen Sie die im Grundriss dargestellten Treppenformen.

a) Einläufige gerade Treppe
b) Zweiläufige gewinkelte Treppe mit Zwischenpodest
c) Dreiläufige zweimal abgewinkelte Treppe mit Zwischenpodest
d) Einläufige im Austritt viertelgewendelte Treppe
e) Einläufige zweimal viertelgewendelte Treppe
f) Spindeltreppe

5. Skizzieren Sie folgende Treppenformen:
a) Zweiläufige gerade Treppe mit Zwischenpodest,
b) zweiläufige gegenläufige Treppe mit Zwischenpodest,
c) einläufige im Antritt viertelgewendelte Treppe,
d) einläufige halbgewendelte Treppe,
e) Wendeltreppe.

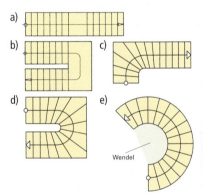

6. Erklären Sie den Unterschied zwischen Links- und Rechtstreppen.

Bei Linkstreppen bewegt man sich beim Aufwärtsgehen gegen den Uhrzeigersinn und bei Rechtstreppen im Uhrzeigersinn.

8 Konstruieren einer Treppe

7. Nennen Sie die Vor- und Nachteile gewendelter Treppen.

Vorteile: Gewendelte Treppen beanspruchen weniger Grundfläche, sie wirken optisch ansprechender als gerade Treppen und die Richtungsänderung erfolgt ohne Podeste.
Nachteile: Die Begehbarkeit ist oft eingeschränkt, die Auftrittbreiten sind unterschiedlich groß. Stufen müssen verzogen werden. Bei Herstellung in Ortbeton sind aufwendige Schalungskonstruktionen erforderlich.

8. Nennen Sie die drei Regeln für die Bemessung von Treppen, und geben Sie die jeweiligen Formeln an.

Schrittmaßregel:
$a + 2 \cdot s = 630$ mm
$a \quad = 630$ mm $- 2 \cdot s$

Sicherheitsregel:
$a + s \quad = 460$ mm
$a \quad = 460$ mm $- s$

Bequemlichkeitsregel:
$a - s \quad = 120$ mm
$a \quad = 120$ mm $+ s$

9. Benennen Sie die in der Zeichnung angegebenen Berechnungsmaße für eine Treppe.

l – Treppenlauflänge
$l_ö$ – Länge der erforderlichen Treppenöffnung
l_W – Länge der Treppenwange
h – Geschosshöhe
h_D – lichte Treppendurchgangshöhe
s – Steigung
a – Auftritt

**10. a) Was versteht man unter dem Steigungsverhältnis?
b) Welches Steigungsverhältnis genügt allen drei Regeln?**

a) Das *Steigungsverhältnis* ist das Verhältnis von Treppensteigung s zu Treppenauftritt a. Es wird in Millimetern angegeben.
b) Alle drei Regeln werden bei $s/a = 170$ mm$/290$ mm erfüllt.

8 Konstruieren einer Treppe

11. Ermitteln Sie die fehlenden Werte in der Tabelle.

	Schrittmaßregel		Sicherheitsregel	
	Treppensteigung	Treppenauftritt	Treppensteigung	Treppenauftritt
a)	16,4 cm	?	14,2 cm	?
b)	?	26,2 cm	19,6 cm	?
c)	?	29,8 cm	?	34,3 cm
d)	17,9 cm	?	15,4 cm	?
e)	?	28,4 cm	?	32,6 cm

	Schrittmaßregel		Sicherheitsregel	
	Treppensteigung	Treppenauftritt	Treppensteigung	Treppenauftritt
a)	16,4 cm	30,2 cm	14,2 cm	31,8 cm
b)	18,4 cm	26,2 cm	19,6 cm	26,4 cm
c)	16,6 cm	29,8 cm	11,7 cm	34,3 cm
d)	17,9 cm	27,2 cm	15,4 cm	30,6 cm
e)	17,3 cm	28,4 cm	13,4 cm	32,6 cm

12. Berechnen Sie die Treppenlauflänge einer geraden Hauseingangstreppe mit 5 Steigungen. Der Treppenauftritt beträgt 30,2 cm.

Treppenlauflänge l
$l = (5 - 1) \cdot 30{,}2$ cm = **120,8 cm**

13. Wie groß ist der Treppenauftritt einer Kellertreppe mit 14 Steigungen und einer Treppenlauflänge von 2,80 m?

Treppenauftritt a
$a = \dfrac{280 \text{ cm}}{(14-1)}$ = **21,54 cm**

14. Die Geschosshöhe eines Kellers beträgt 2,625 m. Berechnen Sie für eine einläufige gerade Treppe
a) die Anzahl der Steigungen n,
b) die Treppensteigung s,
c) den Treppenauftritt a,
d) die Treppenlauflänge l.

Angenommene Steigung 20 cm
a) $n = \dfrac{h}{s} = \dfrac{262{,}5 \text{ cm}}{20 \text{ cm}} = 13{,}1$;
gewählt **13 Steigungen**
b) $s = \dfrac{h}{n} = \dfrac{262{,}5 \text{ cm}}{13} =$ **20,2 cm**
c) $a = 63$ cm $- 2 \cdot 20{,}2$ cm = **22,6 cm**
Steigungsverhältnis 13 × 202/226
d) $l = 22{,}6$ cm $\cdot (13 - 1) =$ **271,2 cm**

15. In einem Wohnhaus mit einer Geschosshöhe von 2,75 m soll eine einläufige gerade Treppe eingebaut werden. Berechnen Sie
a) die Anzahl der Steigungen n,
b) die Treppensteigung s,
c) den Treppenauftritt a nach der Schrittmaßregel,
d) die Treppenlauflänge l.

Angenommene Steigung 17 cm
a) $n = \dfrac{h}{s} = \dfrac{275 \text{ cm}}{17 \text{ cm}} = 16{,}18$;
gewählt **16 Steigungen**
b) $s = \dfrac{h}{n} = \dfrac{275 \text{ cm}}{16} =$ **17,2 cm**
c) $a = 63$ cm $- 2 \cdot s = 63$ cm $- 2 \cdot 17{,}2$ cm
= **28,6 cm**
Steigungsverhältnis 16 × 172/286
d) $l = a \cdot (n - 1) = 28{,}6$ cm $\cdot 15 =$ **429 cm**

8 Konstruieren einer Treppe

16. Ein Mehrfamilienhaus mit einer Geschosshöhe von 2,875 m soll eine zweiläufige gerade Treppe mit Zwischenpodest erhalten. Nach wie vielen Stufen ist das Podest anzuordnen, damit unter diesem die notwendige lichte Treppendurchgangshöhe von 2,00 m erreicht wird?

Gewählte Anzahl Steigungen $n = 16$
$$s = \frac{h}{n} = \frac{287,5 \text{ cm}}{16} = 17,97 \text{ cm}$$

Lichte Treppendurchgangshöhe $h_D = 2,00$ m
$$n = \frac{200 \text{ cm}}{17,97 \text{ cm}} = 11,13;$$
gewählt 12 Steigungen

Nach der **12. Stufe** ist das Podest anzuordnen.

17. Berechnen Sie für die dargestellte Treppe die lichte Treppendurchgangshöhe h_D und die Länge der Treppenöffnung $l_Ö$. Zwei Steigungen liegen außerhalb der Treppenöffnung.

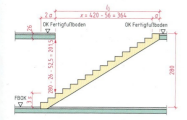

Angenommene Steigung 17 cm
$$n = \frac{h}{s} = \frac{280 \text{ cm}}{17 \text{ cm}} = 16,5;$$
gewählt 17 Steigungen

$$s = \frac{h}{n} = \frac{280 \text{ cm}}{17} = 16,5 \text{ cm}$$

$a = 63$ cm $- 2 \cdot s = 63$ cm $- 2 \cdot 16,5$ cm
$= 30,0$ cm

Steigungsverhältnis $17 \times 165/300$

$l = a \cdot (n-1) = 30,0$ cm $\cdot 16 = 480$ cm

Lichte Treppendurchgangshöhe h_D
$h_D = h - d - n \cdot s = 280$ cm $- 26$ cm $- 3 \cdot 16,5$ cm $= $ **204,5 cm**

Die Anforderung der DIN 18065 ist eingehalten.

Treppenöffnung $l_Ö$
$l_Ö = l - 2 \cdot a = 480$ cm $- 2 \cdot 30$ cm $= $ **420 cm**

18. Ermitteln Sie für die dargestellte aufgesattelte Ausgleichstreppe das Steigungsverhältnis.

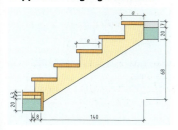

Treppensteigung s
$s = (68$ cm $+ 5$ cm $+ 20$ cm $- 4$ cm $- 3$ cm$) : 5$
$= 17,2$ cm

Treppenauftritt a
$a = (140$ cm $+ 4$ cm $+ 8$ cm$) : 5 = 30,4$ cm

Steigungsverhältnis **5 × 172/304**

8 Konstruieren einer Treppe

19. In ein Wohnhaus soll die dargestellte einläufige gerade Treppe eingebaut werden. Die Geschosshöhe beträgt 2,75 m und die Dicke der Geschossdecke 20 cm. Für den Fußbodenaufbau im Erdgeschoss werden 10,5 cm und im Obergeschoss 7,5 cm vorgesehen.
Ermitteln Sie
a) das Steigungsverhältnis nach der Schrittmaßregel,
b) die kleinstmögliche Treppenöffnung, wenn eine lichte Treppendurchgangshöhe von 2,10 m gefordert wird.

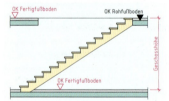

a) Steigungsverhältnis.
Geschosshöhe (Fertigmaß)
$h = 275$ cm $- 10,5$ cm $+ 7,5$ cm $= $ **272 cm**

Angenommene Steigung 16,5 cm
$n = \dfrac{h}{s} = \dfrac{272 \text{ cm}}{16,5 \text{ cm}} = 16,5;$
gewählt 16 Steigungen

$s = \dfrac{h}{n} = \dfrac{272 \text{ cm}}{16} = $ **17,0 cm**

$a = 63$ cm $- 2 \cdot s = 63$ cm $- 2 \cdot 17,0$ cm
$= 29,0$ cm

Steigungsverhältnis **16 × 170/290**

b) Treppenöffnung $l_ö$:
Hinweis: Die Berechnung erfolgt mit ähnlichen Dreiecken.

$\dfrac{\text{Treppenöffnung } x}{\text{Durchgangshöhe + Decke}} = \dfrac{\text{Auftrittbreite}}{\text{Steigungshöhe}}$

Treppenöffnung $x = \dfrac{29 \text{ cm} \cdot 230 \text{ cm}}{17 \text{ cm}}$
$= 392,35$ cm

Treppenöffnung Decke $l_ö = x + a$
$l_ö = 392,35$ cm $+ 29$ cm $= $ **421,35 cm**

20. In ein Einfamilienhaus soll die in der Zeichnung auf der folgenden Seite dargestellte einläufige gerade Treppe eingebaut werden.
a) Ermitteln Sie das Steigungsverhältnis.
b) Berechnen Sie die Treppenlauflänge.

a) Steigungsverhältnis:
Angenommene Steigung 19 cm
$n = \dfrac{h}{s} = \dfrac{296 \text{ cm}}{19 \text{ cm}} = 15,6;$
gewählt 16 Steigungen

$s = \dfrac{h}{n} = \dfrac{296 \text{ cm}}{16} = 18,5$ cm

$a = 63$ cm $- 2 \cdot s = 63$ cm $- 2 \cdot 18,5$ cm
$= 26$ cm

Steigungsverhältnis **16 × 185/260**

b) Treppenlauflänge l:
$l = (n - 1) \cdot a = 15 \cdot 26,0$ cm $= $ **390 cm**

8 Konstruieren einer Treppe

c) Wie groß muss die Treppenöffnung gewählt werden, um eine lichte Treppendurchgangshöhe von 2,10 m einzuhalten?

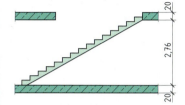

c) Treppenöffnung $l_ö$:

$x = 210$ cm $+ 20$ cm $= 230$ cm

$$\frac{y}{x} = \frac{a}{s}$$

$$y = \frac{a \cdot x}{s} = \frac{26 \text{ cm} \cdot 230 \text{ cm}}{18,5 \text{ cm}} = 323,24 \text{ cm}$$

Treppenöffnung $l_ö = \mathbf{3{,}23\ m}$

21. Für eine einläufige gerade Treppe ist die Treppenöffnung mit 4,68 m vorgegeben. Es soll eine bequem zu begehende Treppe eingebaut werden.

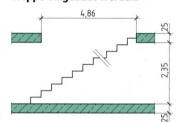

1. Möglichkeit:
Angenommene Steigung 15 cm

$$n = \frac{h}{s} = \frac{260 \text{ cm}}{15 \text{ cm}} = 17{,}3;$$

gewählt **18 Steigungen**

$$s = \frac{h}{n} = \frac{260 \text{ cm}}{18} = \mathbf{14{,}44\ cm}$$

$a = 63$ cm $- 2 \cdot s = 63$ cm $- 2 \cdot 14{,}44$ cm
$= \mathbf{34{,}12\ cm}$

Steigungsverhältnis **18 × 144,4/341,2**

Treppenlauflänge l
$l = (n-1) \cdot a = 17 \cdot 34{,}12$ cm
$= \mathbf{580{,}04\ cm}$

Lichte Treppendurchgangshöhe h_D:

$$\frac{y}{x} = \frac{a}{s}$$

$$x = s \cdot \frac{y}{a} = \frac{14{,}44 \text{ cm} \cdot 486 \text{ cm}}{34{,}12 \text{ cm}} = 205{,}68 \text{ cm}$$

Lichte Treppendurchgangshöhe h_D
$h_D = 205{,}68$ cm $- 25$ cm $= \mathbf{180{,}68\ cm}$
Lichte Treppendurchgangshöhe ist zu gering.

2. Möglichkeit:
Gewählt werden 17 Steigungen

$$s = \frac{h}{n} = \frac{260 \text{ cm}}{17} = \mathbf{15{,}3 \text{ cm}}$$

$a = 63 \text{ cm} - 2 \cdot s = 63 \text{ cm} - 2 \cdot 15{,}3 \text{ cm}$
$= \mathbf{32{,}4 \text{ cm}}$

Steigungsverhältnis **17 × 153/324**

Lichte Treppendurchgangshöhe h_D:
$$x = \frac{s \cdot y}{a} = \frac{15{,}3 \text{ cm} \cdot 486 \text{ cm}}{32{,}4 \text{ cm}} = 229{,}5 \text{ cm}$$

Lichte Treppendurchgangshöhe h_D
$h_D = 229{,}5 \text{ cm} - 25 \text{ cm} = \mathbf{204{,}5 \text{ cm}}$
Lichte Treppendurchgangshöhe reicht aus.

22. Zeichnen Sie im Maßstab 1:10 den Querschnitt folgender Stufenarten:
a) Blockstufen,
b) Keilstufen,
c) Winkelstufen,
d) L-Stufen.
Zeichnen Sie jeweils zwei Stufen übereinander.

a)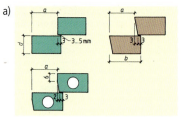

Blockstufen

b)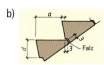

Keilstufen

c)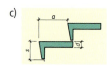

Winkelstufen

d)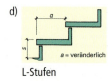

L-Stufen

8 Konstruieren einer Treppe

23. Beschreiben Sie den Aufbau einer Betonwerksteinstufe, und geben Sie die Funktion der einzelnen Schichten an.

Eine Betonwerksteinstufe besteht aus einem Kern und einer Vorsatzschale.
Der Kern besteht aus Beton der Festigkeitsklasse C25/30. Er bildet die Tragkonstruktion und nimmt die Bewehrung auf.
Die Vorsatzschale besteht aus einer feinkörnigen, abriebfesten Betonschicht von etwa 1,5 … 3 cm Dicke. Sie bildet die Nutzfläche und muss fest mit dem Kernbeton verbunden sein.

24. Welche Möglichkeiten gibt es, um Stufen einer gewendelten Treppe zu verziehen?

- Rechnerisches Verziehen,
- grafisches Verziehen mit der Winkel-, Verhältnis- oder Kreismethode,
- Verziehen mit Leisten.

25. Welche wichtigen Richtlinien müssen bei gewendelten Treppen für den Gehbereich eingehalten werden?

- Bei nutzbaren Treppenlaufbreiten bis 1,0 m liegt der Gehbereich in der Mitte der Treppe und hat eine Breite von 2/10 der nutzbaren Treppenlaufbreite. Über 1,0 m beträgt die Breite des Gehbereichs mindestens 20 cm.
- Der Abstand des Gehbereichs von der inneren Begrenzung der nutzbaren Treppenlaufbreite beträgt maximal 40 cm.
- Die Lauflinie stellt die Mitte des Gehbereichs dar. Auf ihr sind die Auftritte gleich groß.

26. Nennen Sie wesentliche Grundsätze, die beim Verziehen von gewendelten Treppen zu beachten sind.

- DIN 18065 schreibt für gewendelte Treppen Mindestmaße für den Treppenauftritt im Bereich der Wendelung vor. So müssen in Wohngebäuden mit bis zu zwei Wohnungen Wendelstufen an der schmalsten Stelle der inneren Begrenzung einen Auftritt $a' \geq 50$ mm aufweisen.
- Die Treppenauftritte an der Lichtwange müssen gleichmäßig bis zur nächsten geraden Stufe zunehmen.
- Aus einer Wendelung heraus dürfen Wendelstufen nur bis zu einer Länge von 3,5 Auftritten angeordnet werden.
- Die Spickelstufe wird symmetrisch zur Treppenachse angeordnet, d. h., die Vorderkante darf nicht mit der Treppenachse zusammenfallen.

8 Konstruieren einer Treppe

27. a) Nach welcher Formel wird der Treppenauftritt a' an der Lichtwange berechnet?
b) Erklären Sie die Formelzeichen.

a) Formel:
$$a' = a - \frac{y \cdot b \cdot \pi}{n + z}$$

b) Formelzeichen:
a' – schmalster Treppenauftritt an der Spickelstufe
a – Treppenauftritt auf der Lauflinie
y – Faktor, der die Art der Wendelung angibt; er beträgt je nach Treppenform 1…4
b – Abstand der Lauflinie von der Innenkante der Lichtwange
π – Kreiszahl 3,142
n – Anzahl der zu verziehenden Stufen
z – Faktor, der bei gleichmäßiger Zunahme der Auftrittbreiten an der Wange 1 beträgt

28. Für eine einläufige viertelgewendelte Treppe ist der Treppenauftritt an der Spickelstufe zu ermitteln, wenn das Steigungsverhältnis 170/285 mm und die lichte Treppenlaufbreite 100 cm betragen. 11 Stufen sind zu verziehen. Die Lauflinie liegt in der Mitte der Treppenlaufbreite.

$a' = 28{,}5 \text{ cm} - \dfrac{1 \cdot 50 \text{ cm} \cdot 3{,}142}{11 + 1}$
$= \mathbf{15{,}41 \text{ cm}}$

29. Berechnen Sie für die dargestellten Treppen die Treppenlauflängen.

a)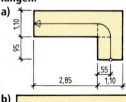

b)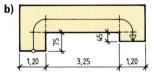

a) $l = 2{,}85 \text{ m} + 3{,}142 \cdot 1{,}10 \text{ m} : 4 + 0{,}95 \text{ m}$
$= \mathbf{4{,}664 \text{ m}}$
b) $l = 0{,}75 \text{ m} + 3{,}142 \cdot 1{,}20 \text{ m} : 4 + 3{,}25 \text{ m}$
$+ 3{,}142 \cdot 1{,}20 \text{ m} : 4 + 0{,}45 \text{ m} = \mathbf{6{,}335 \text{ m}}$

c)

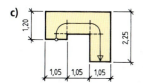

c) $l = 0{,}15$ m $+ 3{,}142 \cdot 1{,}05$ m $: 4 + 1{,}05$ m
$+ 3{,}142 \cdot 1{,}05$ m $: 4 + 1{,}20$ m $= \mathbf{4{,}05}$ **m**

30. In ein Einfamilienhaus soll die in der Zeichnung dargestellte einläufige im Antritt viertelgewendelte Treppe eingebaut werden. Der Treppenauftritt beträgt 29 cm. Die 5. Stufe ist die Spickelstufe und soll symmetrisch zur Treppenachse liegen. Verziehen Sie die Stufen 1…9 mit der rechnerischen Methode.

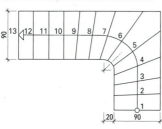

Die Maße der verzogenen Stufen werden aus der Differenz der Viertelkreise im Bereich der Wendelung ermittelt.
Differenz der Lauflinienlängen Δl:
$$\Delta l = \frac{130 \text{ cm} \cdot 3{,}142}{4} - \frac{40 \text{ cm} \cdot 3{,}142}{4}$$
$= 102{,}1$ cm $- 31{,}4$ cm $= \mathbf{70{,}7}$ **cm**

Ermittlung der Teilbeträge der zu verziehenden Stufen:

1 + 9 je 1 Teil	= 2 Teile
2 + 8 je 2 Teile	= 4 Teile
3 + 7 je 3 Teile	= 6 Teile
4 + 6 je 4 Teile	= 8 Teile
5	= 5 Teile
zusammen	= **25 Teile**

Das Verjüngungsmaß Δa ergibt sich, wenn die Lauflinienlänge Δl durch die Summe der Verjüngungsteile dividiert wird:
$$\Delta a = \frac{70{,}7 \text{ cm}}{25} = \mathbf{2{,}8 \text{ cm}}$$

Auftrittmaße an der Lichtwange:
Stufe 5
$= 29$ cm $- 5 \cdot 2{,}8$ cm $\qquad = \mathbf{15{,}0 \text{ cm}}$
Stufen 4 + 6
$= 29$ cm $- 4 \cdot 2{,}8$ cm $\qquad = \mathbf{17{,}8 \text{ cm}}$
Stufen 3 + 7
$= 29$ cm $- 3 \cdot 2{,}8$ cm $\qquad = \mathbf{20{,}6 \text{ cm}}$
Stufen 2 + 8
$= 29$ cm $- 2 \cdot 2{,}8$ cm $\qquad = \mathbf{23{,}4 \text{ cm}}$
Stufen 1 + 9
$= 29$ cm $- 1 \cdot 2{,}8$ cm $\qquad = \mathbf{26{,}2 \text{ cm}}$

31. Die dargestellte Wohnhaustreppe hat 17 Stufen. Das Steigungsverhältnis beträgt 178/275. Die Stufen 1…6 und 12…17 sind zu verziehen. Die Stufen 3 und 15 sind Spickelstufen, die symmetrisch zur Treppenachse liegen.
Ermitteln Sie die Treppenauftritte der verzogenen Stufen im Abstand von 150 mm von der Lichtwange mithilfe der Rechenmethode.

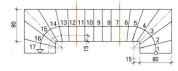

Da die Treppe symmetrisch ist, entspricht die Stufe 1 der Stufe 17 usw.
Differenz der Lauflinienlängen Δl:
$$\Delta l = \frac{110 \text{ cm} \cdot 3{,}142}{4} - \frac{60 \text{ cm} \cdot 3{,}142}{4}$$
$$= 86{,}4 \text{ cm} - 47{,}1 \text{ cm} = \mathbf{39{,}3 \text{ cm}}$$

Ermittlung der Teilbeträge der zu verziehenden Stufen:

Stufe 6 bzw. 12	= 1 Teil
Stufen 5 + 1 bzw. 13 + 17 je 2 Teile	= 4 Teile
Stufen 4 + 2 bzw. 14 + 16 je 3 Teile	= 6 Teile
Stufe 3 bzw. 15 (Spickelstufen)	= 4 Teile
zusammen	= **15 Teile**

$$\Delta a = \frac{39{,}3 \text{ cm}}{15} = \mathbf{2{,}6 \text{ cm}}$$

Auftrittmaße im Abstand von 15 cm von der Lichtwange:
Stufe 6 bzw. 12
= 27,5 cm − 1 · 2,6 cm   = **24,9 cm**
Stufen 5 + 1 bzw. 13 + 17
= 27,5 cm − 2 · 2,6 cm   = **22,3 cm**
Stufen 4 + 2 bzw. 14 + 16
= 27,5 cm − 3 · 2,6 cm   = **19,7 cm**
Stufe 3 bzw. 15
= 27,5 cm − 4 · 2,6 cm   = **17,1 cm**

32. Ermitteln Sie die Lage der ersten und letzten geraden Stufe, wenn der Treppenauftritt an der Lichtwange mindestens 100 mm beträgt. Der Treppenauftritt auf der Lauflinie beträgt 295 mm.

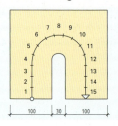

Halbgewendelte Treppe: Alle Stufen werden verzogen.
Differenz zwischen Halbkreis Lauflinie und Halbkreis Lichtwange:
$$\Delta l = \frac{130 \text{ cm} \cdot 3{,}142}{2} - \frac{30 \text{ cm} \cdot 3{,}142}{2}$$
$$= \mathbf{157{,}1 \text{ cm}}$$

Ermittlung der Teilbeträge der zu verziehenden Stufen:

Stufen 1 + 15 je 1 Teil	= 2 Teile
Stufen 2 + 14 je 2 Teile	= 4 Teile
Stufen 3 + 13 je 3 Teile	= 6 Teile
Stufen 4 + 12 je 4 Teile	= 8 Teile
Stufen 5 + 11 je 5 Teile	= 10 Teile
Stufen 6 + 10 je 6 Teile	= 12 Teile
Stufen 7 + 9 je 7 Teile	= 14 Teile
Stufe 8	= 8 Teile
zusammen	= **64 Teile**

$$\Delta a = \frac{157{,}1 \text{ cm}}{64} = \mathbf{2{,}45 \text{ cm}}$$

Auftrittmaße an der Lichtwange:
Stufen 1 + 15:
29,5 cm − 1 · 2,45 = **27,1 cm**
Stufen 2 + 14:
29,5 cm − 2 · 2,45 = **24,6 cm**
Stufen 3 + 13:
29,5 cm − 3 · 2,45 = **22,2 cm**
Stufen 4 + 12:
29,5 cm − 4 · 2,45 = **19,7 cm**
Stufen 5 + 11:
29,5 cm − 5 · 2,45 = **17,3 cm**
Stufen 6 + 10:
29,5 cm − 6 · 2,45 = **14,8 cm**
Stufen 7 + 9: 29,5 cm − 7 · 2,45 = **12,4 cm**
Stufe 8: 29,5 cm − 8 · 2,45 = **9,9 cm**

33. In ein Einfamilienhaus wird die in der Draufsicht dargestellte einläufige im Antritt viertelgewendelte Treppe eingebaut. Beschreiben Sie das Vorgehen beim Verziehen der Stufen mithilfe der Winkelmethode.

Vorgehensweise bei der *Winkelmethode*:
– Die Längen l_1, l_2, l_3 und a' werden rechnerisch ermittelt.
– Die Umrisse der Treppe werden in der Draufsicht maßstäblich (z. B. Maßstab 1:20 oder 1:25) aufgerissen. Auf der Lauflinie werden die Treppenauftritte abgetragen, die Treppenachse eingezeichnet und die Spickelstufe festgelegt.

8 Konstruieren einer Treppe

- In einem zusätzlichen Aufriss wird ein rechter Winkel gezeichnet. Auf der horizontalen Achse wird die Länge l_3 (= Strecke $\overline{AB}$) abgetragen. In Punkt A wird in einem Winkel von etwa 20° eine Linie gezogen. Auf ihr werden die Anzahl der zu verziehenden Treppenauftritte und die Hälfte des Treppenauftritts der Spickelstufe abgetragen. Dies ergibt die Länge l_1 (= Strecke $\overline{AC}$). Durch die Punkte C und B wird eine Linie über B hinaus gezogen. Sie schneidet die senkrechte Linie des rechten Winkels in Punkt D.
- Von Punkt B aus werden Linien durch die auf der Strecke $\overline{AC}$ angetragenen Treppenauftritte gezogen. Die sich ergebenden Schnittpunkte auf der Strecke $\overline{AB}$ stellen die Treppenauftritte der verzogenen Stufen dar.
- Die ermittelten Treppenauftritte werden in die Draufsicht übertragen. Die Verbindung der auf der Lauflinie übertragenen Stufenteilungen ergeben die jeweilige Vorderkante.

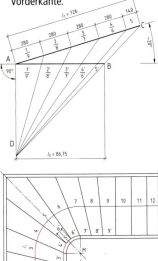

34. Beschreiben Sie für die Treppe aus Aufgabe 30. die Vorgehensweise beim Verziehen der Stufen mithilfe der Verhältnismethode.

Vorgehensweise bei der *Verhältnismethode*:
- Der schmalste Treppenauftritt a' an der Lichtwange der Spickelstufe ist vorgegeben bzw. wird errechnet.
- Die Umrisse der Treppe werden maßstäblich in der Draufsicht aufgerissen. Auf der Lauflinie werden die Treppenauftritte abgetragen, die Treppenachse eingezeichnet und die Spickelstufe festgelegt.
- Die Vorder- und Hinterkante der Spickelstufe werden verlängert, sie schneiden die Treppenachse in Punkt A.
- Die Verlängerung der Vorderkante der ersten verzogenen Stufe und die Hinterkante der letzten verzogenen Stufe schneiden die Treppenachse in Punkt B.
- Auf einer beliebigen Linie von Punkt A aus werden Teillängen im Verhältnis 1 : 2 : 3 : 4 usw. abgetragen. Die Zahl der Teillängen richtet sich nach der Anzahl der zu verziehenden Stufen, die zwischen der Spickelstufe und der ersten nicht verzogenen Stufe liegen.
- Der Endpunkt C der Teilstrecke wird mit Punkt B verbunden.
- Parallel zur Strecke $\overline{BC}$ werden Linien durch die übrigen Teilpunkte der Strecke $\overline{AC}$ gezogen.
- Die Schnittpunkte auf der Treppenachse werden mit den auf der Lauflinie festgelegten Treppenauftritten verbunden. Die Verbindungslinien ergeben die Vorderkanten der zu verziehenden Stufen.

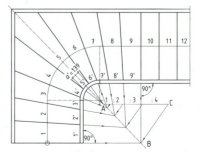

8 Konstruieren einer Treppe

35. In ein Einfamilienhaus wird die in Draufsicht dargestellte einläufige halbgewendelte Treppe eingebaut. Beschreiben Sie das Vorgehen beim Verziehen der Stufen mithilfe der Kreismethode.

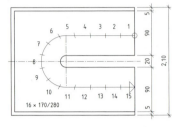

Vorgehensweise bei der *Kreismethode*:
- Die Umrisse der Treppe werden maßstäblich in der Draufsicht aufgerissen. Auf der Lauflinie werden die Treppenauftritte abgetragen, die Treppenachse eingezeichnet und die Spickelstufe festgelegt.
- Sowohl die Spickelstufe – symmetrisch zur Treppenachse gelegen – als auch die vorausgehende und nachfolgende Stufe werden festgelegt. Alle drei Stufen erhalten an der Lichtwange einen Mindesttreppenauftritt von 10 cm.
- Eine ungerade Anzahl von Stufen wird verzogen.
- Die Verlängerung der Vorder- und der Hinterkante der neben der Spickelstufe liegenden Stufen schneiden sich auf der Treppenachse in Punkt A.
- Die Verlängerung der Vorderkante der ersten und die Verlängerung der letzten verzogenen Stufe ergeben auf der Treppenachse Punkt B.
- Um Punkt B wird ein Viertelkreis mit dem Radius $r = \overline{AB}$ geschlagen.
- Der Viertelkreisbogen wird in so viele gleich große Teile geteilt wie zu verziehende Stufen innerhalb des Bogens vorhanden sind.
- Die Punkte auf dem Kreisbogen werden auf die Treppenachse gelotet.
- Die Stufenkanten ergeben sich, wenn die Punkte auf der Treppenachse mit jenen der Lauflinie verbunden werden.

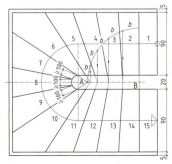

36. In ein Einfamilienhaus wird die in den Umrissen dargestellte im Antritt viertelgewendelte Treppe eingebaut. Die Geschosshöhe beträgt 2,635 m. Legen Sie die Anzahl der zu verziehenden Stufen selbst fest.
a) Ermitteln Sie die Anzahl der Steigungen, die Steigungshöhe, die Treppenlauflänge und die Treppenauftrittbreite.
b) Verziehen Sie die Stufen nach der Winkelmethode. Die Aufgabe ist im Maßstab 1:20 auf einem Zeichenblatt A4 zu lösen.

a) Angenommene Steigung 19 cm
$$n = \frac{h}{s} = \frac{263{,}5 \text{ cm}}{19 \text{ cm}} = 13{,}87;$$
gewählt **14 Steigungen**

$$s = \frac{h}{n} = \frac{263{,}5 \text{ cm}}{14} = \mathbf{18{,}82 \text{ cm}}$$

$$l = 65 \text{ cm} + \frac{90 \text{ cm} \cdot 3{,}142}{4} + 229 \text{ cm} = \mathbf{364{,}7 \text{ cm}}$$

$$a = \frac{364{,}7 \text{ cm}}{13} = \mathbf{28{,}1 \text{ cm}}$$

Steigungsverhältnis **14 × 188,2/281**

b) Verziehen der Stufen nach der Winkelmethode:

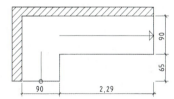
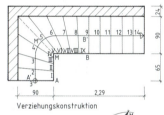

Verziehungskonstruktion

37. In ein Mehrfamilienhaus wird die in den Umrissen auf der folgenden Seite dargestellte einläufige halbgewendelte Treppe eingebaut. Die Geschosshöhe beträgt 2,75 m.
a) Ermitteln Sie die Anzahl der Steigungen, die Steigungshöhe, die Treppenlauflänge und die Treppenauftrittbreite.

a) Angenommene Steigung 17 cm
$$n = \frac{h}{s} = \frac{275 \text{ cm}}{17 \text{ cm}} = 16{,}18;$$
gewählt **16 Steigungen**

$$s = \frac{h}{n} = \frac{275 \text{ cm}}{16} = \mathbf{17{,}19 \text{ cm}}$$

$$l = 2 \cdot 120 \text{ cm} + \frac{115 \text{ cm} \cdot 3{,}142}{2} = \mathbf{420{,}7 \text{ cm}}$$

$$a = \frac{420{,}7 \text{ cm}}{15} = \mathbf{28{,}05 \text{ cm}}$$

Steigungsverhältnis **16 × 171,9/280,5**

8 Konstruieren einer Treppe

b) Verziehen Sie die Stufen nach der Kreismethode. Die Aufgabe ist im Maßstab 1:20 auf einem Zeichenblatt A4 zu lösen.

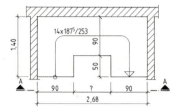

b) Verziehen der Stufen nach der Kreismethode:

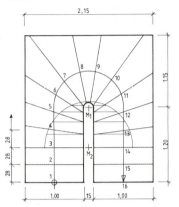

38. Wie wird die Steigungsrichtung eines Treppenlaufs im Grundriss angegeben?

Die *Steigungsrichtung* wird an der Vorderkante des Treppenaustritts durch den Auflinienpfeil, der Treppenanfang durch einen Kreis am Schnittpunkt zwischen Auflinie und Antrittsstufenvorderkante gekennzeichnet.

39. Auch in Treppenzeichnungen werden für Höhenangaben schwarze und weiße Dreiecke verwendet. Welche Bedeutung haben sie?

Mit schwarzen Dreiecken werden die Höhenangaben der Rohkonstruktion, mit weißen Dreiecken jene der Fertigkonstruktion und die jeweils dazugehörigen Maßzahlen angegeben.

40. Welche Maßangaben sind in Treppengrundrissen erforderlich?

Folgende Maßangaben sind erforderlich:
– Treppenlänge, -breite,
– Podestlänge, -breite,
– Auftrittbreite,
– Treppenauge,
– Anzahl der Steigungen,
– Steigungsverhältnis.

8 Konstruieren einer Treppe

41. In eine Galeriewohnung wird eine zweiläufige gewinkelte Treppe mit Zwischenpodest eingebaut. Verwendet werden Keilstufen mit Falz aus Betonwerkstein, die mit einer 11,5 cm dicken Wand untermauert werden. Zeichnen Sie auf ein Zeichenblatt A3
a) den Grundriss und die Ansicht der Treppe im Maßstab 1:20,
b) das Stufendetail im Maßstab 1:10.

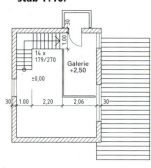

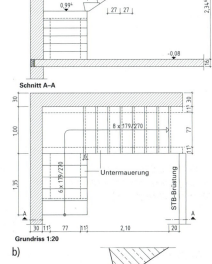

42. Nennen Sie Konstruktionsarten für Stein-, Beton- und Stahlbetontreppen.

Konstruktionsarten:
– Stufen untermauert,
– Stufen eingemauert,
– Stufen unterstützt durch Wangen,
– Stufen unterstützt durch Stahlbetonbalken,
– Stufen freitragend, einseitig in eine Wand eingespannt,

43. Nennen und beschreiben Sie Ausführungsmöglichkeiten für Treppen in Garten- und Parkanlagen.

– Stufen auf einer geknickten Laufplatte, die zwischen Treppenhauswänden spannt,
– Stufen auf einer Laufplatte, die von Podest zu Podest spannt.

– Gemauerte Natursteinstufen: Bei ausreichender Tragfähigkeit kann der Boden als Auflager für die Stufen dienen. Der Boden wird abgetreppt und die Steine werden in einer mindestens 5 cm dicken Brechsandschicht verlegt. Natursteinstufen bestehen z. B. aus Granit, Basalt oder Sandstein.

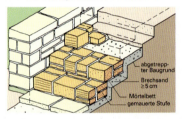

– Gemauerte Natursteinstufen auf Fundamenten: Bei nicht tragfähigem Boden ist eine Betonplatte als Unterstützung erforderlich. Die Stufen werden in ganzer Höhe gemauert. Sie können zusätzlich mit Natursteinplatten abgedeckt werden. Die Platten sind 5 ... 6 cm dick und werden mit 3 cm Überstand und geringem Gefälle im Mörtelbett verlegt.

Anstelle einer durchgehenden Betonplatte können auch abgetreppte Streifenfundamente eingebaut werden. Darüber werden Natursteinblockstufen verlegt. Damit die Blockstufen nicht hohl liegen, wird eine Kiessandschüttung unter den Stufen eingebracht.

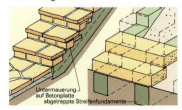

44. Beschreiben Sie die Ausführung einer Kelleraußentreppe.

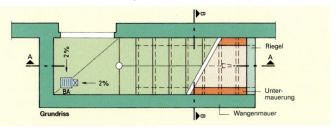

- Die Kelleraußentreppe verläuft parallel zur Außenwand und wird durch eine Wangenmauer aus Stahlbeton begrenzt. Deren Fundamente sind frostfrei zu gründen.
- Auf den Überständen der Gebäude- und der Wangenmauerfundamente wird die Untermauerung für die Treppenstufen aufgesetzt. Sie kann beispielsweise aus 11,5 cm dicken KS-Steinen bestehen.
- Für die Treppenstufen werden Blockstufen mit rechteckigem oder trapezförmigem Querschnitt verwendet.
- Das Treppenprofil wird auf der Untergeschosswand bzw. der Wangenmauer aufgerissen. Hierzu werden auf Richtlatten die Treppensteigungen und die Treppenauftritte eingemessen. Durch die Teilpunkte auf den Richtlatten werden Lot- und Waagerisse gezogen, die das Profil der Treppe ergeben. Zum Anzeichnen der waagerechten Risse müssen die Fertigfußbodenhöhen bekannt sein.
- Unterhalb der Stufen wird eine Schotterschicht eingebracht. Sie wirkt als kapillarbrechende Schicht.

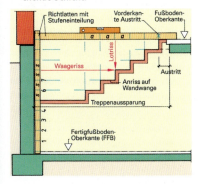
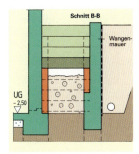

8 Konstruieren einer Treppe

45. Für die Kelleraußentreppe in Aufgabe 44. stehen die in den Abbildungen dargestellten Blockstufen der Varianten 1 und 2 zur Auswahl. Die Stufen sind 1,10 m breit.

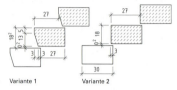

Variante 1   Variante 2

a) Ermitteln Sie für beide Varianten den Bedarf an Festbeton in m^3.

b) Wie hoch ist der Gehalt an Zement, an Gesteinskörnung und an Wasser zu veranschlagen, wenn Standardbeton C12/15, XO, F2, Sieblinienbereich ③, Größtkorn 16 mm und Zement der Festigkeitsklasse 32,5 verwendet werden (siehe Fachbuch)?

46. Zeichnen Sie die Lage der Hauptbewehrung
a) in eine Podestplatte,

a) Variante 1:
Festbeton V
$V = (0{,}33 \text{ m} \cdot 0{,}18 \text{ m} - 0{,}13 \text{ m} \cdot 0{,}03 \text{ m} : 2)$
$\cdot 1{,}10 \text{ m} \cdot 8 = \mathbf{0{,}506 \text{ m}^3}$

Variante 2:
Festbeton V
$V = 0{,}30 \text{ m} \cdot 0{,}18 \text{ m} \cdot 1{,}10 \text{ m} \cdot 8$
$= \mathbf{0{,}475 \text{ m}^3}$

b) Bedarf für Variante 1:
Zement = $(320 \text{ kg/m}^3 + 32 \text{ kg/m}^3)$
$\cdot 0{,}506 \text{ m}^3 = \mathbf{178{,}1 \text{ kg}}$
Gesteinskörnung = $1\,915 \text{ kg/m}^3 \cdot 0{,}506 \text{ m}^3$
= **969 kg**
Wasser = $160 \text{ kg/m}^3 \cdot 0{,}506 \text{ m}^3 = \mathbf{81 \text{ kg}}$

Bedarf für Variante 2:
Zement = $(320 \text{ kg/m}^3 + 32 \text{ kg/m}^3)$
$\cdot 0{,}475 \text{ m}^3 = \mathbf{167{,}2 \text{ kg}}$
Gesteinskörnung = $1\,915 \text{ kg/m}^3 \cdot 0{,}475 \text{ m}^3$
= **910 kg**
Wasser = $160 \text{ kg/m}^3 \cdot 0{,}475 \text{ m}^3 = \mathbf{76 \text{ kg}}$

a) *Podestplatte*
Die Podeste werden an der Unterseite auf Zug beansprucht, die Bewehrung wird deshalb unten eingelegt. Im Randbereich herrschen an den Rändern geringere, in den Ecken stärkere Zugspannungen. Die Zugbewehrung verhindert ein Aufwölben der Podestplatte. Die Bewehrung erfolgt in der Regel durch Betonstahlmatten.

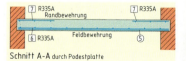

Schnitt A–A durch Podestplatte

8 Konstruieren einer Treppe

b) in eine Laufplatte,

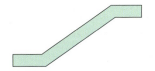

c) in eine eingespannte Stufe ein.

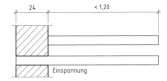

Begründen Sie jeweils Ihre Entscheidung.

b) *Laufplatte*
An der Unterseite der Laufplatte entstehen Zugspannungen. Die Knickstellen zwischen Treppenlauf und Podesten müssen durch eine zusätzliche Bewehrung verstärkt werden. An den ausspringenden Ecken wird die Bewehrung der Laufplatte um die Knickstelle geführt und die umgelenkten Kräfte durch Zulagen aufgenommen. An den einspringenden Ecken darf die Zugbewehrung nicht um die Knickstelle geführt werden, da der Beton bei Zugbeanspruchung abplatzen kann.

c) *Eingespannte Stufe*
Jede Stufe stellt einen eingespannten Kragträger dar, bei dem infolge der Belastung die Zugspannungen oben auftreten. Die Bewehrungsstähle müssen deshalb zur Aufnahme der Zugspannungen oben liegen.

47. Welche Konstruktionsarten werden bei Treppen aus Stahlbetonfertigteilen unterschieden?

Konstruktionsarten:
– Elementtreppe
– Laufträger- oder Lamellentreppe
– Laufplattentreppe

8 Konstruieren einer Treppe

48. Beschreiben Sie den Aufbau einer Elementtreppe.

Elementtreppen sind vorwiegend gewendelte Treppen, die sich aus zwei oder drei Elementen zusammensetzen. Eine zweiteilige Elementtreppe besteht aus einem gewendelten unteren oder oberen Eckelement und einer geraden Laufplatte. Die Auflagerung erfolgt über Podestträger und Konsolen.
Eine dreiteilige Elementtreppe besteht aus je einem gewendelten unteren und oberen Eckelement, einem geraden Zwischenstück und Podestträgern.

49. Worin unterscheiden sich Laufträgertreppen von Laufplattentreppen?

Laufträgertreppen, auch *Lamellentreppen* genannt, bestehen aus vorgefertigten Podestbalken und mehreren schmalen Längslaufträgern, sogenannten Lamellen. Sie werden durch eine einbetonierte Querbewehrung zusammengehalten.
Laufplattentreppen werden in ganzer Länge mit Trittstufen vorgefertigt und zwischen Podesten eingehängt. Die Treppen sind sofort begehbar. Der Einbau erfolgt geschossweise mit dem Baufortschritt.

50. Die dargestellte Laufplattentreppe wird für ein Mehrfamilienhaus vorgefertigt. Die Laufplattenbreite misst 1,10 m.

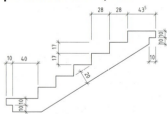

Ermitteln Sie für 8 dieser Laufplattentreppen
a) den Festbetongehalt in m³,

a) Festbeton:
Hinweis zum Rechengang:
Volumen = (Gesamtfläche − Teilflächen)
· Laufplattenbreite · Anzahl
Festbeton V
$V = (2{,}335 \text{ m} \cdot 1{,}22 \text{ m} - 1{,}05 \text{ m} \cdot 0{,}50 \text{ m}$
$- 0{,}28 \text{ m} \cdot 0{,}85 \text{ m} - 0{,}28 \text{ m} \cdot 0{,}68 \text{ m}$
$- 0{,}28 \text{ m} \cdot 0{,}51 \text{ m} - 0{,}28 \text{ m} \cdot 0{,}34 \text{ m}$
$- 0{,}28 \text{ m} \cdot 0{,}17 \text{ m} - 2 \cdot 0{,}10 \text{ m} \cdot 0{,}10 \text{ m})$
$\cdot 1{,}10 \text{ m} \cdot 8 = \mathbf{13{,}989 \text{ m}^3}$

8 Konstruieren einer Treppe

b) den Bedarf an Zement, Gesteinskörnung und Wasser, wenn Standardbeton C16/20, X0, F3, Sieblinienbereich ③, Größtkorn 16 mm und Zement der Festigkeitsklasse 42,5 verwendet werden (siehe Fachbuch).

b) Bedarf:
Zement = 380 kg/m³ · 13,989 m³
= **5 315,82 kg**
Gesteinskörnung = 1 810 kg/m³ · 13,989 m³
= **25 320,09 kg**
Wasser = 180 kg/m³ · 13,989 m³
= **2 518,02 kg**

51. Eine Geschosstreppe erhält die in der Abbildung dargestellten Winkelstufen. Die Stufen haben eine Breite von 90 cm.

Winkelstufen:
Festbeton V
$V = (0,045 \text{ m} \cdot 0,17 \text{ m} + 0,25 \text{ m} \cdot 0,05 \text{ m})$
$\cdot\, 0,90 \text{ m} \cdot 17 = \mathbf{0{,}308\ m^3}$

Ermitteln Sie den Bedarf an Festbeton für 17 Stufen.

52. Für eine Treppe mit 16 eingespannten Plattenstufen aus Stahlbeton sind zu berechnen:
a) der Bedarf an Festbeton in m³,
b) die Eigenlast der Plattenstufen in kN,
c) die Bemessungslast in kN,
d) die Masse an Bewehrungsstäben, wenn pro Platte 3 ϕ 12 mm eingebaut werden. Die Betondeckung beträgt 2,5 cm.

a) Festbeton:
Festbeton V
$V = 0{,}30 \text{ m} \cdot 0{,}10 \text{ m} \cdot 1{,}34 \text{ m} \cdot 16$
= **0,643 m³**

b) Eigenlast:
Eigenlast G_k
$G_k = V \cdot \gamma = 0{,}643 \text{ m}^3 \cdot 25{,}0 \text{ kN/m}^3$
= **16,075 kN**

c) Bemessungslast:
Bemessungslast F
$F = \gamma_G \cdot G_k = 1{,}35 \cdot 16{,}075 \text{ kN}$
= **21,70 kN**

d) Masse Bewehrung:
Masse m
$m = (1{,}34 \text{ m} - 2 \cdot 0{,}025 \text{ m}) \cdot 3 \cdot 16$
$\cdot\, 0{,}888 \text{ kg/m} = \mathbf{54{,}985\ kg}$

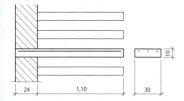

53. Nennen Sie mindestens drei Maßnahmen, um den Trittschallschutz bei Stahlbetontreppen im Wohnungsbau zu verbessern.

Trittschallschutzmaßnahmen:
- Treppe und umgebende Wände werden durch eine umlaufende Randfuge von etwa 1 cm getrennt.
- Treppenlauf und Podest werden schalldämmtechnisch entkoppelt. Dies erfolgt durch ein vorgefertigtes Element, das aus einer Anschlussbewehrung und einer Fugenplatte aus festem, flexiblem Polyethylen besteht.
- Bei Treppen aus Stahlbetonfertigteilen wird die Auflagerung für den Treppenlauf mit Fugenplatten ausgekleidet. Zusätzlich können zur Aufnahme der Druckkräfte noch Elastomerlager eingebaut werden. Ein Estrich auf Dämmschicht auf den Podesten mit Trennfugenabgrenzung an den Wänden verhindert die Trittschallübertragung.

54. Nennen Sie Konstruktionsarten, die im traditionellen Holztreppenbau durchgeführt werden.

- aufgesattelte Treppe
- eingeschobene Treppe
- halbgestemmte Treppe
- vollgestemmte Treppe
- abgehängte Treppe

55. Wie heißen die in den Abbildungen dargestellten Holztreppenkonstruktionen?

a) aufgesattelte Treppe
b) eingeschobene Treppe
c) vollgestemmte Treppe
d) Blockstufentreppe
e) halbgestemmte Treppe

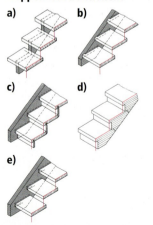

8 Konstruieren einer Treppe

56. Wodurch unterscheiden sich eingeschobene und vollgestemmte Treppen voneinander? Fertigen Sie Skizzen an.

Bei eingeschobenen Treppen werden die Trittstufen in eingefräste Wangennuten eingeschoben. Sie haben keine Setzstufen. Bei gestemmten Treppen werden Tritt- und Setzstufen in die Wangen eingelassen.

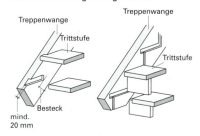

57. In ein Lagergebäude soll eine gerade, aufgesattelte Differenztreppe eingebaut werden. Der Höhenunterschied beträgt 83 cm von Oberkante Gebälk (14/20 cm) zu Oberkante Gebälk (12/20 cm). Der lichte Abstand der Balken beträgt 1,22 m. Auf die untere Decke kommen 4 cm Aufbau, auf die obere Decke 6 cm. Der tragende Querschnitt des Holms misst 16 cm, die Unterschneidung 4 cm und die Trittstufen haben eine Dicke von 5 cm. Berechnen Sie
a) die Steigungshöhe,
b) die Auftrittbreite nach der Schrittmaßregel,
c) die Treppenlauflänge.
d) Zeichnen Sie die Treppe im Längsschnitt im Maßstab 1:10 auf ein Zeichenblatt A4 und bemaßen Sie alle für den Bau erforderlichen Teile.

a) Steigung s
anrechenbare Treppenhöhe h_w
$h_w = 83\ cm - 4\ cm + 6\ cm = 85\ cm$
Angenommene Steigung 16,5 cm
$n = \dfrac{h}{s} = \dfrac{85\ cm}{16{,}5\ cm} = 5{,}15;$
gewählt 5 Steigungen
$s = \dfrac{h}{n} = \dfrac{85\ cm}{5} = \mathbf{17{,}0\ cm}$

b) Treppenauftritt a
$a = 63\ cm - 2 \cdot s = 63\ cm - 2 \cdot 17\ cm$
$= \mathbf{29\ cm}$
Steigungsverhältnis 5 × 170/290

c) Treppenlauflänge l
$l = (n-1) \cdot a = 4 \cdot 29\ cm = \mathbf{116\ cm}$

d) Treppe im Längsschnitt Maßstab 1:10:

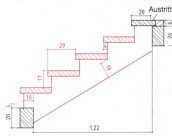

58. Ermitteln Sie für die Differenztreppe in Aufgabe 57. den Holzbedarf für Stufen und Holme in m², wenn mit 20 % Verschnitt zu rechnen ist. Die Holmdicke beträgt 6 cm, der lichte Abstand der Holme misst 95 cm.

Holzbedarf für die Trittstufen:
Stufenflächen mit Verschnitt
$= (4 \cdot 0{,}33\ m + 1 \cdot 0{,}24\ m) \cdot$
$(0{,}95\ m + 2 \cdot 0{,}06\ m) \cdot 1{,}2 = \mathbf{2{,}003\ m^2}$

Holzbedarf für die Holme:
Hinweis: Das obere Besteck wird mithilfe der Winkelfunktionen ermittelt. Die Holmfläche wird über ein Parallelogramm berechnet.

Treppenwinkel $\tan \alpha = \dfrac{17\ cm}{29\ cm} = 0{,}586$ ergibt
$\alpha = 30{,}4°$

oberes Besteck $x = \sin 30{,}4° \cdot 29\ cm$
$x = 0{,}5060 \cdot 29\ cm = 14{,}7\ cm$

Holmbreite l_B
$l_B =$ oberes Besteck + unteres Besteck
$= 14{,}7\ cm + 16{,}0\ cm = 30{,}7\ cm$

Holmlänge $l = \dfrac{1{,}32\ m}{\cos 30{,}4°} = \dfrac{1{,}32\ m}{0{,}8625} = 1{,}53\ m$

Holmfläche mit Verschnitt
$= 1{,}53\ m \cdot 0{,}307\ m \cdot 2 \cdot 1{,}2 = \mathbf{1{,}127\ m^2}$

59. Skizzieren Sie drei Möglichkeiten, wie bei vollgestemmten Treppen Tritt- und Setzstufen miteinander verbunden werden.

Verbindung zwischen Tritt- und Setzstufe:

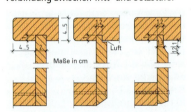

Maße in cm

60. In ein Einfamilienhaus soll zwischen den Geschossdecken aus Stahlbeton eine aufgesattelte Treppe eingebaut werden.
a) Erklären Sie den Aufbau einer aufgesattelten Treppe.

a) Bei aufgesattelten Treppen werden die Trittstufen auf Holme gelegt und befestigt. Die Tragholme sind stufenförmig ausgeschnitten. Die Trittstufen werden mit Dübeln, verstöpselten Holzschrauben oder verdeckten Verbundschrauben befestigt. Eine Dämmzwischenlage unter den Trittstufen dient der Schallentkopplung.

8 Konstruieren einer Treppe

b) Skizzieren Sie das untere und obere Auflager für die Holme.

b) Die Auflagerung der Treppenholme auf der Geschossdecke wird mit einer Klaue ausgeführt. Ein Einreißen des Klauenecks wird durch Bolzen verhindert.
Am Treppenaustritt werden die Holme gegen die Geschossdecke gelehnt und mit Schrauben oder Winkeln befestigt.

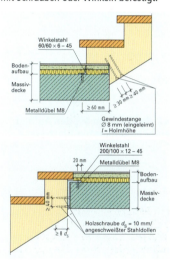

61. Ermitteln Sie die Holmlänge der aufgesattelten Ausgleichstreppe, wenn das Steigungsverhältnis 6 × 172/286 beträgt.

Holmlänge l
$l = \sqrt{(28{,}6 \text{ cm} \cdot 6 - 4 \text{ cm})^2 + (17{,}2 \text{ cm} \cdot 6 - 5 \text{ cm})^2}$
= **194,3 cm**

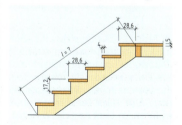

62. Ermitteln Sie die Breite für den abgebildeten Treppenholm einer aufgesattelten Treppe, wenn für das untere Besteck 18 cm erforderlich sind.

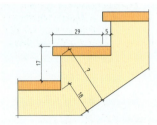

Holm einer aufgesattelten Treppe:
Treppensteigungswinkel $\tan \alpha$

$= \dfrac{17 \text{ cm}}{29 \text{ cm}} = 0{,}5862$ ergibt $\alpha = 30{,}4°$

Teilhöhe h
$h = 29 \text{ cm} \cdot \sin 30{,}4°$
$ = 29 \text{ cm} \cdot 0{,}506 = 14{,}67 \text{ cm}$

Gesamte Breite
$= 14{,}67 \text{ cm} + 18 \text{ cm} =$ **32,67 cm**

63. Beschreiben Sie den Aufbau einer abgehängten Holztreppe.

Bei abgehängten Treppen sind die Trittstufen an Stäben aus Metall aufgehängt. Sie übertragen die Kräfte in die Deckenkonstruktion oder in den Handlauf. Die einzelnen Treppenstufen sind jeweils mit einem Bolzen verbunden, der auf der Unterseite der Trittstufe angezogen und dabei leicht vorgespannt wird. Der Bolzen steckt in einer Hülse, die den genauen Abstand der Trittstufen gewährt.
Die Trittstufen können auch nur an einer Seite abgehängt und auf der anderen Seite in eine Wandwange eingestemmt werden. Werden die Trittstufen an beiden Seiten abgehängt, dann müssen sie durch Verankerung einzelner Treppenstufen in der Treppenhauswand gegen Bewegungen gesichert werden.

64. Welche Anforderungen werden an die Holzarten für den Treppenbau gestellt?

Die im Treppenbau verwendeten Holzarten müssen für Trittstufen hart und abriebfest sein. Das Holz sollte möglichst stehende Jahresringe aufweisen und breitenverleimt sein, um nachträgliche Formänderungen und ein Reißen auszuschließen. Für Wangen, Holme, Setzstufen und Geländer werden Nadelhölzer mit hoher Tragfähigkeit verwendet.

65. Welche Vorschriften müssen
a) hinsichtlich der Geländerhöhe,
b) hinsichtlich des lichten Abstands der Geländerteile beachtet werden?

a) Die Geländerhöhe richtet sich nach der Absturzhöhe und der Gebäudeart. In Wohngebäuden muss die Geländerhöhe bei einer Absturzhöhe bis 12 m mindestens 90 cm betragen.

b) Der lichte Abstand der Geländerteile darf maximal 12 cm betragen. Dadurch wird verhindert, dass Kinder zwischen den Geländerstäben hindurchschlüpfen können.

66. Skizzieren Sie je ein Treppengeländer
a) für eine aufgesattelte Treppe,
b) für eine gestemmte Treppe.

a) Aufgesattelte Treppe:

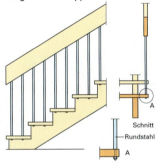

b) Gestemmte Treppe:

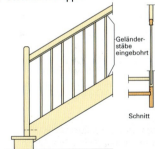

67. a) Worauf ist bei der Formgebung von Handläufen zu achten?

a) Der Handlauf muss gut in der Hand liegen, damit der Benutzer einen festen Halt hat. Der Teil des Handlaufs, der von der Hand umschlossen wird, sollte 55…60 mm dick sein.

8 Konstruieren einer Treppe

b) Skizzieren Sie verschiedene Handläufe.

b) Mögliche Querschnittsformen von Handläufen:

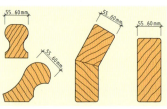

68. Bei einer gestemmten Treppe beträgt das waagerecht gemessene Sprungmaß der Geländerstäbe 13,45 cm, der Stabquerschnitt 2/2 cm und das Steigungsverhältnis 175/280. Berechnen Sie das Sprungmaß auf der Wange.

Sprungmaß der Geländerstäbe auf der Wange:
Hypotenuse
$= \sqrt{(28\ cm)^2 + (17{,}5\ cm)^2} = 33{,}02\ cm$
Da das Steigungsdreieck und das Dreieck zwischen Wange und den Geländerstäben ähnlich sind, können die Seiten ins Verhältnis gesetzt werden.

$$\frac{\text{Sprungmaß auf der Wange}}{\text{waagerechtes Sprungmaß}}$$
$$= \frac{\text{Hypotenuse des Steigungsdreiecks}}{\text{Auftrittbreite}}$$

Sprungmaß an der Wange
$= \dfrac{33{,}02\ cm \cdot 13{,}45\ cm}{28\ cm}$
$= \mathbf{15{,}86\ cm}$

**69. Berechnen Sie das Sprungmaß der Geländerstäbe auf der Wange, wenn das Steigungsverhältnis
a) 170/290,
b) 180/270,**

a) 170/290:
Hypotenuse
$= \sqrt{(29\ cm)^2 + (17{,}0\ cm)^2} = 33{,}62\ cm$

Sprungmaß an der Wange
$= \dfrac{33{,}62\ cm \cdot 12{,}5\ cm}{29\ cm} = \mathbf{14{,}49\ cm}$

b) 180/270:
Hypotenuse
$= \sqrt{(27\ cm)^2 + (18{,}0\ cm)^2} = 32{,}45\ cm$

Sprungmaß an der Wange
$= \dfrac{32{,}45\ cm \cdot 12{,}5\ cm}{27\ cm} = \mathbf{15{,}02\ cm}$

c) 175/282 beträgt.

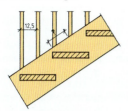

c) 175/282:
Hypotenuse
$= \sqrt{(28{,}2 \text{ cm})^2 + (17{,}5 \text{ cm})^2} = 33{,}19 \text{ cm}$

Sprungmaß an der Wange
$= \dfrac{33{,}19 \text{ cm} \cdot 12{,}5 \text{ cm}}{28{,}2 \text{ cm}} = \mathbf{14{,}71 \text{ cm}}$

70. Die abgebildete viertelgewendelte Treppe steht in einem Einfamilienhaus. Sie wurde weitgehend in Eigenleistung erstellt. Dabei wurden sowohl einige Fehler gemacht als auch verschiedene Details ungünstig gelöst.

Beurteilen Sie die Treppe hinsichtlich Holzauswahl, Verziehung, Eckverbindung Lichtwange und Geländer.

– Holzauswahl: Kiefernholz – für die Wangen geeignet, als Trittstufen sehr weich, wenig abriebfest und deshalb eher ungeeignet.
– Verziehung: nur vier Tritte verzogen, unschön, Knick in der Wandwange, großer Höhenversatz an der Lichtwange.
– Eckverbindung Lichtwange: ungünstig, sichtbare Schrauben, untere Wange läuft nach hinten weiter.
– Geländer: Maserung bzw. Fasern verlaufen am Geländer schräg, Schraubenköpfe teils abgedeckt und teils sichtbar.

71. a) Welche Grundkonstruktionen werden bei Stahltreppen unterschieden?
b) Welche Vorteile haben Stahltreppen gegenüber anderen Treppenkonstruktionen?

a) Bei Stahltreppen werden drei Konstruktionsarten unterschieden:
  – Stahlwangentreppen,
  – Stahlholmentreppen,
  – Stahlspindeltreppen.
b) Stahltreppen haben eine relativ geringe Masse, besitzen eine hohe Tragfähigkeit, und die Teile lassen sich durch Schweißen und Schrauben einfach miteinander verbinden.

**72. Beschreiben Sie den Aufbau
a) einer Stahlwangentreppe,
b) einer Stahlholmentreppe.**

a) Bei einer *Stahlwangentreppe* können die Wangen aus dickem Stahlblech, Profilstahl oder aus geschweißten Stahlhohlkästen bestehen. Die Wangen werden über eingeschweißte T-Profile oder abgekantete Riffelbleche miteinander verbunden. Stufen aus Holz, Naturstein oder Betonwerkstein werden auf angeschweißte L-Konsolen aufgelegt und befestigt.

b) Die *Stahlholme* bestehen meist aus abgewinkelten, rechtwinkligen Stahlhohlprofilen. Die Trittstufen werden auf die Holme aufgesattelt. Sie bestehen aus Holz, Naturstein oder Betonwerkstein.

9 Planen einer Geschossdecke

1. Nennen Sie die Aufgaben, die Geschossdecken zu erfüllen haben.

– Aufnahme und Ableitung von Eigenlasten (z. B. die Lasten von Wänden, Stützen) und Nutzlasten (z. B. die Belastung durch Personen und Einrichtungsgegenstände),
– Aussteifung des Bauwerks,
– Abschluss von Räumen nach unten und nach oben,
– Gewährleistung des Wärme-, Schall- und Brandschutzes.

2. Erklären Sie wie die Lasten abgeleitet werden
a) bei einer einachsig gespannten Decke,
b) bei einer zweiachsig gespannten Decke.

a) *Einachsig gespannte Decke*: Die Geschossdecke liegt auf den beiden gegenüberliegenden Wänden auf und leitet dorthin die Lasten ab. Die Tragbewehrung wird also in Richtung auf die beiden Wände verlegt. Die Decke wird nur in einer Richtung bewehrt.

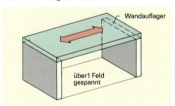

b) *Zweiachsig gespannte Decke*: Die Geschossdecke liegt auf allen vier umfassenden Wänden auf. Die Last wird durch eine Tragbewehrung in Längs- und Querrichtung in alle vier Wände abgeleitet. Die Decke wird in zwei Richtungen bewehrt.

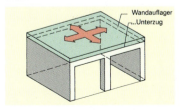

3. Nennen Sie die wichtigsten Grundformen, die für Massivdecken aus Stahlbeton zum Einsatz kommen, mit ihren Besonderheiten.

– *Balkendecken*: dicht nebeneinander verlegte Balken, Aufnahme von sehr hohen Lasten; Balkendecken mit nichttragenden Zwischenbauteilen.
– *Plattenbalkendecken*: Stahlbetonrippendecken ohne und mit Füllkörpern; Platte nimmt Druckkräfte, Balken nimmt Zugkräfte auf; hohe Tragfähigkeit.
– *Plattendecken*: Stahlbetonvollplatten, Fertigteil-Montagedecken, Stahlsteindecken, punktförmig gestützte Platten.

4. Beschreiben Sie die in der Abbildung dargestellte Decke
a) nach ihrer Auflagerart,
b) nach ihrer Spannrichtung.

a) Es handelt sich um eine Einfeldplatte mit Kragarm.
b) Die Decke ist einachsig gespannt. Sie wird in einer Richtung bewehrt.

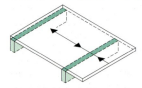

5. Eine Industriehalle mit 8 m Spannweite soll einachsig überspannt werden. Welche Deckenart schlagen Sie vor? Begründen Sie Ihre Wahl.

Bei großen Spannweiten sind Plattenbalken vorzusehen. Die Balken verlaufen in Spannrichtung und bieten der daraufliegenden Platte die Auflager. Der Beton für die Platte nimmt die Druckspannungen, die Balkenbewehrung die Zugspannungen auf. Die Betonmasse im Bereich der Zugzone ist auf ein Mindestmaß begrenzt. Die Einsparung an Masse erlaubt größere Spannweiten.

6. a) Was versteht man unter Stahlbetonrippendecken?

a) *Stahlbetonrippendecken* sind Plattenbalken, die ohne und mit Füllkörpern hergestellt werden. Bei Decken ohne Füllkörper haben die Rippen Abstände von 50 oder 62,5 cm. Bei den Füllkörpern werden unterschieden:
– statisch mitwirkende Funktion: Die Füllkörper übernehmen zum Teil die Aufgabe der Druckplatte und
– statisch nicht mitwirkende Funktion: Die Füllkörper werden aus Leichtbeton oder aus gebranntem Lehm hergestellt.

b) Unter welchen Voraussetzungen werden sie als Vollplatten betrachtet?

b) *Rippendecken* gelten als Vollplatten, wenn
- der Rippenabstand nicht größer als 1,50 m ist,
- die Rippenhöhe unter der Gurtplatte die 4-fache Rippenbreite nicht übersteigt,
- die Dicke der Gurtplatte mindestens 1/10 des lichten Abstands zwischen den Rippen oder 5 cm beträgt (der größere Wert ist maßgebend) und
- Querrippen vorgesehen werden, deren lichter Abstand nicht größer als die 10-fache Deckendicke ist.

7. a) Welche Vorteile bieten punktförmig gestützte Platten?
b) Warum müssen punktförmig gestützte Platten im Stützenkopfbereich besonders verstärkt werden?

a) Punktförmig gestützte Platten sind Decken, die ohne Unterzug auf Stützen aufgelagert werden. Sie sind in der Herstellung kostengünstiger, da das Schalen und Bewehren von Unterzügen entfällt. Sie werden für Gebäude vorgesehen, die große und leicht überschaubare Räume erfordern. Die glatte Deckenuntersicht erleichtert den weiteren Ausbau des Gebäudes.

b) Da die Platte nur punktförmig aufgelagert ist, besteht die Gefahr des Durchstanzens. Durch besondere Bewehrungsmaßnahmen, wie innen liegende und/oder außen liegende Stützenkopfverstärkungen, wird das verhindert.

8. Aus welchen Elementen ist eine systemlose Schalung (siehe Abbildung) für Massivdecken aufgebaut? Geben Sie die jeweiligen Teile an und benennen Sie die Aufgaben.

Eine systemlose Schalung besteht aus folgenden Elementen:

A = *Schalhaut*: Eingesetzt werden Brettschalungen und Schalungsplatten, sie geben dem Beton die Form und bestimmen die Oberflächenstruktur des Festbetons.

B = *Unterkonstruktion*: Sie besteht aus Joch- und Querträgern. Eingesetzt werden Kanthölzer und Schalungsträger aus Holz als Vollwand- oder Gitterträger. Die Unterkonstruktion nimmt alle anfallenden Kräfte auf, steift die Schalhaut aus und sichert sie gegen unzulässig starke Verformungen.

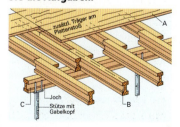

C = *Unterstützung*: Verwendet werden genau justierbare Stahlrohrstützen. Sie leiten alle anfallenden Kräfte von der Unterkonstruktion zum tragfähigen Untergrund (Baugrund oder Bauwerksteile).

9. Zeichnen Sie im Maßstab 1:10 den Querschnitt durch die Deckenschalung im Randbereich. Verwendet werden Vollwandträger, Stahlrohrstützen, Kanthölzer, Schalungsbretter und Spannschlösser.

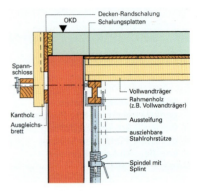

10. a) Was versteht man unter einer Modulschalung?
b) Beschreiben Sie den Schalungsvorgang bei Modulschalungen.

a) *Modulschalungen* gehören zu den Systemschalungen. Sie werden aus vorgefertigten, industriell hergestellten Schalungselementen zusammengebaut. Die Elemente einer Modulschalung bestehen aus selbsttragenden Tafeln, Trägern und Fallköpfen, die aus Aluminium gefertigt werden.

b) Schalungsvorgang bei Modulschalungen:
 – Zuerst werden die Fallkopfstützen mit Abstützböcken aufgestellt.
 – Anschießend werden die Träger in die Fallköpfe eingehängt. Durch das Einhängen der Hauptträger in den Fallkopf wird der Stützenabstand automatisch vorgegeben.
 – Die Rahmentafeln werden zwischen die Hauptträger eingelegt.
 – Beim Ausschalen wird der Fallkopf abgesenkt. Die Schalungskonstruktion löst sich von der Betondecke. Träger und Tafeln können ausgehängt werden.
 – Einzelne Fallkopfstützen können als Hilfsunterstützung stehen bleiben.

9 Planen einer Geschossdecke

11. Beschreiben Sie die Vorgehensweise bei der Schalungsplanung mithilfe eines Computerprogramms.

– Als erstes erfolgt die Grundrisseingabe der einzuschalenden Decke durch direkte Übertragung aus einer bestehenden CAD-Zeichnung.
– Auf Tastendruck wird das Bauwerk mit dem vorher gewählten Schalungssystem eingerüstet.
– Für die Schalungsträger wird automatisch die komplette Statik berechnet.
– Auf der Grundlage der Schalungsplanung werden genaue Stücklisten im Excelformat erstellt.

12. Der im Grundriss dargestellte Raum erhält eine systemlose Deckenschalung aus Schalbrettern. Wie viele m² Schalbretter sind erforderlich, wenn mit einem Verschnittzuschlag von 15 % gerechnet wird?

Bedarf an Schalbrettern:

Nettomenge = $\frac{6{,}70\ m + 4{,}80\ m}{2} \cdot 2{,}00\ m$
+ 6,70 m · 1,80 m = 23,56 m²

Bruttomenge = 23,56 m² · 1,15 = **27,094 m²**

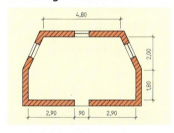

13. Die abgebildete Decke eines Einfamilienhauses soll eingeschalt werden. Berechnen Sie den Bedarf an Schalbrettern in m² bei einem Verschnittzuschlag von 20 %.

Deckenuntersicht:
Radius r = 8,10 m + 3,50 m + 1,80 m − 11,20 m = 2,20 m

Gesamtlänge l = 13,40 m

Gesamtbreite b = 8,30 m

einzuschalende Fläche A = 13,40 m · 8,30 m
$- \frac{(2{,}20\ m)^2 \cdot 3{,}142}{4} - 2{,}40\ m \cdot 1{,}80\ m$
− 8,10 m · 1,20 m = 93,38 m²

Bruttomenge = 93,38 m² · 1,2 = **112,06 m²**

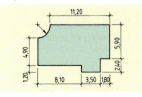

9 Planen einer Geschossdecke

14. a) In welchen Handelsformen kommt Betonstahl vor?
b) In welchen Festigkeitsklassen werden Betonstähle hergestellt?

a) Handelsformen:
- Betonstabstahl
- Betonstahl in Ringen
- Betonstahlmatten
- Bewehrungsdraht

b) Festigkeitsklassen:
- Mindeststreckgrenze 500 N/mm^2 oder 500 MPa
- Mindestzugfestigkeit 550 N/mm^2 oder 550 MPa

15. Ein Betonstahl erhält die Bezeichnung „B500B". Erklären Sie die Bedeutung dieser Kurzbezeichnung.

B – Betonstahl
500 – Streckgrenze 500 N/mm^2 oder 500 MPa
B – hochduktiler Betonstahl

16. Welche Betonstahlmatten-Systeme kommen in den Handel?

Betonstahlmatten-Systeme:
- Vorratsmatten
- Listenmatten
- Lagermatten

17. Erklären Sie die wesentlichen Unterschiede zwischen
a) Vorratsmatten,
b) Listenmatten und
c) Lagermatten.

a) *Vorratsmatten* sind standardisierte großflächige Matten, die an zwei Seiten Überstände aufweisen. Vorratsmatten werden mit „B" gekennzeichnet.
b) *Listenmatten* werden für ein bestimmtes Bauprojekt angefertigt. Länge, Breite, Stababstand und Stabdurchmesser sind frei wählbar. Sie werden als Einfach- und Doppelstabmatten hergestellt und kommen als Einachsmatten, Zulagen oder mit weiteren Varianten in den Handel.
c) *Lagermatten* sind standardisierte Betonstahlmatten mit einer Größe von 6,00 auf 2,30 bzw. 2,35 m, mit festgelegten Abmessungen und festgelegtem Aufbau.

18. Eine Betonstahlmatte erhält die Bezeichnung R335 A.
a) Erklären Sie die Bezeichnung.

a) Bezeichnung:
R – Matte mit rechteckigen Stababständen 150/250 mm
335 – Stahlquerschnitt in mm^2/m
A – normalduktiler Betonstahl

→

b) Beschreiben Sie den Aufbau einer Matte mit der Bezeichnung Q524 B.

b) Mattenaufbau „Q 524 B":
Es handelt sich um eine Lagermatte mit den Abmessungen 6,00/2,30 m. Die Matte hat quadratische Stababstände von 150/150 mm. Der Querschnitt der Stähle beträgt pro m Mattenbreite 524 mm². Am Rand besitzt die Matte jeweils vier Stäbe mit Durchmesser 7 mm. Es handelt sich um eine Matte aus hochduktilen Stählen.

19. Beschreiben Sie den Aufbau einer Matte mit der Bezeichnung B424.

Mattenaufbau B424:
Es handelt sich um eine Vorratsmatte mit den Abmessungen 6,00/2,45 m. Die Matte besitzt quadratische Stababstände von 150/150 mm. Die Querschnittsfläche der Stähle in Längs- und Querrichtung beträgt 424 mm² pro m. Die Überstände betragen in Längsrichtung 57,5 cm und in Querrichtung 47,5 cm.

20. Welche Mindestmaße müssen für die Stababstände der Längs- und Querstäbe
a) bei Einzelstabmatten,
b) bei Doppelstabmatten eingehalten werden?

a) Einzelstabmatten:
Längsstäbe mit Stababständen ≥ 75 mm
Querstäbe mit Stababständen ≥ 50 mm
b) Doppelstabmatten:
Längsstäbe mit Stababständen ≥ 100 mm
Querstäbe mit Stababständen ≥ 50 mm

21. Welche Matten sind in den Abbildungen dargestellt?

a) Lagermatte Q636 A/B
b) Vorratsmatte B257

a)
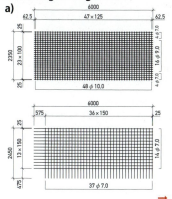

9 Planen einer Geschossdecke

c)

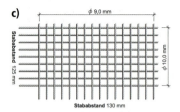

c) Listenmatte als Einzelstabmatte

22. Welcher Unterschied besteht zwischen einachsig gespannten und zweiachsig gespannten Decken
a) in Bezug auf die Ableitung der Lasten,
b) in Bezug auf die Bewehrungsführung?

a) Ableitung der Lasten:
Bei einachsig gespannten Decken werden die Lasten auf zwei gegenüberliegende Wände oder Träger abgeleitet, bei zweiachsig gespannten Decken werden die Lasten in rechtwinklig zueinander verlaufenden Richtungen abgetragen. Sie können beispielsweise an vier Rändern aufliegen.

b) Bewehrungsführung:
Bei einachsig gespannten Decken verläuft die Tragbewehrung in Spannrichtung von Auflager zu Auflager. Bei zweiachsig gespannten Decken verläuft die Tragbewehrung in zwei Spannrichtungen. Als Bewehrung werden meist Betonstahlmatten verwendet.

23. Tragen Sie die Durchbiegung und den Kräfteverlauf ein:
a) bei einer eingespannten Decke über zwei Auflagern,
b) bei einer eingespannten Decke über zwei Auflagern mit beidseitigen Kragarmen.

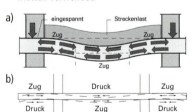

24. Eine Garage erhält eine Stahlbetondecke mit seitlicher Aufkantung. Skizzieren Sie den Schnitt und zeichnen Sie die Bewehrung ein.

25. Eine Stahlbetondecke spannt über drei Auflager. Aufgrund der Wandlast ist die Decke an allen drei Auflagern eingespannt. Skizzieren Sie den Schnitt und zeichnen Sie die erforderliche Bewehrung ein.

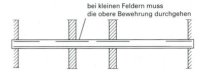

26. Eine eingespannte Stahlbetonplatte mit zwei Feldern kragt einseitig aus.
a) Skizzieren Sie den Schnitt und zeichnen Sie die Bewehrung ein.
b) Begründen Sie die Lage der einzelnen Bewehrungen.

a)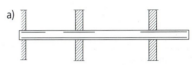

b) Die Decke wird in beiden Feldern unten auf Zug und oben auf Druck beansprucht. Werden Betonstahlmatten verwendet, so liegen die Längsstäbe der Matte im Feldbereich unten und nehmen die Zugspannungen auf.

Über den mittleren Auflagern treten oben Zug- und unten Druckspannungen auf. Über den Auflagern ist deshalb eine Stützbewehrung erforderlich, die in die Felder hineinragt. Beim Einsatz von Betonstahlmatten liegen die Längsstäbe der Matten oben, quer zum Auflager.

Im Randbereich ergeben sich oben an den Rändern geringere, an den Ecken größere Zugspannungen. Die Drillbewehrung in den Ecken und Rändern verhindert ein Aufwölben der Decke.

Im Kragarmbereich entstehen aufgrund der Durchbiegung oben große Zugspannungen. Die Bewehrung kommt deshalb oben zu liegen.

27. In den Abbildungen sind Abstandhalter zur Gewährleistung der Betondeckung dargestellt. Aus welchem Material bestehen sie und zu welchem Zweck werden sie eingesetzt?

a)
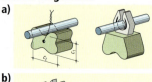

b)
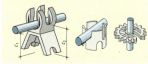

c)
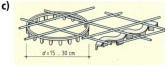

d)

a) Faserzement: Für die Lage der unteren Bewehrung.
b) Kunststoff: Für die Lage der unteren Bewehrung.
c) Kunststoff: Ringförmige und schlangenförmige Abstandhalter für die untere Bewehrung.
d) Stahl: Abstandböcke, Bügelkörbe für die obere Bewehrung.

28. Welche drei wichtigen Aufgaben hat die Betondeckung zu erfüllen?

Aufgaben der Betondeckung:
– Sicherung des Verbundes zwischen Beton und Stahl,
– Schutz des Stahles vor Korrosion,
– Schutz gegen Brandeinwirkung.

29. a) Wie setzt sich das Nennmaß der Betondeckung c_{nom} zusammen?

a) Das Nennmaß c_{nom} setzt sich aus der Mindestbetondeckung c_{min} und dem Vorhaltemaß Δc_{dev} zusammen. Das Vorhaltemaß beträgt 10…15 mm.

9 Planen einer Geschossdecke

b) Wie wird die Mindestbetondeckung c_{min} ermittelt?

b) Die Mindestbetondeckung c_{min} ergibt sich aus den Anforderungen zur Sicherstellung des Verbundes $c_{min,b}$ bzw. den Anforderungen an die Dauerhaftigkeit des Betonstahls $c_{min,dur}$ einschließlich eines Sicherheitselementes $c_{dur,\gamma}$. Die Mindestbetondeckung c_{min} darf nicht geringer als der Durchmesser des Betonstahls sein. Der größere Wert wird zugrunde gelegt.

30. Für eine Stahlbetondecke aus C25/30, Anforderungsklasse S3, Expositionsklasse XC4, bewehrt mit Betonstahlmatten R335A ist das Nennmaß c_{nom} der Betondeckung zu bestimmen.

$\Delta c_{dev} = 10$ mm (nach DIN EN 1992-1-1/NA)
$c_{min,b} = \phi = 8$ mm
$c_{min,dur} = 25$ mm (nach Tabelle im Fachbuch)
$\Delta c_{dur,\gamma} = 0$ mm (nach Tabelle im Fachbuch)
Der größere Wert $c_{min,dur} = 25$ mm wird zugrunde gelegt.
$c_{min} = c_{min,dur} = 25$ mm
$c_{nom} = c_{min} + \Delta c_{dev} = 25$ mm + 10 mm
$= \mathbf{35\ mm}$

31. a) Welche Bedeutung haben die Verankerungslängen bei Betonstählen?
b) Wovon hängt die Verankerungslänge ab?
c) Welche Verankerungsarten werden unterschieden?

a) Damit der Stahl im Beton die Zugkräfte aufnehmen kann, muss er im Beton verankert werden.
b) Die Verankerungslänge hängt von der Stahlsorte, der Betonfestigkeit, der Lage der Bewehrung, der Verankerungsart und der Beanspruchung der Bewehrung ab. Der Mindestwert der Verankerungslänge entspricht dem 10-fachen Stabdurchmesser.
c) Bei der Verankerungsart wird zwischen geraden Stabenden, Haken, Winkelhaken, Schlaufen, angeschweißten Querstählen und Ankerkörpern unterschieden.

32. In den Abbildungen sind die Übergreifungsstöße von Betonstahlmatten dargestellt. Wie werden die Stöße bezeichnet und worin unterscheiden sie sich?

a) *Zwei-Ebenen-Stoß*: Die Stäbe liegen im Übergreifungsbereich in zwei Ebenen, d. h., die Matten sind übereinander angeordnet, sodass die Tragstäbe der oberen Matte nicht exakt in der vorgesehenen Höhe zu liegen kommen.

a)

b)

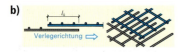

b) *Ein-Ebenen-Stoß*: Die Stäbe liegen im Übergreifungsbereich in einer Ebene, d.h., im Übergreifungsbereich befinden sich keine Querstäbe, sodass die Tragstäbe beider Matten exakt in der vorgesehenen Höhe liegen können.

33. In einem Gebäude müssen für den Einbau der Treppen in den Stahlbetondecken Aussparungen vorgesehen werden. Welche Auswirkungen hat dies für die Bewehrungsführung?

Die Ränder der Aussparungen sind in der unteren Bewehrungslage durch eine Zusatzbewehrung und eine bügelartige Einfassung (Steckbügel) zu verstärken.

34. Welche Einzeldarstellungen gehören zum Bewehrungsplan einer Stahlbetondecke?

– Verlegeplan für die obere und untere Bewehrung,
– Schneideskizzen,
– Mattenliste.

35. Welche Angaben können Schneideskizzen und Mattenlisten entnommen werden?

– Art der Matten,
– Positionsnummern der Matten,
– Abmessungen der Matten,
– Art der Unterstützungskörbe für die obere Bewehrung,
– Gesamtbedarf der Matten (Anzahl und Masse).

36. Die Tragrichtung von Stahlbetondecken wird mit Symbolen gekennzeichnet. Geben Sie für die dargestellten Symbole die Art der Auflagerung an.

a) zweiseitig gelagerte Decke
b) dreiseitig gelagerte Decke
c) vierseitig gelagerte Decke
d) auskragende Decke

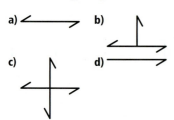

9 Planen einer Geschossdecke

37. Die Abbildungen zeigen die Möglichkeiten für die Darstellung von Matten in Verlegeplänen. Benennen und beschreiben Sie die jeweilige Form.

a)
b)
c)

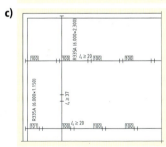

a) *Einzeldarstellung:* Jede einzelne Matte wird in der Draufsicht mit Umrisslinie und Diagonale dargestellt. Positionsnummern, Mattenart und Übergreifungslängen werden eingetragen.

b) *Zusammengefasste Darstellung:* Die Matten gleicher Positionsnummern werden mit einer gemeinsamen Umrisslinie und einer Diagonalen gekennzeichnet. Positionsnummer, Mattenanzahl, Mattenbezeichnung, Mattengröße und Übergreifungslängen werden angegeben.

c) *Achsbezogene Darstellung:* Es werden nur die Achsen der Längs- und Querstäbe gezeichnet. Positionsnummer, Mattenart, Mattengröße und Übergreifungslängen sind anzugeben.

9 Planen einer Geschossdecke

38. Dargestellt ist der Bewehrungsplan einer Stahlbetondecke mit Balkon.
a) Fertigen Sie die Schneideskizzen.
b) Erstellen Sie die dazugehörige Matten- und Stahlliste.

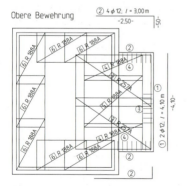

a) Schneideskizzen:

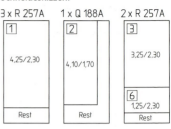

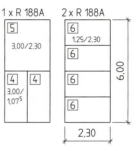

b) Mattenliste

Lagermatten B500A			
Stück	Bezeichnung	kg/Matte	kg
1	Q188A	41,7	41,7
3	R188A	33,6	100,8
5	R257A	41,2	206,0
	Gesamt		348,5

Stahlliste

Pos.	Stück	φ in mm	Einzellänge in m	Gesamtlänge in m φ6	Gesamtlänge in m φ12
1	2	12	4,10		8,20
2	4	12	3,00		12,00
3	21	6	0,90	18,90	
4	16	6	0,90	14,40	
Gesamtlänge in m				33,30	20,20
Nennmasse in kg/m				0,222	0,888
Masse in kg				7,393	17,938
Gesamtmasse B500B in kg				25,331	

**39. a) Warum muss Beton nachbehandelt werden?
b) Nennen Sie wichtige Nachbehandlungsverfahren.**

a) Beton benötigt für den Erhärtungsprozess genügend Feuchtigkeit. Durch das Nachbehandeln wird der Beton mit genügend Feuchtigkeit versorgt, sodass es zu keinen Erhärtungsstörungen und dadurch zu geringerer Betondruckfestigkeit, absandenden Oberflächen, Schwindrissbildung und vermindertem Korrosionsschutz der Bewehrung kommt.

b) Nachbehandlungsverfahren:
- Abdecken und Abhängen mit dampfdichten Folien,
- Aufbringen von Wasser speichernden Abdeckungen,
- Besprühen mit Wasser,
- Aufsprühen von Nachbehandlungsmitteln.

40. Für eine Stahlbetondecke wird Transportbeton der Expositionsklasse XC3 verwendet. In der Erstprüfung hat der Betonhersteller eine 2-Tage-Druckfestigkeit von 25 N/mm² und eine 28-Tage-Druckfestigkeit von 48 N/mm² ermittelt. Die Lufttemperatur beträgt beim Einbau des Frischbetons 20 °C. Bestimmen Sie anhand der Tabelle die Mindestdauer der Nachbehandlung.

$$\frac{f_{cm,2}}{f_{cm,28}} = \frac{25\ \text{N/mm}^2}{48\ \text{N/mm}^2} = 0{,}52$$

Nach der Tabelle ergibt sich eine Festigkeit des Betons mit der Stufe **„schnell"**, und es wird eine Mindestdauer der Nachbehandlung von **1 Tag** abgelesen.

Oberflächen-Temperatur[1]	Festigkeitsentwicklung des Betons[2]			
	schnell ≥ 0,50	mittel ≥ 0,30	langsam ≥ 0,15	sehr langsam < 0,15
≥ 25 °C	1	2	2	3
25 … ≥ 15 °C	1	2	4	5
15 … ≥ 10 °C	2	4	7	10
10 … ≥ 5 °C	3	6	10	15

[1] Anstelle der Oberflächentemperatur des Betons darf die Lufttemperatur angesetzt werden.
[2] $f_{cm,2} : f_{cm,28}$ = Verhältnis der 2-Tage-Druckfestigkeit zur 28-Tage-Druckfestigkeit.

41. Bestimmen Sie anhand der Tabelle in Aufgabe 40. die Mindestdauer der Nachbehandlung für einen Beton, wenn seine Oberflächentemperatur 14 °C beträgt und die Festigkeitsentwicklung „langsam" verläuft.

Mindestdauer der Nachbehandlung nach Tabelle: **7 Tage**

42. Erklären Sie den Aufbau eines Estrichs auf Dämmschicht.

Estriche auf Dämmschichten, auch schwimmende Estriche genannt, werden vor allem in Räumen eingebaut, die für den Aufenthalt von Menschen bestimmt sind. Die Estriche, die die Lasten verteilen, werden auf Dämmschichten aufgebracht und dürfen keine unmittelbare Verbindung mit angrenzenden Bauteilen haben. Es dürfen keine Schallbrücken entstehen. Die Dämmschicht verhindert die Weiterleitung von Trittschall in die Deckenkonstruktion, verbessert aber auch die Wärmedämmung und die Luftschalldämmung.

43. Welche Estricharten werden nach den verwendeten Bindemitteln unterschieden? Geben Sie den jeweiligen Begriff mit dem entsprechenden Kurzzeichen an.

– Calciumsulfatestrich: CA
– Gussasphaltestrich: AS
– Magnesiaestrich: MA
– Kunstharzestrich: SR
– Zementestrich: CT

44. Wie wird ein Zementestrich mit der Druckfestigkeit ≥ 25 N/mm^2 und der Biegezugfestigkeit ≥ 5 N/mm^2 bezeichnet?

EN 13813 CT – C25 – F5

45. Zeichnen Sie im Maßstab 1:10 den Decken- und Wandanschluss eines Estrichs auf Dämmschicht und benennen Sie die einzelnen Schichten.

a) Wand
b) Mörtelbett
c) Steingutfliese
d) Hohlkehlsockel 10/15 cm
e) Vermörtelung
f) elastischer Dichtstoff
g) Schaumstoffschnur
h) Randstreifen 8 … 10 mm
i) Steinzeugfliese 10/10 cm
k) Dünnbettmörtel
l) Zementestrich
m) Bitumenpappe oder Polyethylenfolie
n) Dämmstoff
o) Rohdecke

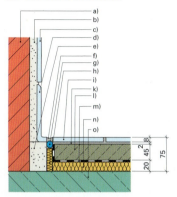

46. Ein Dämmstoff für einen schwimmenden Estrich hat die Kennzeichnung 20 – CP3. Welche Bedeutung hat diese Kennzeichnung?

– 20 gibt die Lieferdicke d_L des Dämmstoffes mit 20 mm an.
– CP ist das Symbol für die Zusammendrückbarkeit des Dämmstoffes.
– 3 ist das Maß für die Zusammendrückbarkeit des Dämmstoffes in mm.

47. Welche Bauarten gibt es bei Heizestrichen und wie unterscheiden sie sich?

Bauart A: Heizrohre verlaufen innerhalb des Estrichs.
Bauart B: Heizrohre verlaufen unterhalb des Estrichs und liegen auf profilierten Hartschaumplatten.
Bauart C: Heizrohre liegen in einem Ausgleichsestrich, auf den der Estrich mit einer zweilagigen Trennschicht aufgebracht wird.

48. Welche Vorteile bieten Fließestriche?

Fließestriche nivellieren sich selbst. Das mühevolle Verteilen, Abziehen, Verdichten und Glätten des Mörtels entfällt.

10 Dachkonstruktionen

1. Nennen Sie die Eigenschaften, die Holz zu einem sehr beliebten Baustoff machen.

– Hohe Festigkeiten,
– geringe Dichte,
– leichte Bearbeitbarkeit,
– Nachhaltigkeit,
– geringe Wärmeleitfähigkeit usw.

2. Nennen Sie die wichtigsten Holzarten für die Herstellung von Dachkonstruktionen.

Fichte, Tanne, Kiefer, Lärche

3. In welche Kategorien wird Nadelschnittholz unterteilt?

Kantholz, Bohle, Brett und Latte.

4. Worin zeichnet sich Konstruktionsvollholz (KVH) aus?

Konstruktionsvollholz ist ein güteüberwachtes Schnittholz aus Nadelholz, an das gegenüber Nadelschnittholz erhöhte Güteanforderungen gestellt werden, wie z. B.
– geringere Holzfeuchte,
– herzfreier bzw. herzgetrennter Einschnitt,
– gehobelte und gefaste Oberfläche,
– Aussägen von Fehlstellen und Verleimung mittels Keilzinkstoß,
– Beschränkung der Rissbreiten und Baumkanten.

5. Worin unterscheidet sich Brettschichtholz (GL) von Nadelschnittholz und Konstruktionsvollholz?

Brettschichtholz besteht aus mindestens drei Lagen miteinander verleimter Bretter. Brettschichtholz besitzt höhere Festigkeiten als Vollholz. Durch die Verleimung sind wesentlich größere Querschnittsabmessungen möglich.

6. Warum darf feuchtes (saftfrisches) Schnittholz nicht für Baukonstruktionen verarbeitet werden?

Dies hätte Bauschäden zur Folge. Das Holz könnte reißen, sich verformen, Verbindungen könnten sich lösen. Außerdem bietet feuchtes Holz einen idealen Nährboden für tierische und pflanzliche Holzschädlinge sowie für Pilze.

7. Erläutern Sie die Begriffe
a) Darrmasse,
b) Feuchtmasse und
c) Holzfeuchte.

a) Darrmasse = Masse des trockenen Holzes
b) Feuchtmasse = Masse des feuchten Holzes
c) Holzfeuchte in % = (Feuchtmasse – Darrmasse) · 100 % : Darrmasse

10 Dachkonstruktionen

8. Auf welche Arten kann die Holzfeuchte gemessen werden?

– Mit elektrischen Holzfeuchte-Messgeräten,
– nach dem „Darrverfahren".

9. Warum ist die Wahl der geeigneten Holzart ein wesentlicher Bestandteil des vorbeugenden Holzschutzes?

Die verschiedenen Holzarten besitzen unterschiedliche Widerstandsfähigkeit (Resistenz) gegenüber Insekten, Pilzen, Auswaschungen usw. Durch die richtige Wahl der Holzart kann somit ein wesentlicher Beitrag zur Beständigkeit der Holzkonstruktionen geleistet werden.

10. Nennen Sie Maßnahmen, die getroffen werden können, um das eingebaute Holz vor Wiederbefeuchtung zu schützen?

– Schnelles und sicheres Ableiten des Niederschlagwassers (z. B. bei Dächern),
– dauerhafte Hinterlüftung (z. B. bei Fassaden),
– große Dachvorsprünge schützen Fassaden vor Nässe,
– Sperrschichten (z. B. aus Bitumenbahnen) unter den Holzbauteilen schützen vor Eindringen von Feuchtigkeit.

11. Zu welchem Zweck werden die Holzarten in Gebrauchsklassen eingeteilt?

Die Gebrauchsklasse einer Holzkonstruktion gibt Aufschluss über die Beanspruchung der Konstruktion, deren Gefährdung (z. B. durch Insekten, Pilze usw.) und die Anforderungen an die erforderlichen chemischen Holzschutzmittel.

12. Erklären Sie die Bedeutung der Kurzzeichen Iv, P, W und E.

Iv = gegen Insekten vorbeugend wirksam
P = gegen Pilze vorbeugend wirksam (Fäulnisschutz)
W = auch für Holz, das der Witterung ausgesetzt ist, jedoch nicht im ständigen Erdkontakt und nicht im ständigen Kontakt mit Wasser
E = auch für Holz, das extremer Beanspruchung ausgesetzt ist (im ständigen Erdkontakt und im ständigen Kontakt mit Wasser sowie bei Schmutzablagerungen in Rissen und Fugen)

13. Unter welchen Umständen kann auf chemischen Holzschutz verzichtet werden?

– Durch die Wahl einer besonders widerstandsfähigen (resistenten) Holzart und entsprechender konstruktiver Maßnahmen (= konstruktiver Holzschutz).
– Wenn keine besondere Gefährdung vorliegt.

10 Dachkonstruktionen

14. Welche Vorteile besitzt der konstruktive Holzschutz gegenüber dem chemischen?

Chemische Holzschutzmittel wirken aufgrund biozider Stoffe. Diese Wirkstoffe können auch für Menschen schädlich sein. Außerdem belasten sie die Umwelt. Durch konsequente Anwendung des konstruktiven Holzschutzes kann weitgehend auf chemische Holzschutzmittel verzichtet werden.

15. Worin unterscheiden sich zimmermannsmäßige Holzverbindungen von den Verbindungen des Ingenieurholzbaus?

Zimmermannsmäßige Verbindungen sind althergebrachte, traditionelle Verbindungen, die sich über Jahrhunderte bewährt haben. Sie lassen sich verhältnismäßig einfach, ohne großen Maschinenaufwand herstellen, jedoch ist handwerkliches Können und Geschick zur Herstellung erforderlich.
Verbindungen des Ingenieurholzbaus sind überwiegend Verbindungen mit Verbindungsmitteln wie Bolzen, Stahlblechteilen, Dübeln usw.

16. Skizzieren Sie je ein Beispiel für eine
a) Zapfenverbindung,

a)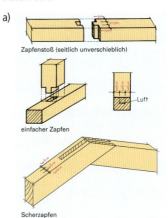

**b) Blattverbindung und
c) Versatzung.**

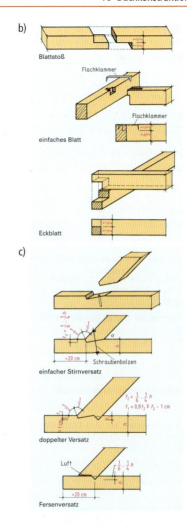

17. Nennen Sie die traditionellen Erscheinungsformen geneigter Dächer.

– Bezogen auf den Gebäudequerschnitt: Satteldach, Mansarddach und Pultdach.
– Bezogen auf den Gebäudelängsschnitt: Giebeldach, Krüppelwalmdach, Walmdach und Zeltdach.

10 Dachkonstruktionen

18. Benennen Sie die in der Zeichnung dargestellten Dachteile.

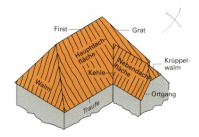

19. Nennen Sie Beispiele für zimmermannsmäßige Dachkonstruktionen.

– Pfettendachstühle, einfache, mehrfache, stehende, liegende,
– Sparrendächer,
– Kehlbalkendächer.

20. Welche Lasten wirken auf eine Dachkonstruktion?

– Ständige Lasten, z. B. Eigenlast der Konstruktion.
– Nicht ständige Lasten (Nutzlasten), z. B. Windlast, Schneelast.

21. Wovon ist die angenommene Größe der Schneelast auf eine Dachkonstruktion abhängig?

Von der Schneelastzone, von der Geländehöhe des Gebäudestandortes und von der Dachneigung.

22. Wovon hängt die angenommene Größe der Windlast auf eine Dachkonstruktion ab?

Von der Windzone und der Gebäudehöhe über dem Gelände; außerdem von der Windgeschwindigkeit und dem Windgeschwindigkeitsdruck.

23. Beschreiben Sie das statische System eines einfach stehenden Pfettendachstuhls.

Die Sparren sind schräg (in der Dachneigung) liegende Träger, die ihre Auflager auf der Fußpfette (Schwelle) und der Firstpfette haben. Die Firstpfette ist durch Pfosten unterstützt, welche die Lasten sammeln und auf tragfähige Bauteile (z. B. Decke) weiterleiten.

24. Skizzieren Sie die Querschnitte durch einen einfach, zweifach, dreifach und vierfach stehenden Pfettendachstuhl.

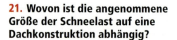

25. Wodurch erhält ein Pfettendachstuhl seine Quersteifigkeit?

Durch die biegesteifen Dreiecke aus Sparren, Pfosten und Decke.

26. Wodurch erhält ein Pfettendachstuhl seine Längssteifigkeit?

Durch die biegesteifen Dreiecke aus Pfette – Pfosten – Büge (Kopfbändern), aus Pfette und V-Stützen und/oder aus Pfette und Dreifachstützen.

27. Skizzieren Sie einen möglichen Firstpunkt eines Pfettendachstuhls.

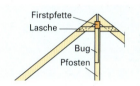

28. Beschreiben Sie das statische System eines Sparrendaches.

Beim Sparrendach bildet das Sparrenpaar mit der darunterliegenden Decke ein unverschiebliches Dreieck.

29. Worin unterscheidet sich ein Kehlbalkendach von einem Sparrendach?

Beim Kehlbalkendach wird das Sparrenpaar durch einen horizontalen Kehlbalken ausgesteift. Dadurch werden größere Spannweiten als beim Sparrendach ermöglicht.

30. Welcher Zusammenhang besteht zwischen der Dachneigung und der horizontalen Auflagerkraft am Fußpunkt eines Sparren- oder Kehlbalkendaches?

Je steiler das Dach, umso größer die Vertikalkomponente und umso geringer die Horizontalkomponente am Sparrenfuß.

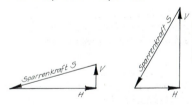

31. Zeichnen und beschriften Sie den Traufpunkt eines Sparren- oder Kehlbalkendaches.

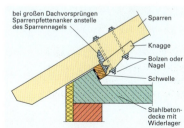

32. Zeichnen und beschriften Sie mögliche Kehlbalkenanschlüsse (Anschluss: Kehlbalken – Sparren).

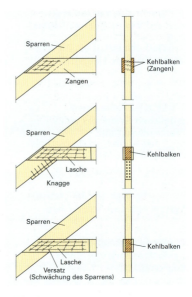

33. Nennen Sie Möglichkeiten für die Längsaussteifung von Sparren- und Kehlbalkendächern.

– Windrispen,
– diagonale Dachschalung aus Brettern,
– Dachschalung aus plattenförmigen Holzwerkstoffen.

34. Dachbinder können nach ihrer äußeren Form bezeichnet werden. Skizzieren und bezeichnen Sie die Binder.

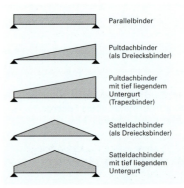

35. Von welchen Einflüssen hängt die Bauhöhe eines Hallenbinders im Wesentlichen ab?

36. Begründen Sie die Notwendigkeit von Wind- und Stabilisierungsverbänden bei Hallendächern aus Fachwerkbindern.

37. Mit welcher Bauhöhe muss bei einem Fachwerkbinder (gedübelter Kantholzbinder) als Dreiecksbinder etwa gerechnet werden, wenn seine Spannweite etwa 18 m beträgt.

38. Beschreiben Sie das Verfahren zur zeichnerischen Ermittlung der Stabkräfte eines Fachwerkbinders (vorausgesetzt, das Fachwerk ist statisch bestimmt und die belastenden Kräfte greifen nur an den Knotenpunkten an).

Da sich alle Knoten im Gleichgewicht befinden, können über Kraftecke, ausgehend von den bekannten Kräften, die unbekannten Stabkräfte ermittelt werden.

39. Wie hängen Herstellungsverfahren und Wirtschaftlichkeit von Fachwerkbindern zusammen?

Das Herstellungsverfahren eines Binders wirkt sich auf die Wirtschaftlichkeit aus. Je höher der Mechanisierungsgrad bzw. je größer die Automation der Herstellung, umso geringer sind die Kosten. Die Herstellung eines Nagelbrettbinders ist zwar ohne hohen technischen Aufwand möglich, sie erfordert aber einen sehr hohen Zeit- und Personaleinsatz. Derselbe Binder kann auch als Gang-Nail-Binder (= Nagelplattenbinder) hergestellt werden. Dieses Herstellungsverfahren besitzt einen hohen Mechanisierungsgrad und ist deswegen wirtschaftlicher.

40. Von welchen Faktoren hängt die Tragfähigkeit einer Nagelverbindung ab?

– Anzahl der Nägel,
– Nageldurchmesser,
– Einschlagtiefe des Nagels bzw. Nagellänge,
– ob die Nagellöcher vorgebohrt sind oder nicht.

**... Knoten-
... agelplatten-...**

Die Konstruktionshölzer werden an den Knoten stumpf gestoßen, und an beiden Seiten wird je eine Nagelplatte eingepresst.

**... die Unterschiede
... olzen und Passbolzen
... lich ihrer Verwendbar-...**

Bolzenverbindungen mit Lochspiel (d. h., das Bohrloch hat einen um ≤ 1 mm größeren Durchmesser als der Bolzen) sind bei tragenden Verbindungen nur für untergeordnete oder fliegende Bauten zulässig. Passbolzen besitzen kein Lochspiel, sie werden mit dem Bolzendurchmesser vorgebohrt und sind generell für tragende Verbindungen zulässig.

43. Warum müssen Dübelverbindungen durch Bolzen zusammengehalten werden?

Dübel sind Verbindungsmittel, die zwischen den Konstruktionsteilen eingebaut werden. Dübelverbindungen sind nur tragfähig, wenn die Konstruktionsteile zusammengepresst werden – dazu sind die Bolzen erforderlich.

44. Zwischen welchen Dachziegelarten wird unterschieden?

Es wird nach Art der Herstellung zwischen Pressdachziegeln und Strangdachziegeln unterschieden.
Beispiel für Pressdachziegel: Falzziegel.
Beispiel für Strangdachziegel: Biberschwanzziegel.

45. Welcher Zusammenhang besteht zwischen einer Ziegeldeckung und der Sparrenlänge?

Die Sparrenlänge muss so festgelegt werden, dass die Dachfläche mit ganzen horizontalen Ziegelreihen gedeckt werden kann. Bei Ziegeln mit Querfalz (Kremper, Pfannen) richtet sich die Sparrenlänge genau nach der Anzahl der Ziegelreihen (ein Spielraum in der Längenüberdeckung wie bei Biberschwanzziegeln ist hier nicht möglich).

46. Welche Vor- und Nachteile haben Ziegeldeckungen gegenüber Betondachsteindeckungen?

Vorteile: Natürliches umweltverträgliches Produkt, einer der ältesten Baustoffe und älteste, heute noch übliche Dachdeckung → Deckungsart mit den längsten Erfahrungen.
Nachteile: Das Brennen erfordert einen hohen Energieaufwand. Durch das Brennen sind Ziegel nicht so maßhaltig wie z. B. Betondachsteine. Die meisten Dachziegel besitzen (im Unterschied zu Betondachsteinen) einen Querfalz und sind damit nicht variabel in der Längenüberdeckung.

47. Aus welchem Grund muss bei Dachdeckungen aus Faserzementplatten die Hauptwetterrichtung berücksichtigt werden?

Durch Beachtung der Hauptwetterrichtung wird die Gefahr reduziert, dass das Regenwasser durch den Wind in die Fugen gedrückt wird.

48. Nennen Sie die wichtigsten Deckungsarten für Faserzementdachplatten und ihre wesentlichen Unterscheidungsmerkmale.

Deutsche Deckung:
Sie ist formal der Schieferdeckung sehr ähnlich. Die Verlegung erfolgt mit Gebindesteigung und die Platten besitzen meist einen Bogenschnitt. Die Deckung erfolgt auf einer geschlossenen Holzschalung.

Doppeldeckung:
Die Verlegung erfolgt ohne Gebindesteigung, eine geschlossene Schalung ist nicht erforderlich, die Platten werden in der Regel an einer Lattung befestigt. Die Rechteckplatten werden im „Hochformat" verlegt.

Waagerechte Deckung:
Die Rechteckplatten werden im „Querformat" verlegt. Die einzelnen Platten erhalten eine geringe Steigung gegen die Hauptwetterrichtung.

49. Nennen und begründen Sie die Vorzüge einer Dachdeckung mit Faserzementwellplatten gegenüber einer Ziegeldeckung.

Großformatige Deckung mit wenigen Fugen. Hohe Plattensteifigkeit durch Wellenprofil. Durch den geringen Fugenanteil gut geeignet für geringe Dachneigungen. Deutlich geringere Eigenlast als bei Ziegel- oder Dachsteindeckungen.

50. Warum muss bei ausgebauten Dachräumen unterhalb der Dämmschicht eine Dampfsperre angeordnet werden?

In der Dämmschicht kondensierter Wasserdampf würde die Dämmschicht durchfeuchten und unwirksam machen. Feuchtigkeit in der Tragkonstruktion böte einen Nährboden für holzzerstörende und gesundheitsschädigende Pilze.

51. Woraus kann die Tragkonstruktion eines Flachdaches bestehen?

– Holzkonstruktion (Balkenlage)
– Stahlkonstruktion
– Stahlbetondecke

52. Welcher bauphysikalische Unterschied besteht zwischen einem „Warmdach" und einem „Kaltdach"?

Kaltdach = zweischaliger, durchlüfteter Dachaufbau
Warmdach = einschaliger, nicht durchlüfteter Dachaufbau

10 Dachkonstruktionen

53. Zeichnen und beschriften Sie einen Querschnitt durch ein Flachdach als Kaltdach, dessen Tragkonstruktion aus Holzbalken besteht.

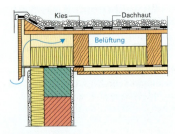

Schnitt quer zur Balkenlage

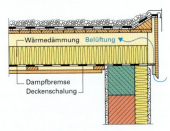

Schnitt längs zur Balkenlage

54. Aus welchen Materialien kann die Abdichtung (Dachhaut) eines Flachdaches bestehen?

– Bitumenbahnen aus Polymerbitumen oder aus Oxidationsbitumen
– Kunststoffdachbahnen
– Elastomerdachbahnen

55. Auf welche Art und Weise kann der Oberflächenschutz eines Flachdaches ausgebildet werden?

– Kiesschüttung
– schwimmend verlegte Betonplatten
– Dachbegrünung

56. Nennen Sie die Aufgaben der einzelnen Schichten eines durchlüfteten zweischaligen Flachdaches.

Von unten nach oben:
Tragschicht → raumabschließende und tragende (konstruktive) Aufgabe
Ausgleichsschicht → Ausgleich eventueller Bewegungen in der Tragschicht
Dampfbremse → Minderung des Wasserdampfeintritts in die Wärmedämmschicht
Wärmedämmschicht → Minderung der Transmissionswärmeverluste
Durchlüftung → Ableiten der mit Wasserdampf angereicherten Luft

57. Nennen Sie die Aufgaben der einzelnen Schichten eines nicht durchlüfteten einschaligen Flachdaches.

Von unten nach oben:
Tragschicht → raumabschließende und tragende (konstruktive) Aufgabe
Ausgleichsschicht → Ausgleich eventueller Bewegungen in der Tragschicht
Dampfsperre → Verhinderung des Wasserdampfeintritts in die Wärmedämmschicht
Wärmedämmschicht → Minderung der Transmissionswärmeverluste
Dampfdruckausgleichsschicht → Ausgleich der Dampfdruckunterschiede, Ermöglichen von Temperaturbewegungen der Dachhaut
Dachhaut → Dachabdichtung
Oberflächenschutz → Schutz der Dachabdichtung, Minderung der Aufheizung, Erhöhung der Sturmsicherheit

58. Bei einem nicht durchlüfteten einschaligen Flachdach (= Warmdach) wurde die Dampfsperre fehlerhaft, d.h. nicht ausreichend dicht, eingebaut. Welche Bauschäden treten nach kurzer Zeit bei diesem Flachdach auf?

Durchfeuchtung der Wärmedämmschicht, stellenweises Aufblähen der Dachhaut, Risse und damit undichte Stellen in der Dachhaut.

59. Worin unterscheidet sich ein Umkehrdach von einem „normalen" einschaligen Flachdach?

Beim Umkehrdach befindet sich die Wärmedämmschicht über der Dachabdichtung.

60. Beschreiben Sie den Aufbau eines Plusdaches.

Beim Plusdach liegt über der Dachabdichtung eine weitere Wärmedämmschicht.

61. Inwiefern tragen Dachbegrünungen zur Verbesserung unserer Umwelt bei?

– Sie bieten Lebensraum für Pflanzen und Tiere.
– Sie leisten einen Beitrag zur Luftverbesserung.
– Sie halten das Niederschlagswasser zurück.

10 Dachkonstruktionen

62. Nennen Sie weitere Vorteile von Dachbegrünungen.

Neben den in Aufgabe **61.** genannten Punkten bieten Dachbegrünungen noch folgende Vorteile:
- Die Bepflanzungen verschönern unsere Dachlandschaften und
- sie bringen zusätzliches „Grün" in unsere Umwelt, während der Blüte ggf. auch „Farbe".

63. Worin besteht der Unterschied zwischen extensiven und intensiven Dachbegrünungen?

Extensive Begrünung → sie besteht aus niedrig wachsenden Pflanzen und sie erfordert eine nur geringe Pflege.
Intensive Begrünung → sie besteht aus tiefer wurzelnden Pflanzen (kleine Bäume, Sträucher, Stauden), sie erfordert einen dickeren Bodenaufbau und regelmäßige Pflege.

64. Zeichnen und beschriften Sie den Aufbau eines begrünten Flachdaches.

Bepflanzung
Vegetationsschicht
Filtervlies
Dränschicht mit/ohne Anstaubewässerung
Schutzschicht
Wurzelschutzschicht
Trennschicht
Abdichtung
Dämmschicht
Dampfsperre
oberste Geschossdecke

65. Beschreiben Sie die Aufgaben der einzelnen Schichten eines begrünten Daches.

Von unten nach oben:
Schutz- bzw. Trennschicht → sie verhindert Beschädigungen zwischen der Abdichtung und der Wurzelschutzschicht.
Wurzelschutzschicht → sie verhindert das Eindringen von Wurzeln in die Abdichtung.
Dränschicht → sie speichert überflüssiges Niederschlagswasser und leitet es dann ab.
Filterschicht → sie verhindert das Eindringen von Feinteilen in die Dränschicht.
Vegetationsschicht → sie ist der Nährboden für die Bepflanzung.

66. Nennen Sie die Aufgaben von Dachüberständen.

- Witterungsschutz für die Fassade
- Sonnenschutz
- Gestaltung

10 Dachkonstruktionen

67. Zeichnen Sie die Traufe eines Daches mit Überstand.

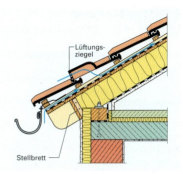

68. Beschreiben Sie die Ortgangausbildungen geneigter Dächer mit Ziegeldeckung.

– Ortgang ohne Dachüberstand mit Ortgangziegeln und Querbelüftung
– Ortgang bei Dachüberstand mit Ortgangziegeln
– Ortgang mit Zahnleiste bei Biberschwanzdeckung
– Ortgang bei Dachüberstand mit Ortgangbrettern

69. Wodurch unterscheidet sich ein Mörtelfirst von einem Trockenfirst?

Beim Mörtelfirst werden die Firstziegel bzw. Firststeine in einem Mörtelbett versetzt. Beim Trockenfirst werden die Firstziegel bzw. Firststeine mit Stahlklammern an der Firstlatte festgeschraubt. Der Trockenfirst ermöglicht eine Dachentlüftung.

70. Zeichnen und beschriften Sie die Dachrandausbildung eines einschaligen unbelüfteten Flachdaches.

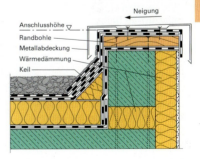

11 Hallenbauten

1. Was verstehen Sie unter einer Halle?

Hallen sind meist eingeschossige Gebäude mit einer großen stützenfreien Nutzfläche.

2. Für welche Zwecke werden Hallen errichtet?

– Sport- und Mehrzweckhallen
– Einkaufshallen
– Werkshallen
– Messehallen
– Bahnhofs- und Flugzeughallen

3. Wie groß sind Schulsporthallen?

– Einfachhalle (nicht für Wettkämpfe): 15 × 27 m, 5,50 m hoch
– Doppelhalle: 22 × 45 m, 7,00 m hoch
– Dreifachhalle: 27 × 45 m, 7,00 m hoch mit ausziehbarer Tribüne. Bei fest eingebauter Tribüne um die Tribünenbreite breiter als 27 m.

4. Erklären Sie den Unterschied zwischen einschiffigen oder mehrschiffigen Hallen.

Einschiffige Hallen weisen einen stützenfreien Innenraum auf. Hallenschiffe mehrschiffiger Hallen sind durch Stützenreihen getrennt.

5. Wann ist der Einsatz einer mehrschiffigen Hallenkonstruktion sinnvoll?

Wenn die notwendigen Stützen im Inneren die Funktion der Halle nicht beeinträchtigen.

6. Wie werden einschiffige oder mehrschiffige Hallen belichtet?

Belichtung seitlich und/oder über Dachoberlichter.

7. Welche weiteren Belichtungsmöglichkeiten gibt es bei mehrschiffigen Hallen?

Basilikaform:

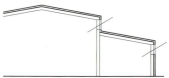

11 Hallenbauten

Sheddachhalle:

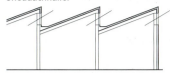

8. Welche Bausysteme werden für Hallen meistens eingesetzt?

Für Hallen werden meistens Skelettsysteme eingesetzt.

9. Woraus besteht ein Skelettbau?

Ein Skelettbau besteht aus stabförmigen Bauteilen, wie Stützen und Trägern, welche die Gebäudelasten in den Baugrund übertragen. Wände und Decken haben nur raumabschließende und aussteifende Funktion.

10. Welche Tragwerksysteme werden für Hallen meistens eingesetzt?

Binder auf Wänden oder eingespannten Stützen.

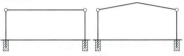

Zweigelenkrahmen

Dreigelenkrahmen

Bögen: Zweigelenk- oder Dreigelenkbogen

11. Welche Tragwerksysteme für Hallen sind außerdem gebräuchlich?

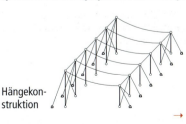

Hängekonstruktion

11 Hallenbauten

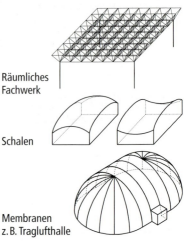

Räumliches Fachwerk

Schalen

Membranen
z. B. Traglufthalle

12. Wie werden beim System „Stütze-Binder" die Tragwerkselemente belastet?

Die Stützen werden auf Druck und Knickung belastet. Eingespannte Stützen werden auch auf Biegung beansprucht, die Biegebelastung ist an der Einspannung am größten.
Der Binder wird auf Biegung belastet, wie ein Träger auf zwei Stützen, mit der größten Belastung in der Mitte.

13. Wie werden beim System „Stütze-Binder" Horizontalkräfte abgeleitet?

– Die Stützen sind im Fundament eingespannt, sodass sie Horizontalkräfte aufnehmen können (eingespannte Stützen sind im Holzbau jedoch sehr selten) oder
– die Stützen der Endfelder und das Dach werden mit Diagonalen oder aussteifenden Platten zu unverschieblichen Flächentragwerken verbunden.

14. Beschreiben Sie das Tragverhalten einer Halle mit einem Tragwerk aus Zweigelenkrahmen.

Die Rahmenecken sind steif, meist verstärkt. Die Horizontalkräfte in Rahmenebene werden durch den Rahmen aufgenommen, die Fußpunkte sind gelenkig. Durch Temperaturdehnungen kommt es zu Zwängkräften (statisch unbestimmtes System).

15. Beschreiben Sie das Tragverhalten einer Halle mit einem Tragwerk aus Dreigelenkrahmen.

Die Rahmenecken sind steif, meist verstärkt. Die Horizontalkräfte in Rahmenebene werden durch den Rahmen aufgenommen, die Fußpunkte sind gelenkig. Durch das Mittelgelenk kommt es bei Temperaturdehnungen nicht zu Zwängkräften (statisch bestimmtes System). Wegen der schwierigen Gelenkausbildung am First seltener.

16. Wie werden bei Rahmentragwerken Horizontalkräfte, die quer zur Rahmenebene wirken, abgeleitet?

Die Horizontalkräfte werden durch Längsstäbe an den Ecken und Diagonalverbände in Dach und Wänden aufgenommen. Dach und Wände können auch als Scheibe ausgebildet sein.

17. Welche Lasten werden von Stützen aufgenommen und welche Beanspruchungen ergeben sich dabei für die Stützen?

Es werden Vertikallasten aufgenommen. Die Stütze wird dadurch auf Druck und Knickung belastet.
Bei eingespannten Stützen werden auch Horizontallasten aufgenommen. Die Stütze wird dabei zusätzlich auf Biegung beansprucht.

18. Wie werden Horizontallasten abgeleitet, wenn die Stütze als Pendelstütze ausgebildet wird, also an Kopf und Fuß gelenkig gelagert wird?

Die Horizontallasten werden über Diagonalverbände in Wänden und Dach oder durch die Scheibenwirkung von Wänden und Dach aufgenommen.

11 Hallenbauten

19. Wie wirkt eine eingespannte Stütze und wo ist ihre Beanspruchung am größten?

Sie wirkt ähnlich wie ein vertikaler Kragträger.
Ihre Beanspruchung ist am Stützenfuß am größten.

20. Weshalb werden eingespannte Stützen selten in Holz ausgeführt?

Eingespannte Stützen aus Holz werden sehr selten ausgeführt, weil
– Materialien, wie Stahl oder Beton, in denen sie eingespannt werden könnten, eine andere Temperaturdehnung aufweisen als Holz und bei Feuchtigkeitsveränderungen nicht quellen oder schwinden wie Holz.
– Holz dauerhaft trocken eingebaut werden sollte, was an einem eingespannten Stützenfuß schwierig ist.
– Holz luftumspült eingebaut werden sollte. Für die Kraftübertragung an der Einspannung wird aber eine große Kontaktfläche an allen Seiten benötigt.

21. Welche Arten von Bindern sind für Hallen gebräuchlich?

– Vollwandbinder
– Binder mit unterbrochenem Steg
– unterspannte Träger
– Fachwerkträger

22. Wie können Vollwandbinder in der Ansicht aussehen?

– mit parallelen Ober- und Unterkanten

– mit geneigter Oberkante

– bogenförmig

23. Wie können Vollwandbinder im Querschnitt ausgeführt werden?

– mit rechteckigem Querschnitt
– T-förmig
– I-förmig

24. Beschreiben Sie einen unterspannten Träger.

Ein schmaler Träger wird mit einem Zugband unterspannt. Der Träger wird nur mit Druckkräften belastet, die Abstandshalter müssen biegesteif mit dem Träger verbunden werden und sind ebenso nur mit Druckkräften belastet.

Sehr leichte und schlanke Konstruktion. Sie werden in Stahl oder mit Druckstäben aus Holz mit Stahlunterspannung ausgeführt.

25. Wie ist die statische Wirkungsweise unterspannter Träger?

Die Form folgt dem Momentenverlauf bei Biegebeanspruchung:
In Trägermitte wirkt das größte Biegemoment, dort ist auch der Abstand von Druckbalken und Zugstab am größten und damit der Hebelarm des Widerstandsmomentes aus Druckbalken und Zugband.

Durch Vorspannung des Zugstabes kann der Druckbalken leicht nach oben gebogen werden, um bei Belastung wieder die gerade Form anzunehmen.

26. Beschreiben Sie die prinzipielle Wirkungsweise von Fachwerkbindern?

Werden drei Stäbe gelenkig miteinander verbunden, ergibt sich ein unverschiebliches Dreieck. Koppelt man mehrere Dreiecke, ergibt sich ein Fachwerk. Damit lassen sich mit kurzen Stäben große Spannweiten überbrücken.

27. Wie werden die Stäbe beim Fachwerk bezeichnet?

Der horizontale oder flach geneigte obere Stab ist der Obergurt, der horizontale untere der Untergurt, dazwischen befinden sich Vertikal- und Diagonalstäbe oder -streben.

28. Welche Formen von ebenen Fachwerken sind üblich?

Parallele Gurte = Parallelbinder

11 Hallenbauten

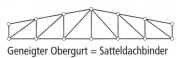
Geneigter Obergurt = Satteldachbinder

Bogenform = Bogenbinder

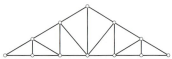
Satteldachform = Dreiecksbinder

29. Wie werden die Stäbe im Fachwerk belastet?

Wirken Kräfte nur in der Ebene des Fachwerks und greifen sie nur an den Knotenpunkten an, werden die einzelnen Stäbe des Fachwerks entweder auf Druck, Zug oder nicht belastet. Letztere werden als Nullstäbe bezeichnet.

30. Wie werden die Stäbe dieses Fachwerks durch die eingezeichneten Kräfte belastet?

Druckstäbe – schwarz
Zugstäbe – rot

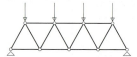
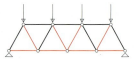

31. Kennzeichnen Sie die Beanspruchung der einzelnen Stäbe dieser Fachwerke.

Druckstäbe – schwarz
Zugstäbe – rot
Nullstäbe (ohne Last) – blau

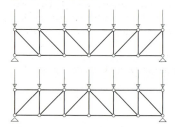
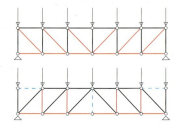

11 Hallenbauten

32. Kennzeichnen Sie die Beanspruchung der einzelnen Stäbe dieser Fachwerke.

Druckstäbe – schwarz
Zugstäbe – rot
Nullstäbe (ohne Last) – blau

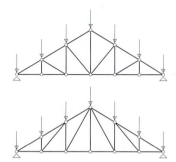
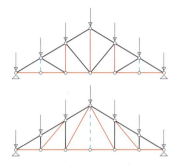

33. Wie können Stützen mit dem Fachwerk verbunden werden, und welche Folgen hat dies für die Belastung der Stütze?

Das Fachwerk wird entweder am Ober- oder am Untergurt mit der Stütze verbunden.
Die Stütze ist daher im Anschluss drehbar, es wirken keine Biegekräfte aus dem Fachwerk auf die Stütze.
Die Stütze ist an Ober- und Untergurt angeschlossen.
Die Verbindung ergibt eine steife Ecke, wie bei einem Rahmen. Es wirken daher Biegekräfte aus der Verformung des Fachwerks auf die Stütze.

34. Was verstehen Sie unter der Maßordnung im Fertigbau?

Die Maße des Systems sind ein Vielfaches eines Grundmoduls (GM), wie auch im Mauerwerksbau, wo GM das Achtelmetermaß ist.
Im Fertigbau ist GM meist größer und beträgt beispielsweise 1,00 oder 1,25 m.

Raumabschließende und tragende Bauteile weisen ein Vielfaches von GM auf, zusätzlich gibt es Ergänzungsmaße für Wanddicken und andere Konstruktionen, die sinnvollerweise kleiner sind als GM.

35. Wofür wird im Fertigbausystem die Maßordnung benötigt?

Um die einzelnen Komponenten aufeinander abzustimmen, besonders, wenn es sich um solche verschiedener Hersteller handelt.

36. Was ist der Unterschied zwischen einem offenen und einem geschlossenen Fertigbausystem?

Beim offenen Fertigbausystem werden Komponenten verschiedener Hersteller eingesetzt, beim geschlossenen System nur solche eines Herstellers.

37. Welche Bedeutung hat ein Rastersystem für die Hallenplanung?

Mit dem Rastersystem wird die Lage der tragenden und häufig auch der raumabschließenden Elemente festgelegt, sodass gleich große Elemente verwendet werden können. Dabei spielt es eine Rolle, wie die Elemente gegenüber dem Raster angeordnet werden:
– Axial
– Innen: Grenzlage
– Außen: Randlage

38. Wie groß ist in der Regel der Abstand der tragenden Elemente im Skelettbau?

Meistens zwischen 4,50 und 6,00 m.

39. Welche Rastersysteme werden verwendet?

Der Konstruktionsraster, der sich auf die tragende Konstruktion bezieht und der Ausbauraster.
Beispielsweise beträgt der Abstand des Ausbaurasters 1 GM, der des Konstruktionsrasters 5 GM.

40. Welche Größe dürfen die einzelnen Elemente nicht überschreiten, wenn sie mit normalen Lkw transportiert werden sollen?

Die Transportmaße bei einem normalen Sattelzug betragen maximal 13,6 m in der Länge, 2,5 m in der Breite und 2,3 m in der Höhe.

41. Was ist für die Fertigmaße von Bauteilen in einem Rastersystem zu berücksichtigen?

Die Maße anschließender Bauteile sind zu berücksichtigen sowie die Maße für Fugen und Toleranzen.

Beispielsweise ist ein Wandelement, das zwischen die Stützen gestellt wird, um zweimal die halbe Stützenbreite *b* und zweimal das Fugenmaß *f* kürzer als das Rastermaß der Stützenkonstruktion.

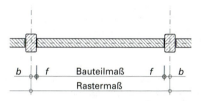

42. Welche positiven und negativen Eigenschaften weist der Baustoff Holz für Hallenkonstruktionen auf?

+ Geringe Eigenlast.
+ Nachwachsender Rohstoff.
+ Geringe CO_2-Emission.
+ Durch die gute Wärmedämmwirkung des Holzes entstehen kaum Wärmebrücken.
+ Auch zimmermannsmäßig mit einfachen Mitteln konstruierbar.
+ Mit Holzleimkonstruktionen vielfältige Formen möglich.
+ Im Brandfall bleibt die Tragfähigkeit eine Zeit lang erhalten – Zeit zum Leeren der Halle.
− Holz ist brennbar, daher für höhere Brandschutzanforderungen nicht geeignet.
− Eingespannte Stützen sind nur schwer konstruierbar.
− Der Schutz vor pflanzlichen und tierischen Schädlingen sowie Pilzen erfordert konstruktive Sorgfalt. Chemischer Holzschutz sollte möglichst selten angewendet werden, da er mit Giften arbeitet.

43. Wie wurden früher Hallen in zimmermannsmäßigen Konstruktionen überspannt?

Mit Hänge- und Sprengwerken. Diese waren im Abstand von etwa 4,5 m angeordnet und trugen die Pfetten, worauf die Sparren und die Dachdeckung lagen.

Beim Hängewerk stehen die Säulen nicht auf dem Bundbalken, sie verhindern nur sein Durchhängen.

Doppeltes Hängewerk, Spannweite bis etwa 12,00 m

Vierfaches Hängewerk, unterer Riegel als Zange ausgebildet, Spannweite bis etwa 20,00 m

Sprengwerk mit Zugband zur Aufnahme des Horizontalschubes am Auflager, unterer Riegel als Zange ausgebildet, Spannweite bis etwa 16,00 m

44. Wie werden Hallen in Holzkonstruktion heute ausgeführt?

– Mit Nagelbrettbindern oder Fachwerkträgern aus Brettern.
– Mit Fachwerkbindern aus Kanthölzern oder mit Druckstäben aus Holz und Zugstäben aus Stahl.
– Mit unterspannten Holzträgern, Unterspannung in Stahlkonstruktion.
– Mit Vollwandbindern aus Brettschichtholzbindern.

45. Wie wird ein Bretterbinder konstruiert?

Aus gleich dicken Brettern mit Nagelverbindungen, Binderabstand etwa 1,00 m. Ober- und Untergurt bestehen meist aus zwei parallelen Brettern, die Streben liegen dazwischen. Der Obergurt wird mit Futterbrettern gegen das Ausknicken geschützt.

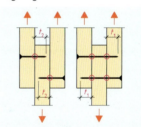

46. Welche Nagelverbindungen gibt es?

Ein- und mehrschnittige Nagelverbindungen. Mehrschnittige Nagelverbindungen sind tragfähiger.

47. Wie werden Nagelbinder in industrieller Bauweise gefertigt?

Aus gleich starken Kanthölzern oder Bohlen, die stumpf gestoßen werden und mit beidseitig eingepressten Nagelplatten verbunden werden.

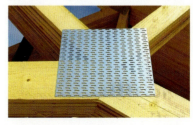

11 Hallenbauten

48. Worin besteht der Vorteil von Nagelplattenbindern gegenüber herkömmlichen Nagelbrettbindern?

Das aufwendige Einschlagen vieler Nägel nach einem genauen Nagelbild entfällt. Alle Stäbe bestehen nur aus einem Kantholz oder einer Bohle.

49. Wie können Fachwerkbinder für größere Binderabstände konstruiert werden?

Fachwerkbinder für Binderabstände bis etwa 6,00 m werden aus Kanthölzern oder Brettschichtholz hergestellt. Die Verbindung der Stäbe erfolgt entweder mit
– Dübeln und Bolzen,
– Stahlblechen und Nägeln oder
– Stabdübeln.

50. Wie werden Fachwerkbinder mit Dübelverbindungen konstruiert?

Wie beim Nagelbrettbinder sind die Gurte und teilweise die Streben geteilt, damit die Stäbe einander an einem Punkt überlappen. Druckstäbe weisen wegen der Knickung annähernd quadratische Querschnitte auf oder werden mit Futterhölzern gegen Ausknicken gesichert.
Verwendet werden Ringdübel, die eingelassen werden müssen, oder Scheibendübel mit Dornen oder Krallen, die eingepresst werden.

51. Wie werden Fachwerkbinder mit Stahlblech-Nagelverbindungen konstruiert?

Die Stäbe sind ungeteilt und meist gleich stark. Sie werden stumpf gestoßen und an den Stoßstellen ein- oder mehrfach geschlitzt. In die Schlitze werden die Stahlbleche gesteckt. Die Verbindung erfolgt mit Stabdübeln oder bei dünnen, nicht vorgebohrten Blechen auch mit Nägeln.

Stahlbleche in Schlitzen

Drahtstifte

52. Wovon ist die Höhe eines Fachwerkbinders abhängig?

Die erforderliche Höhe ist von der Belastung, vom Trägerabstand und von der Konstruktion des Binders abhängig.
Im Allgemeinen beträgt sie zwischen 1/8 und 1/12 der Spannweite.

53. Beschreiben Sie die Konstruktion eines unterspannten Trägers.

Der Zugstab für die Unterspannung wird durch eine Schrägbohrung am Ende des Balkens geführt. Dort ist er mit einer stählernen Kopfplatte verschraubt. Die Druckstützen sind meist aus Stahl und mit dem Zugstab verbunden.

54. Welche Querschnittsformen von Vollwandbindern aus Holz sind gebräuchlich?

Leimbinder aus Brettschichtholz weisen meist Rechteckquerschnitte auf. Auch andere Querschnitte sind möglich. Leimbinder sind in ihrer Größe nur durch die Fertigungsmöglichkeiten und den Transport begrenzt.
Stegträger mit Gurten aus Schichtholz und einem Steg aus Sperrholz oder OSB-Platten für kleinere Spannweiten.

55. Welche Trägerformen lassen sich in Holzleimkonstruktion ausführen?

In Holzleimbauweise lassen sich beliebige Trägerformen ausführen.
Auch Rahmen und Bögen sind ausführbar.

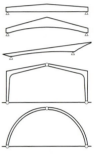

56. Wie werden Stützen in Holzbauweise hergestellt?

Rechteckige oder runde Querschnitte aus Konstruktionsvollholz oder Brettschichtholz.
Zusammengesetzte Querschnitte in Form von Kastenprofilen, I-Querschnitten meist in Holzleimbauweise, seltener genagelt oder gedübelt.
Mehrteilige Stützen werden meist mit Bolzen und Dübeln verbunden.

11 Hallenbauten

57. Wie werden bei Holzhallen Träger an geschosshohe Stützen angeschlossen?

a) Mit Zapfenverbindungen (heute eher selten).
b) Mit aufgesetzten oder eingelassenen Laschen aus Brettern oder Sperrholzplatten und Nagel- oder Stabdübelverbindung.
c) Mit eingeschlitzten Laschen aus Sperrholzplatten oder Stahlblechen und Verbindung mit Stabdübeln oder Passbolzen.
d) Bei zweiteiligen Stützen aufliegend auf das Futterholz mit Stabdübeln, Bolzen oder Passbolzen.

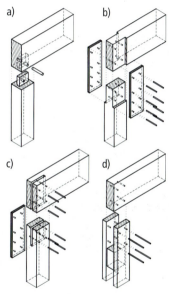

58. Wie wird ein Stützenfuß im Holzbau ausgeführt?

Meistens mit einem Stahlformteil. Die Aufstandsfläche muss für die Übertragung der Druckkräfte ausreichend groß sein, eine zugfeste Verankerung ist ebenso notwendig.
Das Eindringen von Wasser zwischen Holz und Stahl muss verhindert werden.
Ist die Stütze von außen nicht verkleidet, ist der Stützenfuß oberhalb des Spritzwasserbereiches anzubringen.

Stützenfüße gibt es zum Einbetonieren oder Aufdübeln, manche sind höhenverstellbar.

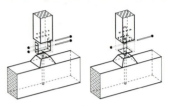

59. Welche Holzarten werden im Holzhallenbau meist verwendet?

Vorwiegend Nadelhölzer.
- Nadelschnittholz für nicht sichtbare Konstruktionen,
- Konstruktionsvollholz für sichtbare Konstruktionen,
- Brettschichtholz für höher belastbare Bauteile, große Querschnitte, Rahmen und Bögen.

60. Nennen Sie zwei Festigkeitsklassen von Holz für den Hallenbau und erklären Sie, was die Bezeichnungen besagen.

C 24 – Nadelholz mit einer charakteristischen Biegefestigkeit von 24 N/mm^2.
GL 32 h – Brettschichtholz (GL) aus Lamellen gleicher Festigkeit (h) mit einer charakteristischen Biegefestigkeit von 32 N/mm^2.

61. Wie wird die Dach- und Wandkonstruktion bei einem Binderabstand von mehr als 1,25 m unterstützt?

Auf den Bindern werden Pfetten im Abstand >1,25 m angebracht, welche die Dach- oder Wandkonstruktion tragen. Es können auch Massivholzplatten aus Brettschichtholz verwendet werden, die 6 m Spannweite und mehr überbrücken können.

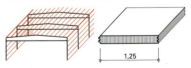

62. Welche positiven und negativen Eigenschaften weist der Baustoff Stahl für Hallenkonstruktionen auf?

+ Geringe Eigenlast.
+ Sehr schlanke Konstruktionen möglich.
+ Stahl ist nicht brennbar, daher mit geeigneten Verkleidungen auch für hohe Brandschutzanforderungen einsetzbar.

- Im Brandfall plötzliches Versagen der Konstruktion.
- Die sehr gute Wärmeleitfähigkeit von Stahl macht wärmebrückenfreie Konstruktionen schwierig.
- Der Korrosionsschutz erfordert regelmäßige Wartung.

63. Wie verhält sich Stahl im Brandfall?

Stahl brennt zwar nicht, beginnt aber bei etwa 500 °C zu fließen, d.h., er verliert bei dieser Temperatur schlagartig die Tragfähigkeit und verformt sich sehr stark.

64. Wie erfolgt der Brandschutz bei Stahlhallen?

- Durch Ummantelung der Bauteile mit Putz, Beton, Gipsplatten oder Brandschutzplatten.
- Mit dämmschichtbildenden Anstrichen.
- Bis vor 40 Jahren auch mit Spritzasbest; dies macht wegen der Gesundheitsgefährdung durch Asbest eine aufwendige Entsorgung notwendig.

65. Wie erfolgt der Korrosionsschutz bei Stahlhallen?

- Feuerverzinken
- Korrosionsschutzanstrich
- Pulverbeschichtung

66. Welche Stahlsorten werden für Hallenbauten verwendet und was besagen die Bezeichnungen?

- Baustähle S 235
- Höherfeste Baustähle S 355

Die Mindeststreckgrenze R_{eH} in N/mm² für Nenndicken ≤ 16 mm, z. B.
S 235: R_{eH} = 235 N/mm²
Streckgrenze: Bis zur Streckgrenze findet ausschließlich eine elastische Verformung statt, was bedeutet, dass das Bauteil bei Entlastung die ursprüngliche Form wieder annimmt. Oberhalb der Streckgrenze gibt es dauerhafte Verformungen.

67. Wie werden Stahlträger und -rahmen ausgebildet?

- Als Vollwandträger aus Walzprofilen oder aus geschweißten Blechprofilen.
- Als Träger mit unterbrochenem Steg, wie Lochträger, Wabenträger oder Vierendeelträger.
- Als unterspannter Träger.
- Als Fachwerk aus Stahlprofilen.

11 Hallenbauten

68. Welche Verbindungsmittel werden im Stahlbau verwendet?

- Nieten – eher historisch.
- Schrauben – lösbare Verbindung.
  - SL-Verbindung: Scherverbindung.
  - SLP-Verbindung: Lochlaibungsverbindung mit Passschrauben.
  - GV-Verbindung: Gleitfeste Verbindung mit hochfesten Schrauben, Passschrauben.
- Schweißen – für nicht lösbare Verbindungen, kann ohne Festigkeitsverlust ausgeführt werden.

69. Welche Stützen- und Trägerformen werden bei Stahlhallen eingesetzt?

- Einteilige Stützen aus I-Profilen, Rechteck- oder Rundprofilen.
- Mehrteilige Stützen aus Walzprofilen.
- Stützen und Träger aus zusammengeschweißten Blechen.
- Träger mit unterbrochenem Steg.
- Unterspannte Träger.
- Fachwerkstützen und -träger.
- Räumliche Fachwerke.

70. Welche Stahlwalzprofile werden für Stahlhallen verwendet?

- Für Stützen werden häufig Stahlprofile der Reihe HE-A wegen des annähernd quadratischen Querschnittes verwendet.
- Für Träger werden häufig hohe Querschnitte, wie die Profile der Reihe IPE, eingesetzt.

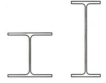

71. Warum werden Träger mit unterbrochenem Steg ausgeführt?

Entscheidend für die Tragfähigkeit des Trägers ist die Trägerhöhe. Im Steg wirken außer beim Auflager nur geringe Kräfte, daher kann er zur Materialeinsparung und zur Führung von Leitungen unterbrochen werden.

72. Wie werden Binder mit unterbrochenem Steg ausgeführt?

– Als Lochstegträger aus I-förmig zusammengeschweißten Blechen mit Löchern im Steg.

– Als Wabenträger. Dieser besteht aus aufgeschnittenen und versetzt zusammengeschweißten Walzprofilen.

– Als Vierendeelträger, dessen Ober- und Untergurt nur durch vertikale Stäbe verbunden sind und der deshalb an den Ecken starke Biegebeanspruchungen aufweist.

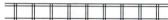

73. Wie kann ein unterspannter Träger in Stahl ausgeführt werden?

Der Druckstab besteht meist aus einem Walzprofil, der Zugstab aus Rundstahl, die Distanzstäbe aus Rohren mit angeschweißten Schraubösen und Kopfplatte zur Schraubverbindung mit dem Walzprofil. Am Walzprofil sind eine Platte zur Befestigung des Zugstabes und zur Verstärkung eine Kopfplatte und Platten zwischen den Stegen angeschweißt.

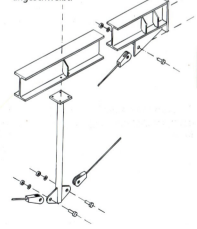

11 Hallenbauten

74. Welche Formen kann ein Fachwerkträger in Stahl aufweisen?

Er kann als ebenes Fachwerk oder als Dreigurttäger ausgebildet sein.

75. Wie werden Fachwerkbinder aus Stahl meistens ausgeführt?

Die Gurte bestehen aus durchgehenden Stahlprofilen. Die Knoten weisen meistens geschweißte Verbindungen auf, wie beim vorgefertigten R-Träger aus T-Profilen und Streben aus Rundstahl.
Seltener werden geschraubte Verbindungen eingesetzt.

76. Wie kann ein Fachwerksystem aus einheitlichen Stäben und Knoten aussehen?

Beim MERO-System für räumliche Fachwerke besteht die Grundform aus Tetraedern oder Halboktaedern (quadratischen Pyramiden). Die Knoten sind Kugeln, die für jede Anschlussrichtung Innengewinde aufweisen, in welche die Stäbe eingeschraubt werden.

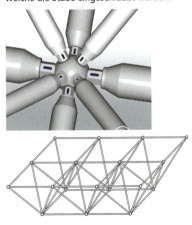

77. Wie ist der Rahmen einer Typenhalle aus Stahl meistens aufgebaut?

Die Konstruktion wird als Zweigelenkrahmen ausgeführt. Die Binder bestehen aus IPE-Profilen, die Stützen aus IPE- oder HE-A-Profilen.

Die einzelnen Profile des Rahmens werden an der Baustelle montiert. Dafür sind an den Enden Kopfplatten angeschweißt, an denen sie verschraubt werden. Die Aussteifung erfolgt mit Rohren und Zugstäben zwischen den Rahmen.

Z.B.: Spannweite 20 m, Rahmenabstand 6 m, keine Kranlast, Dachlast 1,25 kN/m²:
Stützen HE-A 360, Binder IPE 500.

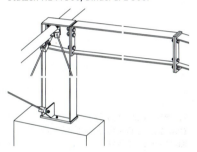

78. Wie können biegesteife Rahmenecken ausgeführt werden?

– Mit eingeschweißten Blechen zur Verstärkung des Steges.
– Stütze und Binder werden zur Ecke hin verbreitert (= gevoutet).
– Mit Verstärkungsdreiecken.

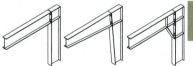

79. Wie kann der Fußpunkt einer gelenkig gelagerten Stütze (Pendelstütze) im Stahlbau ausgeführt werden?

An der Stütze sind eine Fußplatte und ein Schubstück angeschweißt. Die Verbindung mit dem Fundament erfolgt durch Schrauben.

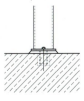

11 Hallenbauten

80. Wie wird der Fußpunkt einer eingespannten Stütze im Stahlbau ausgeführt?

Die Stütze wird gegen im Fundament eingelassene Stahlprofile mit einer Hammerkopfschraube verankert.
Die Stütze wird in ein Köcherfundament einbetoniert. Mit Holzklötzen oder Stahlprofilen wird sie ausgerichtet. Die Einspanntiefe beträgt mindestens das Dreifache der Stützenbreite.

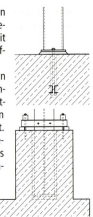

81. Welche Materialien eignen sich für Außenwände von Stahlhallen?

– Stahltrapezbleche:
Mit Wärmedämmung und äußerer Verkleidung aus Blechprofilen.
– Stahlkassetten: Wärmedämmung innerhalb des Profiles oder innerhalb und davorliegend und Verkleidung mit Trapezblechen.
– Sandwichelemente aus Stahlblech mit Polyurethandämmung und unsichtbarer Befestigung in den Fugen.
– Porenbetonelemente: Selbsttragende Wand- und Deckenelemente bis 7,50 m Länge,
– Mauerwerk.

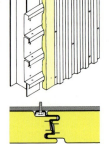

82. Beschreiben Sie die Ausführung einer Wand- und Dachverkleidung aus Trapezblechen.

Die Trapezbleche sind von Binder zu Binder gespannt oder liegen auf Pfetten auf. Die Konstruktion wird gegen Wärmeverluste gedämmt.

Die Dachausbildung erfolgt häufig als Flachdachkonstruktion mit geklebter Dampfsperre, Dämmung, Abdichtung und Schutzschicht. Da Metalle dampfdicht sind, genügt auch eine Verklebung der Fugen und Schraubstellen des Trapezbleches als Dampfsperre.

Bei geneigten Dächern wird häufig ein Dach aus Blechprofilen eingesetzt.

Die Wandausbildung erfolgt ähnlich dem Dach mit Blechprofilen. Als Abstandhalter dienen Z-förmige Blechprofile, zwischen denen die Dämmung liegt (siehe Abbildung). Zusätzliche Lagen Faserdämmung in den Sicken der Trapezbleche und eine Schicht Gipsfaserplatten verbessern die Schalldämmung.

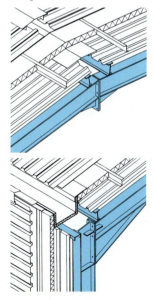

11 Hallenbauten

83. Welche positiven und negativen Eigenschaften weist der Baustoff Stahlbeton für Hallenkonstruktionen auf?

+ Erfüllt auch ohne Verkleidungen oder Beschichtungen hohe Brandschutzanforderungen.
+ Geringe Unterhaltskosten.
− Hohe Eigenlast.
− Bei schlaff bewehrten Konstruktionen beschränkte Stützweiten.

84. Welche Vor- und Nachteile weist ein vor Ort hergestelltes Stahlbetonskelett gegenüber einem Stahlbeton-Fertigteilsystem auf?

+ An unregelmäßige Formen gut anpassbar.
+ Biegesteife Knotenverbindungen sind möglich.
+ Durchlaufträger und -decken sind möglich.
+ Decken mit Pilzkopfstützen sind möglich, damit geringere Konstruktionshöhen.
− Längere Bauzeit.
− Hoher Aufwand für Schalungen.
− Demontage schwierig.

85. Woraus besteht das Tragwerk einer Halle aus Stahlbetonfertigteilen?

Die wesentlichen Bestandteile sind:
− Köcherfundamente,
− Stützen,
− Binder.

86. Beschreiben Sie ein Köcherfundament in Fertigbauweise.

Der Fertigteilköcher besteht aus vier Wänden, die für guten Verbund mit dem Vergussbeton innen gerippte Oberflächen aufweisen. Die Anschlussbewehrung unten dient der Verbindung zum vor Ort betonierten Fundamentkörper.

87. Beschreiben Sie mögliche Ausführungsformen von Stahlbeton-Fertigteilstützen.

Die Stützen weisen unten gerippte Oberflächen für guten Verbund mit dem Köcher auf. Sie haben Konsolen für Kranbahnen und Auflager für die Binder. Diese sind häufig gabelförmig ausgebildet.

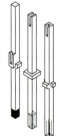

11 Hallenbauten

88. Welche Binderformen werden im Stahlbetonfertigteilbau verwendet?

Parallel- oder Satteldachbinder mit T- oder I-förmigem Querschnitt.
Häufig ist der Steg durchbrochen, um Leitungen führen zu können und Masse zu sparen.

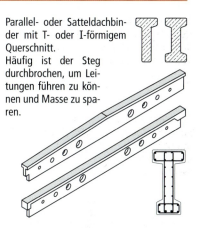

89. Warum werden Stahlbetonfertigteile häufig vorgespannt?

Durch die Vorspannung der Bewehrung erhöht sich die Tragfähigkeit. Damit sind bei geringerer Masse größere Spannweiten möglich. Im Fertigteilwerk ist die Vorspannung verhältnismäßig einfach durchzuführen.

90. Welche Stahlbetonfertigteile bieten sich als Deckensystem an?

Decken aus Stahlbetonfertigteilen, welche auch vorgespannt gefertigt werden können:
– Hohldielendecken: Ebene Deckenplatten mit röhrenförmigen Hohlräumen.
– Decken aus TT-Platten.

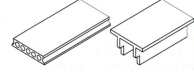

91. Weshalb ist es günstig, die Tragkonstruktion von außen nicht sichtbar zu gestalten?

Die Tragkonstruktion aus Stahl oder Stahlbeton sollte mit einer wärmedämmenden Hülle umgeben sein, um Wärmebrücken zu vermeiden. Eine sichtbare Tragkonstruktion ergibt immer Wärmebrücken.

92. Beschreiben Sie die in der Zeichnung dargestellte Konstruktion einer Halle mit Stahlbetonfertigteilen.

Die Wandelemente bestehen aus einer inneren Tragschale aus Stahlbeton, einer Dämmschicht und einer äußeren Vorsatzschale aus Stahlbeton. Die beiden Stahlbetonschalen sind mit korrosionsbeständigen Ankern miteinander verbunden.
Die tragende Wandschale wird zwischen die Stützen gesetzt und liegt dort auf Konsolen auf.
Im Bild ist eine Decke aus Hohldielenelementen dargestellt. Die Dämmung der Wand läuft bis zur Oberkante der Hohldielendecke und stößt dort auf die Flachdachdämmung. Die höhergezogene Vorsatzschale ergibt den Flachdachabschluss mit einer Attika.

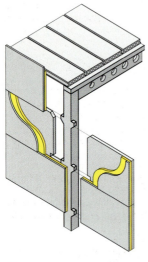

93. Worin liegt der Vorteil von Porenbetonelementen für Wände und Decken?

Die Wand- und Deckenelemente aus Porenbeton sind bewehrt und daher selbsttragend und können ohne weitere Unterstützung von Binder zu Binder gespannt werden. Durch die gute Wärmedämmung des Porenbetons kann meist auf zusätzliche Dämmmaßnahmen verzichtet werden, wenn die Elemente außerhalb der Stahlbetonstützen angebracht werden.

94. Welche Wandsysteme außer Stahlbeton- und Porenbetonelementen eignen sich noch für Stahlbetonhallen?

Es eignen sich alle Wandsysteme aus Stahlblechen, Glas, Beton und Mauerwerk.

12 Ausbauen eines Geschosses

1. Erklären Sie die Begriffe vorbeugender und abwehrender Brandschutz.

– Der vorbeugende Brandschutz versucht durch Material- und Konstruktionsauswahl die Brandentstehung zu verhindern.
– Der abwehrende Brandschutz versucht einen ausgebrochenen Brand und dessen Folgen zu bekämpfen, beispielsweise durch Feuermelder, Rettungswege.

2. Was verstehen Sie unter dem ersten und dem zweiten Rettungsweg?

– Der erste Rettungsweg führt über notwendige Flure und Treppen ins Freie.
– Der zweite Rettungsweg kann auch über eine mit Rettungsgeräten erreichbare Stelle erfolgen, wie Fenster oder Balkon.

3. In welche Baustoffklassen werden Baustoffe nach DIN 4102 in Bezug auf ihre Brennbarkeit eingeteilt?

A: Nichtbrennbar:
– A1: Nichtbrennbare Baustoffe ohne organische Bestandteile.
– A2: Nichtbrennbare Baustoffe mit geringen Anteilen an brennbaren Bestandteilen.

B: Brennbar:
– B1: Schwer entflammbar
– B2: Normal entflammbar
– B3: Leicht entflammbar

4. In welche Baustoffklassen werden Baustoffe nach EN 13501 in Bezug auf ihre Brennbarkeit eingeteilt?

A: Kein Beitrag zum Brand: A1, A2
B: Sehr begrenzter Beitrag zum Brand
C: Begrenzter Beitrag zum Brand
D: Hinnehmbarer Beitrag zum Brand
E: Hinnehmbares Brandverhalten
F: Keine Leistung festgestellt

Außerdem werden die
– Rauchentwicklung (smoke) mit den Klassen s1, s2, s3 und
– brennendes Abtropfen (droplets) mit den Klassen d0, d1, d2 bewertet. Dabei steht eine niedrigere Zahl für geringere Gefahr.

12 Ausbauen eines Geschosses

5. Welche Baustoffklassen nach EN 13501 entsprechen welchen Klassen nach DIN 4102?

DIN 4102	EN 13051
A1	A1
A2	A2 – s1,d0
B1	A2 – s1, d1, d2 oder A2 – s2, s3, d0…d2
	B – s1…s3, d0…d2
	C – s1…s3, d0…d3
B2	D – s1…s3, d0…d3
	E – s1…s3, d0…d3
B3	F

6. In welche Feuerwiderstandsklassen werden Bauteile nach DIN eingeteilt und welcher bauaufsichtlichen Benennung nach der Landesbauordnung entspricht dies?

Sie werden nach der Feuerwiderstandsdauer in Minuten gegen einen Normbrand eingeteilt:
- F 30 feuerhemmend,
- F 60 hoch feuerhemmend,
- F 90 feuerbeständig,
- F 120 feuerbeständig,
- F 180 hoch feuerbeständig.

Die DIN unterscheidet zusätzlich, ob die wesentlichen und die übrigen Teile aus brennbaren Baustoffen bestehen.
A – nichtbrennbar, B – brennbar
z. B.:
F 90-A: F 90 aus nichtbrennbaren Baustoffen
F 90-AB: F 90 in den wesentlichen Teilen aus nichtbrennbaren Baustoffen.
F 90-B: F 90 aus brennbaren Baustoffen (z. B. Holzkonstruktion).

7. In welche Feuerwiderstandsklassen werden Sonderbauteile eingeteilt?

Sie werden wie allgemeine Bauteile nach der Feuerwiderstandsdauer in Minuten eingeteilt, der Buchstabe verweist auf das Bauteil, z. B. Türen: T 30, T 60, …
Fenster: F 30, F 60, …
Verglasungen: G 30, G 60, …
Nichttragende Wände: W 30, W 60, …

8. Wie werden Bauteile nach EN 13501 in Feuerwiderstandsklassen eingeteilt?

Nach der Feuerwiderstandsdauer in Minuten und den Anforderungen an das Bauteil, wie:
– R (Résistance) Tragfähigkeit
– E (Étanchéité) Raumabschluss
– I (Isolation) Wärmedämmung

Außerdem nach der Brennbarkeit der verwendeten Baustoffe:
– [nb] nichtbrennbar (wie DIN: A)
– [wnb] in den wesentlichen Teilen nichtbrennbar (wie DIN: AB)

Des Weiteren nach der Brandrichtung:
– i → o: von innen nach außen
– o → i: von außen nach innen

Beispiele
– Stütze: R 30 (F 30)
– Tragende Wand: REI 90 [nb] (F 90-A)
– Nichttragende Wand: EI 60 [wnb] (F 60-AB)
– Brandwand: REI 30 i → o, EI o → i

9. In den meisten Bundesländern sind die Brandschutzanforderungen abhängig von der Gebäudeklasse. Welche Anforderungen bestehen an tragende Wände und Decken sowie an Trennwände zwischen Nutzungseinheiten (NE)?

Gebäudeklasse I:
– Tragende Wände und Decken: Keine Anforderung.
– Trennwände zwischen NE: Zwischen Wohnungen keine Anforderung, sonst feuerhemmend F 30 (EI 30).

Gebäudeklassen II und III:
– Tragende Wände und Decken: Feuerhemmend F 30 (REI 30).
– Trennwände zwischen NE: Feuerhemmend F 30 (EI 30).

Gebäudeklasse IV:
– Tragende Wände und Decken: Hoch feuerhemmend F 60 (REI 60).
– Trennwände zwischen NE: Hoch feuerhemmend F 60 (EI 60).

Gebäudeklasse V:
– Tragende Wände und Decken: Feuerbeständig F 90 (REI 90).
– Trennwände zwischen NE: Feuerbeständig F 90 (EI 90).

12 Ausbauen eines Geschosses

10. Wie kann eine feuerbeständige Ummantelung einer Stahlstütze ausgeführt werden?

Als dreilagige Ummantelung aus Gipsplatten Typ F mit je 15 mm Dicke.

11. Wie kann eine hoch feuerhemmende Untersichtsbekleidung einer Holzbalkendecke aufgebaut sein?

An einer Traglattung mit ≤ 40 cm Achsabstand werden zwei Lagen Gipsplatten Typ F mit 12,5 mm Dicke oder zwei Lagen Gipsfaserplatten mit 10 mm Dicke angebracht.

12. Welche Arten von Schall werden der Ausbreitung nach unterschieden?

– Luftschall: Luftteilchen werden durch eine Schallquelle in Schwingungen versetzt. Dieser Schall wird vom menschlichen Ohr wahrgenommen.
– Körperschall: Bauteile werden durch mechanische Beanspruchung oder durch Luftschall in Schwingungen versetzt.
– Trittschall: Durch Begehen wird z. B. eine Decke in Schwingungen versetzt.

13. In welcher Einheit wird der Schallpegel angegeben? Geben Sie die Werte an für: Hörschwelle, Nachtruhe im Wohngebiet, Unterhaltung, Verkehrslärm, Drucklufthammer, Schmerzgrenze?

dB(A) – Dezibel(A)	
20	Hörschwelle
40	Nachtruhe im Wohngebiet
60	Unterhaltung
80	Verkehrslärm
100	Druckluftlufthammer
120	Schmerzgrenze

14. Was geschieht, wenn Schallwellen auf ein Bauteil treffen?

– Schallreflexion: Ein Teil des Schalls wird an einer glatten, harten Oberfläche in den Raum zurückgeworfen.
– Schallabsorption: An porigen, weichen Oberflächen wird ein Teil des Schalls geschluckt.
– Schalltransmission: Ein Teil des Schalls wird durch das Bauteil geleitet.

15. Wie wird der Luftschall von einem Raum in den anderen übertragen?

Die Schallwellen in der Luft des einen Raumes versetzen das Trennbauteil in Schwingungen. Diese werden an die Luft des anderen Raumes übertragen. Neben der Schallübertragung über das Trennbauteil wird ein Teil des Schalls auch auf Nebenwegen über die flankierenden Bauteile weitergeleitet.

12 Ausbauen eines Geschosses

16. Wie wird das Schalldämmmaß ermittelt und was bedeutet ein hohes Schalldämmmaß?

In einem Raum wird ein hoher Schallpegel erzeugt und im anderen Raum der Schallpegel gemessen. Die Differenz der beiden Schallpegel ergibt die Luftschalldämmung. Ein hohes Schalldämmmaß R'_w (dB) bedeutet eine gute Schalldämmung.

17. Wovon ist die Schalldämmung eines Bauteils abhängig?

Das Schalldämmmaß R'_w (dB) ist abhängig von
- der Größe des Bauteils,
- der Masse des Bauteils,
- dem Aufbau des Bauteils,
- dem Schallschluckvermögen,
- Undichtheiten, wie z. B. Fugen,
- den Anschlüssen an flankierende Bauteile.

18. Wovon ist die Schalldämmung einschaliger Wände und Decken abhängig?

Je größer die flächenbezogene Masse, desto besser ist die Schalldämmung.

19. Wovon ist die Schalldämmung mehrschaliger Wände und Decken abhängig?

- Vom Schalenabstand, eine Vergrößerung des Schalenabstandes verbessert die Schalldämmung.
- Von Verbindungen und Schallbrücken, starre Verbindungen und Schallbrücken zwischen den Schalen verschlechtern die Schalldämmung.
- Vom Schallabsorptionsvermögen der Dämmung des Hohlraumes zwischen den Schalen.
- Von der Schallübertragung über Nebenwege bei Anschlüssen an andere Bauteile.

20. Wie kann die Schalldämmung einer bestehenden Wand verbessert werden?

Durch eine biegeweiche Vorsatzschale aus Gipsplatten, Gipsfaserplatten oder ähnlichen Baustoffen; am besten durch eine der bestehenden Wand vorgesetzte einseitig beplankte Ständerwand, die nicht mit der Wand verbunden ist.

12 Ausbauen eines Geschosses

21. Welche Anforderungen für den Luftschallschutz gibt es nach DIN 4109 für Wände und Decken?

Bauteil $R'_w \geq$	Mindestanforderung	Erhöhter Schallschutz
	dB	dB
Wohnungstrennwand	53	57
Wohnungstrenndecke	54	57
Reihenhaustrennwand	57	67

22. Wie kann eine Trennwand zwischen Reihenhäusern ausgeführt werden?

Eine typische Reihenhaustrennwand besteht aus zwei Schalen Mauersteinen mit einer durchgehenden Dämmlage aus 4 cm mineralischem Faserdämmstoff, welcher lückenlos von der Fundamentsohle bis zum Dach durchgeht.

23. Was besagt ein hoher Trittschallpegel und wie wird er gemessen und angegeben?

Ein hoher Trittschallpegel $L'_{n,w}$ (dB) bedeutet eine große Belästigung durch Trittschall.
Im oberen Raum klopft ein genormtes Hammerwerk auf die Decke, während im unteren Raum der Schallpegel gemessen wird. Er wird in Dezibel (dB) angegeben.

24. Welche Anforderungen für den Trittschallschutz gibt es nach DIN 4109 für eine Decke zwischen Wohneinheiten?

Der Trittschallpegel $L'_{n,w}$ darf laut DIN 4109 nicht größer sein als $L'_{n,w} \leq 53$ dB.
Empfehlung für erhöhten Schallschutz: $L'_{n,w} \leq 46$ dB.

25. Wie kann die Trittschalldämmung verbessert werden?

– Durch einen schwimmend verlegten Bodenaufbau, der durch eine federnde Zwischenlage von der Rohdecke und der Wand getrennt ist, wie z. B. ein Estrich auf Dämmschicht (schwimmender Estrich),
– durch weiche Bodenbeläge.

26. Wovon hängt die Trittschalldämmung eines schwimmenden Estrichs ab?

Eine große Masse des Estrichs und eine Dämmung mit geringer Steifigkeit ergeben eine gute Trittschalldämmung.

27. Beschreiben Sie die Herstellung und die Erhärtung von Baugips.

Durch Brennen wird das Kristallwasser teilweise aus dem Gipsstein ausgetrieben. Bei der Erhärtung bilden sich durch Einlagerung von Wasser wieder Gipskristalle.

28. Worin besteht der Unterschied zwischen Stuckgips, Putzgips und Estrichgips?

- Stuckgips wird bei etwa 180 °C gebrannt und versteift langsam.
- Putzgips wird bei höherer Temperatur gebrannt, beginnt früher zu versteifen, ist aber länger verarbeitbar als Stuckgips.
- Estrichgips wird bei Temperaturen um 1000 °C gebrannt und enthält kein Kristallwasser mehr. Er erreicht nach dem Erhärten eine große Festigkeit.

29. Welche positiven und negativen Eigenschaften weist der Baustoff Gips auf?

+ Gips ist nicht brennbar.
+ Gips ist leicht zu verarbeiten.
+ Gips nimmt Feuchtigkeit aus der Luft auf und gibt diese an trockene Luft wieder ab, wirkt also feuchtigkeitsregulierend.
+ Durch seine porige Struktur ist Gips verhältnismäßig wärmedämmend und schallschluckend.
+ Gips ist ein natürlicher Baustoff ohne gesundheitliche Risiken.
- Gips ist wasserlöslich, deshalb in dauerhaft feuchten Räumen und im Außenbereich nicht einsetzbar.

30. Woraus bestehen Gipsplatten nach DIN EN 520?

Gipsplatten bestehen aus einem Kern aus Stuckgips, der an den Flächen und Längskanten mit Karton ummantelt ist.

31. Nennen Sie die gebräuchlichsten Typen von Gipsplatten und deren Verwendung.

- Gipsplatte Typ A: Standardplatte für Trockenbauwände und Verkleidungen.
- Gipsplatte Typ H: Imprägnierte Platte für Verwendung in Feuchträumen und zum Verfliesen.
- Gipsplatte Typ F: Brandschutzplatte für Bauteile mit Anforderungen an die Feuerwiderstandsdauer.

32. Woraus bestehen Gipsfaserplatten?

Gipsfaserplatten bestehen aus Gips, der mit Cellulose- oder Holzfasern verstärkt ist.

33. Beschreiben Sie den Unterschied zwischen Gipsplatten und Gipsfaserplatten in Bezug auf deren Anwendung.

Gipsplatten sind leichter und einfacher zu bearbeiten.
Gipsfaserplatten sind mechanisch belastbarer, können höhere Konsollasten aufnehmen und erfordern geringere Dicken für den gleichen Brandwiderstand. Sie eignen sich besonders für Brandschutzverkleidungen, mechanisch stark beanspruchte Bauteile, mittragende Beplankungen und Trockenunterböden.

34. Was verstehen Sie unter Gipswandbauplatten?

Gipswandbauplatten sind großformatige, massive Platten in Wandstärke aus Stuckgips. Sie ergeben ohne Verputz eine malerfertige Oberfläche und werden für Trennwände verwendet.

35. Worin besteht der Vorteil von Gipswandbauplatten für die Herstellung einer Trennwand?

– Gute Schalldämmung durch große Masse.
– Günstige Brandschutzeigenschaften, ab 100 mm Dicke hoch feuerbeständig.
– Durch die hohe Passgenauigkeit der Platten und die glatte Oberfläche ist kein Verputz notwendig.
– Installationen lassen sich leicht einfräsen.

36. Wie wird eine Trennwand aus Gipswandbauplatten hergestellt?

Für den Anschluss an Boden, Wänden und Decke wird ein Dämmstreifen aufgebracht. Die Platten werden im Verband gesetzt und in den Fugen mit Nut- und Federausbildung durch Dünnbettmörtel verklebt. Die Anschlussfuge zur Decke wird mit Gips gefüllt.

37. Was verstehen Sie unter einer leichten Trennwand in Ständerbauweise?

Ein tragendes Gerüst aus Holz oder Metallprofilen wird mit Gipsplatten oder Gipsfaserplatten beplankt, der Hohlraum mit Faserdämmstoff gefüllt.

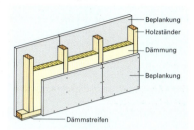

38. Was verstehen Sie unter einer Doppelständerwand und weshalb wird sie eingesetzt?

Doppelständerwände weisen zwei parallel liegende Unterkonstruktionen auf, die nicht miteinander verbunden sind und außenseitig meist mehrlagig beplankt werden. Durch die Entkopplung der Wandschalen ergibt sich eine bessere Schalldämmung.

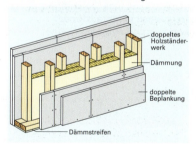

39. Was ist der Vorteil von Metallprofilen gegenüber Holzprofilen für die Unterkonstruktion leichter Trennwände?

Die Metallprofile sind passgenau und formstabil und weisen für das Verlegen von Elektroinstallationen Ausstanzungen auf. Dadurch ist die Montagezeit kürzer.

40. Wie wird eine Metallständerwand aufgebaut?

Die Rahmenprofile (Kurzzeichen UW) werden mit einer Anschlussdichtung an Boden und Decke befestigt. Die Ständerprofile (Kurzzeichen CW) müssen mindestens 1,5 cm in die Anschlussprofile eingreifen. Sie weisen meist einen Abstand von 62,5 cm auf. Die Beplankung wird mit Schnellbauschrauben oder Nägeln bzw. Klammern befestigt.

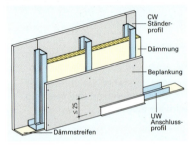

41. Wie kann eine Wohnungstrennwand in Metallständerkonstruktion aufgebaut sein?

Z. B. als mehrfach beplankte Doppelständerwand mit Metallunterkonstruktion und mineralischem Faserdämmstoff. Zwischen den beiden Ständerwerken befinden sich dünne Dämmstoffstreifen. Damit ist eine feuerbeständige Trennwand (F 90) mit einem Schalldämmmaß $R'_w \geq 57$ dB möglich.

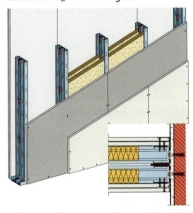

42. Wann ist ein gleitender Anschluss der Ständerwände an angrenzende Bauteile erforderlich?

Ein gleitender Anschluss ist notwendig, wenn die zu erwartenden Verformungen der angrenzenden Bauteile mehr als 10 mm betragen, wie z. B. die Durchbiegung bei größeren Deckenspannweiten.

43. Skizzieren Sie einen starren Boden- und Deckenanschluss sowie einen gleitenden Deckenanschluss einer Einfachständerwand aus Metallprofilen.

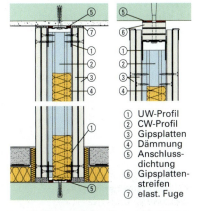

Starrer Anschluss   Gleitender Anschluss

① UW-Profil
② CW-Profil
③ Gipsplatten
④ Dämmung
⑤ Anschlussdichtung
⑥ Gipsplattenstreifen
⑦ elast. Fuge

44. Womit können Konsollasten an einer Ständerwand befestigt werden?

Mit Hohlraumdübeln, die an der Plattenrückseite ein Widerlager bilden.

45. Welche Vorteile bieten Ständerwände?

Ständerwände sind schnell, leicht und trocken einzubauen, haben geringe Eigenmasse und können auch hohe Anforderungen hinsichtlich Brandschutz, Schallschutz und Wärmedämmung erfüllen.

46. Was verstehen Sie unter Trockenputz?

Das Bekleiden der Wände mit Gipsplatten. Diese werden mit Gipsbatzen oder -streifen auf das rohe Mauerwerk geklebt.

47. Wie wird Trockenputz bei besonders unebenem Mauerwerk ausgeführt?

Gipsplattenstreifen werden mit Batzen lot- und fluchtrecht am unebenen Mauerwerk angesetzt. Die Gipsplatten werden dann im Dünnbettverfahren auf die Streifen geklebt.

12 Ausbauen eines Geschosses

48. Was verstehen Sie unter einer Vorsatzschale?

Vorsatzschalen sind an der Wand befestigte oder frei stehende Bekleidungen, die wie Ständerwände mit einseitiger Beplankung ausgeführt werden. Der Hohlraum zwischen Bekleidung und Wand wird mit Dämmstoff gefüllt. Damit können Wärme-, Schall- und Brandschutz der Wand verbessert werden.

49. Woraus besteht die Tragkonstruktion einer wandbefestigten Vorsatzschale?

Sie besteht aus federnden Befestigungen, um die Schallübertragung zu vermindern, und Profilen für Ständerwände aus Holz oder Metall.

50. Weshalb wird eine Vorwandinstallation ausgeführt?

– Keine Schwächung der Wand.
– Vermeiden von Schallbrücken.
– Keine Verschlechterung der Wärmedämmung bei Außenwänden.
– Das Stemmen von Schlitzen entfällt.
– Reparaturen sind einfacher durchzuführen.

51. Was ist bei einer Vorwandinstallation besonders zu beachten?

– Für die sanitären Einrichtungsgegenstände sind spezielle Tragelemente erforderlich.
– Alle Leitungen müssen unverrückbar an der Tragkonstruktion befestigt und gegen Kondenswasserbildung gedämmt werden.

52. Was ist unter Fertigteilestrich zu verstehen?

Ein Unterboden, der aus vorgefertigten Tafeln von 2,5 … 3 cm Dicke besteht, die kraftschlüssig miteinander verbunden werden. Sie werden trocken, vollflächig und ohne Hohlraum auf dem Rohboden aufgebracht.

53. Woraus kann ein Fertigteilestrich bestehen?

Ein Fertigteilestrich kann aus mehrschichtigen Gips- oder Gipsfaserplatten, Holzspanplatten oder aus Estrichziegeln bestehen.

54. Was verstehen Sie unter Hohlraumböden und Doppelböden?

Der Unterboden ist aufgeständert, sodass darunter ein Hohlraum für Leitungsführungen entsteht. Hohlraumböden weisen eine relativ geringe Höhe auf, während Doppelböden für die Führung größerer Leitungen gedacht sind.

Hohlraum- und Doppelboden

55. Benennen und beschreiben Sie die unten dargestellten Arten von Türrahmen und deren Verwendung.

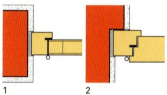

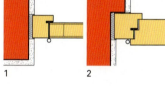

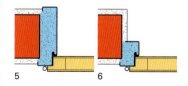

1 Blockrahmentür:
Das Rahmenprofil sitzt in der verputzten Laibung.
Meist Außentüren, hier Innentür mit stumpf einschlagendem Türblatt.

2 Blendrahmentür:
Ein Rahmenprofil ähnlich dem eines Fensterrahmens wird gegen einen Maueranschlag eingebaut.
Außentüren, Haustüren.

3 Tür mit Futter und Bekleidungen:
Der Türrahmen (Futter) deckt die gesamte Mauerdicke ab, die Fuge zwischen Mauer und Futter wird durch die Bekleidungen abgedeckt. Der Falz für den Türanschlag wird durch die Bekleidung einer Seite gebildet. Hier mit gefälztem Türblatt.
Häufigste Konstruktion für Innentüren.

4 Zargentür:
Der Türrahmen deckt die gesamte Mauerdicke ab, die Fuge zwischen Mauer und Rahmen ist sichtbar. Hier mit stumpf einschlagendem Türblatt.
Innentüren.

5 Stahl-Umfassungszarge:
Die gesamte Wanddicke umfassend.
Innentüren, Feuerschutztüren.

6 Stahl-Eckzarge:
Feuerschutztüren.

12 Ausbauen eines Geschosses

56. Wann spricht man von einer linken Tür und welche der dargestellten Türen sind linke Türen, welche rechte?

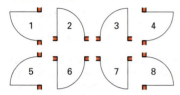

Sind die Bänder von der Seite gesehen, auf die sich die Tür öffnet, links, ist es eine linke Tür.
Bei sichtbaren Bändern einfacher:
Sieht man die Bänder bei geschlossener Tür auf der linken Seite, ist es eine linke Tür, wie bei den in Aufg. **55.** dargestellten Türen.
Linke Türen: 1, 3, 6, 8.
Rechte Türen: 2, 4, 5, 7.

57. Beschreiben Sie die Türblattarten Sperrtür, Rahmentür und aufgedoppelte Tür.

– Sperrtür:
 Glattes Türblatt, das aus Rahmen, Einlage und Deckplatten besteht, die miteinander verleimt sind. Es kann auch Glasausschnitte aufweisen.
– Rahmentür:
 Sie besteht aus Rahmenfriesen mit Füllungen aus Holz, Holzwerkstoffplatten oder Glas.
– Aufgedoppelte Tür:
 Eine tragende Türkonstruktion wird durch Profilbretter oder Tafeln bekleidet, wodurch Masse und Schalldämmung zunehmen. Sie wird vor allem für Hauseingangstüren verwendet.

58. Wie werden die dargestellten Türen nach der Bewegung des Türblattes bezeichnet?

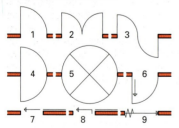

1 Drehflügeltür
2 Drehflügeltür, zweiflügelig
3 Drehflügeltür, zweiflügelig, gegeneinander schlagend
4 Pendeltür
5 Drehtür
6 Hebedrehflügeltür
7 Schiebetür

8 Hebeschiebetür

9 Falttür

59. Woraus bestehen die Beschläge einer Innentür mit Drehflügel?

– Bänder: Sie ermöglichen die Bewegung des Türblattes und halten es im Rahmen.
– Schloss
– Drückergarnitur

60. Welcher Beschlag wird zur Bewegung einer Schiebetür benötigt?

Ein Laufwerk bestehend aus einer Laufschiene, die am Rahmen befestigt ist, und einem Laufwagen, der am Türblatt befestigt ist.

61. Was verstehen Sie unter einer Feuerschutztür?

Eine selbstschließende Tür, die dem Feuer für eine bestimmte Zeit Widerstand leistet. Sie kann aus Stahl, Stahlrahmen mit Glasfüllung oder auch aus Holz bestehen. Bezeichnung z. B.: T 30.

62. Wie kann eine Schallschutztür ausgeführt werden?

Um eine bessere Schalldämmung zu erreichen, wird das Türblatt mehrschalig mit schweren Deckschichten ausgeführt. Diese werden durch eine elastische Zwischenlage akustisch entkoppelt. Im Türanschlag werden mehrere Dichtungen eingebaut, zum Boden hin eine automatische Absenkdichtung.

63. Welche Arten keramischer Platten können aufgrund ihrer Struktur unterschieden werden?

– Feinkeramik weist einen feinen Scherben auf und wird als Steingut- oder Steinzeugfliese angeboten.
– Grobkeramik weist einen gröberen Scherben auf und wird als Spaltplatte, Bodenklinker oder Ziegelplatte (Cotto) angeboten.

64. Was ist der Vorteil von Steinzeugfliesen gegenüber Steingutfliesen?

Steinzeug weist einen härter gebrannten Scherben mit geringer Wasseraufnahme auf und ist daher härter und frostfest. Unglasierte Steinzeugfliesen und Feinsteinzeug sind besonders abriebfest. Sie eignen sich daher für Böden mit starker Beanspruchung im Innen- und Außenbereich.

12 Ausbauen eines Geschosses

65. Beschreiben Sie die Eigenschaften von Spaltplatten und deren Anwendungsbereich.

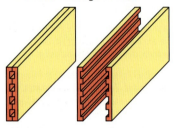

Spaltplatten sind grobkeramische Platten, die in der Strangpresse als Doppelplatte geformt, gegebenenfalls glasiert, und nach dem Brennen in Einzelplatten aufgespalten werden. Sie sind frostbeständig und sehr robust und werden daher im Außenbereich und in Schwimmbädern verwendet. Wegen der unebenen Rückseite werden sie im Mörtelbett verlegt.

66. Welche Arten keramischer Platten eignen sich für den Außenbereich?

Alle Arten, die wenig Wasser aufnehmen und daher frostfest sind:
– Steinzeugfliesen und -platten,
– Spaltplatten,
– Bodenklinker.

67. Wie werden Fliesen meistens verlegt und was ist dafür Voraussetzung?

Fliesen werden meist im Dünnbettverfahren auf den Untergrund geklebt. Dieser muss vollständig eben sowie frei von losen Teilen, Staub und Gipsresten sein und ist gegebenenfalls vorzunässen.
Ist der Untergrund nicht ausreichend eben, kann er durch eine Spachtelung mit Fliesenkleber vorbereitet werden.

68. Wie können Fliesen bei stark unebenem Untergrund verlegt werden?

Im Dickbettverfahren. Die Fliesen werden in einem 10…15 mm starken Mörtelbett verlegt. Dies ist sehr zeit- und kostenaufwendig. Stattdessen können die Unebenheiten auch durch Verputzen oder Gipsplatten beseitigt werden, damit anschließend im Dünnbettverfahren verfliest werden kann.

69. Was verstehen Sie unter Betonwerksteinen?

Betonwerksteine sind vorgefertigte Platten oder Treppenstufen aus Beton, die werksteinmäßig bearbeitet werden. Durch besondere Gesteinskörnungen und Farbzusätze sowie die Bearbeitung durch Schleifen und Polieren können sie natursteinähnlich wirken.

70. Wie sind Terrazzoplatten aufgebaut?

Auf einer Unterschicht aus Beton oder Asphalt befindet sich eine Vorsatzbetonschicht mit farbiger Gesteinskörnung.

Vorsatzbetonschicht
Kernbetonschicht oder Asphaltschicht

71. Wie können Natursteine nach der Art der Entstehung eingeteilt werden?

- **Erstarrungsgestein** (magmatisches Gestein) entsteht durch Erstarren flüssiger Gesteinsschmelze.
- **Ablagerungsgestein** (Sedimentgestein) entsteht durch Verfestigung von Ablagerungen. Diese werden, wie Sand oder Kies, durch Erosion von Gestein gebildet oder, wie Kalk, durch chemische Ausfällung oder durch das Absinken der Kalkgehäuse von Meereslebewesen.
- **Umprägungsgestein** (metamorphes Gestein) entsteht aus anderen Gesteinen durch hohen Druck und Temperatur im Zuge der Gebirgsbildung.

72. Welche Erstarrungsgesteine werden meist für Beläge verwendet und wie sind deren Eigenschaften?

Granit und **Basalt** sind hart, dauerhaft und witterungsbeständig, polierbar, aber schwer zu bearbeiten. Sie sind für innen wie für außen gut geeignet.

73. Welche Ablagerungsgesteine werden meist für Beläge verwendet und wie sind deren Eigenschaften?

- **Sandstein** ist saugfähig, leicht zu bearbeiten, nicht polierfähig, oft nicht frostfest, daher für Bodenbeläge weniger geeignet.
- **Kalkstein**, in Form von Muschelkalk, Juramarmor oder Travertin, ist leicht zu bearbeiten, polierfähig, aber chemisch nicht beständig. Einige Arten sind nicht frostbeständig.

12 Ausbauen eines Geschosses

74. Welche Umprägungsgesteine werden meist für Beläge verwendet und wie sind deren Eigenschaften?

– **Marmor** ist aus Kalkstein entstanden und weist ein feinkörniges, druckfestes und sehr dekoratives Gefüge auf. Er ist frostfest, aber chemisch nicht beständig. Für Wand- und Bodenbeläge geeignet.
– **Tonschiefer** ist leicht spaltbar, aber schwer zu bearbeiten. Er ist gegen Dauerfeuchte empfindlich.
– **Gneis** ist aus Granit entstanden, sehr widerstandsfähig und daher für außen gut geeignet.

75. Welche Verlegeverfahren eignen sich für Natursteinplatten?

– Dünne Platten mit ebener Rückseite lassen sich wie Fliesen im Dünnbettverfahren kleben.
– Dicke Platten und solche mit unebener Rückseite werden in einem etwa 3 cm dicken Mörtelbett verlegt.

76. Welche Vor- und Nachteile weist eine Holzbalkendecke gegenüber einer Stahlbetondecke auf?

+ Geringere Masse,
+ trockener Einbau,
+ sofort tragfähig.
– Holz ist brennbar, daher nicht für hohe Brandschutzanforderungen geeignet,
– durch geringe Masse ungünstige Voraussetzungen für den Schallschutz,
– bei hoher Feuchtebelastung und über dem Keller nicht geeignet.

77. Beschreiben Sie die tragende Struktur einer Holzbalkendecke.

Das tragende Element sind Holzbalken aus Vollholz oder Brettschichtholz mit stehendem Rechteckquerschnitt im Verhältnis 3:4 bis 1:2. Der Achsabstand der Balken beträgt zwischen 60 und 100 cm. Darüber gibt es eine Schalung aus Holz oder Holzwerkstoffen, welche die eigentliche Rohdeckenebene bildet.

78. Welche Anforderungen muss eine Holzbalkendecke erfüllen?

– Tragfähigkeit
– Durchbiegung $\leq l/300$, d.h., die Durchbiegung darf nicht mehr als 1/300 der Spannweite betragen.

– Brandschutz: Gebäudeklasse II und III mindestens feuerhemmend (F 30; REI 30), Gebäudeklasse IV hoch feuerhemmend (F 60; REI 60).
– Schallschutz: Mindestanforderung nach DIN 4109 an Wohnungstrenndecken: $R'_w \geq 54$ dB, für erhöhten Schallschutz $R'_w \geq 57$ dB.

79. Wie groß kann der Balkenquerschnitt in Abhängigkeit von der Spannweite überschlägig angenommen werden?

Bei im Wohnbau üblichen Belastungen und einem Balkenabstand von 75 … 90 cm, einem Balkenquerschnitt von 2:3 kann die Balkenhöhe h abhängig von der Spannweite l überschlägig so angenommen werden:
$h = l(m) \cdot 4 + 4$ cm.
Bei 5,00 m Spannweite:
$h = 5 \cdot 4 + 4 = 24$ cm.
Querschnitt 16/24 cm.

80. Beschreiben Sie die unten dargestellten Auflagerausbildungen einer Holzbalkendecke.

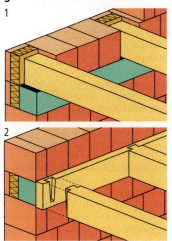

1 Die Balken werden auf einem Ringanker mit einer Auflagerlänge von etwa 15 cm aufgelegt und mit Winkeln befestigt. Als Schutz vor Feuchtigkeit ist unterhalb des Balkens eine Bitumenbahn zu verlegen. Die Balken werden nicht eingemauert, sondern es muss um die Balkenköpfe ein Luftspalt von 3 cm verbleiben. Damit durch das Balkenloch die Wärmedämmung nicht vermindert wird, ist eine Dämmschicht einzubauen. Da im Mauerwerksbau der Innenputz die notwendige luftdichte Schicht bildet, und diese durch das Balkenloch unterbrochen wird, ist eine luftdichte Auskleidung des Balkenloches notwendig. Dies könnte mit einer Dampfbremse geschehen, die entsprechend geformt und eingeputzt wird.

2 … 4 Mit einem umlaufenden Randbalken ist es einfacher die Luftdichtheit herzustellen. Entweder läuft der Putz hinter dem Randbalken durch, oder eine Dampfbremse wird hinter dem Randbalken angeordnet und dann eingeputzt.

12 Ausbauen eines Geschosses

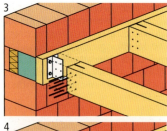

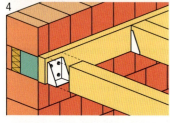

2 Anschluss mit CNC-gefräster Schwalbenschwanzverbindung. Für sichtbare Balken ohne sichtbare Metallverbindungen.
3 Anschluss mit Stahlblechverbindern und Stabdübeln.
4 Bei nicht sichtbaren Balken Anschluss mit Balkenschuhen.
3 und 4 Stahlblechverbinder und Balkenschuhe lassen sich auch direkt am Ringbalken befestigen, doch sind sie an einem hölzernen Randbalken leichter genau zu befestigen.

81. Wie werden die einzelnen Balken der dargestellten Balkenlage benannt?

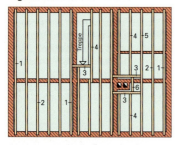

1 **Streichbalken** und **Giebelbalken** liegen parallel zu einer tragenden Wand bzw. Außenwand.
2 **Zwischenbalken** sind die normalen Balken zwischen den Streich- oder Giebelbalken.
3 **Wechsel** sind Querbalken für Deckenaussparungen.
4 **Stichbalken** führen von einem Auflager an einer Wand zu einem Wechsel.
5 **Wechselbalken** sind die Auflagerbalken für Wechsel.
6 **Füllhölzer** liegen zwischen Wechseln und sind Auflager für die Deckenschalung.

82. Wie wurden früher Holzbalkendecken mit dem Mauerwerk ohne Ringanker zugfest verbunden?

Jeder 3. oder 4. Balken wurde mit eisernen Ankern im Mauerwerk verankert. Bei Balken, die parallel zur Außenwand lagen, wurde der Anker über drei Balken geführt.

83. Wie erfolgt der Brandschutz bei einer Holzbalkendecke?

– Durch Überdimensionierung, da Holz im Brandfall so lange tragfähig bleibt, bis der Mindestquerschnitt für die Tragfähigkeit durch Abbrand unterschritten ist.
– Durch Brandschutzverkleidungen mit nichtbrennbaren Stoffen, beispielsweise mit Gipsplatten.

84. Wie kann der Trittschallschutz einer Holzbalkendecke verbessert werden?

Zur Verbesserung des Trittschallschutzes kann die Holzbalkendecke beschwert werden. Dies kann durch eine Sandschüttung geschehen oder durch Betonplatten oder Mauersteine, die auf einer Lage Trittschalldämmmatten aufgelegt werden. Darüber wird ein schwimmend verlegter Bodenaufbau ausgeführt.

85. Skizzieren Sie den Querschnitt durch eine Holzbalkendecke mit geschlossener Untersicht, die erhöhte Brand- und Schallschutzanforderungen erfüllt.

1,5 cm	Fertigparkett
0,5 cm	Dämmfilz
3 cm	Fertigteilestrich
2 cm	Trittschalldämmmatte
4 cm	Betonplatten
1 cm	Trittschalldämmfilz
2,5 cm	Holzschalung
24 cm	Holzbalken 16/24, dazwischen 10 cm Dämmmatte
5 cm	Latten 3/5 auf Federbügeln Achsabstand 40 cm
2,5 cm	2 Lagen Gipsfaserplatte

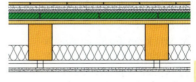

86. Skizzieren Sie den Querschnitt durch eine Holzbalkendecke mit sichtbaren Balken, die erhöhte Brand- und Schallschutzanforderungen erfüllt.

2,2 cm	Riemenparkett
5 cm	Lagerhölzer, dazwischen Dämmmatte
2 cm	Trittschalldämmmatte
5 cm	Sandschüttung
	Rieselschutz
4 cm	Holzschalung Nut-Feder F 30
24 cm	sichtbare Holzbalken 16/24

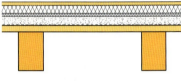

87. Wozu dienen Deckenbekleidungen und Unterdecken?

– Als Brandschutzverkleidung,
– zur Verbesserung der Schalldämmung,
– zur Leitungsführung.

88. Was ist der Unterschied zwischen Deckenbekleidung und Unterdecke?

Die Deckenbekleidung ist direkt an der Rohdecke befestigt, während die Unterdecke von der Rohdecke abgehängt ist.

89. Wie kann bei einer Deckenbekleidung oder Unterdecke der Brandschutz verbessert werden?

Durch eine oder mehrere geschlossene Lagen aus Brandschutzplatten, wie Gips- oder Gipsfaserplatten.

90. Wie kann der Schallschutz der Decke durch eine Deckenbekleidung oder Unterdecke verbessert werden?

Durch eine unabhängig schwingende, schwere geschlossene Untersicht und eine Dämpfung des Hohlraums mit Faserdämmstoffen. Dafür wird meist eine federnde Abhängung verwendet.

91. Wie kann die Raumakustik durch eine Unterdecke verbessert werden?

Unterdecken mit Löchern oder Schlitzen und darüberliegenden Faserdämmstoffen oder Platten mit großer spezifischer Oberfläche wirken schallschluckend und reduzieren den Nachhall.

92. Nennen Sie die wesentlichsten Formen von Unterdecken.

– Gerichtete Unterdecken aus Metallpaneelen oder -lamellen oder aus Holzprofilen.

– Rasterdecken aus Holzwerkstoffen, Gipsplatten, Metall.

– Kassettendecken mit offener oder geschlossener Rückseite.

– Fugenlose Unterdecken.

13 Sichern eines Bauwerkes

1. Erläutern Sie den Begriff „Spritzbeton".

Spritzbeton ist Beton, der in geschlossenen Leitungen durch eine Spritzmaschine zur Einbaustelle gefördert und dort mit Spritzdüsen aufgetragen wird.

2. Nennen Sie Anwendungsbeispiele für die Spritzbetonsicherung.

– Sicherung von losem Gestein und Boden an Steilhängen,
– Ausfachung aufgelöster Bohrpfahlwände,
– Wandsicherung bei Tunnelbauwerken,
– Instandsetzung von Betonbauteilen,
– Herstellung dünner Betonschalen.

3. Welcher Unterschied besteht bei der Spritzbetonsicherung zwischen dem Trockenspritzverfahren und dem Nassspritzverfahren?

– Beim Trockenspritzverfahren wird ein Gemisch aus Zement, Gesteinskörnung und Abbindebeschleuniger zur Spritzdüse gefördert. Erst beim Austritt aus der Düse wird das Anmachwasser beigemischt.
– Beim Nassspritzverfahren wird verarbeitungsfähiger Beton (mit Betonverflüssiger) gefördert und gespritzt.

4. Was versteht man unter einer Bodenvernagelung?

Bei der Bodenvernagelung werden Bewehrungsstäbe durch Bohrungen in die Baugrubenböschung eingebaut und meist mit Zementmörtel verpresst. Dies bewirkt, dass die an der Baugrubenböschung angreifenden Lasten im Baugrund verankert werden.

5. Warum werden Spritzbetonsicherungen häufig durch eine Bodenvernagelung zusätzlich gesichert?

Dadurch wird die Spritzbetonschale zugfest mit dem Baugrund verankert.

6. Beschreiben Sie die Vorgehensweise bei der Böschungssicherung einer Baugrube durch Spritzbetonsicherung und Bodenvernagelung.

1. Baugrubenaushub in Lagen von 1 … 2 m.
2. Aufbringen der bewehrten Spritzbetonschale.
3. Herstellen der Bodenvernagelung.
4. Ausheben der nächsten Lage … usw.

7. Erklären Sie den Begriff „Spundwand".

Spundwände bestehen aus vertikal in den Baugrund eingetriebenen Spundbohlen, die meist aus Stahl bestehen. Diese Spundwände eignen sich besonders zur wasserdichten Umschließung von Baugruben.

13 Sichern eines Bauwerkes

8. Auf welche Art werden Stahlspundbohlen in den Boden eingetrieben?

Sie werden, abhängig von der Bodenart, den Bodeneigenschaften und der Umgebungsbebauung, eingerammt, eingerüttelt, eingedrückt oder eingespült.

9. Nennen Sie den typischen Einsatz von Stahlspundwänden.

Sie werden bevorzugt in Gebieten mit hohem Grundwasserstand eingesetzt.
Bei Uferbauwerken oder Pfeilerfundamenten in Flussbetten stellt der Spundwandverbau oft die einzige Möglichkeit des Verbaus dar.

10. Was versteht man unter einer Bohrpfahlwand?

Bohrpfahlwände sind ein Baugrubenverbau, bei dem einzelne Bohrpfähle zu einer Wand verbunden werden. Zur Herstellung werden Löcher gebohrt, die anschließend bewehrt und ausbetoniert werden.

11. Nennen und skizzieren Sie die unterschiedlichen Arten von Bohrpfahlwänden.

Aufgelöste Bohrpfahlwand

Tangierende Bohrpfahlwand

Überschnittene Bohrpfahlwand

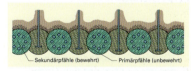

12. Nennen Sie den Vorteil von Bohrpfahlwänden gegenüber Spundwänden oder Trägerbohlwänden.

Bohrpfahlwände sind wesentlich steifer und setzungsärmer. Dadurch sind sie standfester und tragfähiger als Spundwände und Trägerbohlwände.

13 Sichern eines Bauwerkes

13. Nennen Sie typische Anwendungsgebiete für Bohrpfahlwände.

Wegen der hohen Kosten sind Bohrpfahlwände häufig nur dann wirtschaftlich, wenn sie nicht nur als Baugrubenwand dienen, sondern auch als tragendes Bauteil in das neu zu errichtende Bauwerk integriert werden.

14. Was versteht man unter einer Schlitzwand?

Unter einer Schlitzwand versteht man eine Beton- oder Stahlbetonwand, die durch das Ausbetonieren eines flüssigkeitsgestützten Erdschlitzes hergestellt wird.

15. Beschreiben Sie in Stichworten die Arbeitsschritte bei der Herstellung einer Schlitzwand.

1. Herstellen der Leitwände.
2. Ausheben der Schlitzwände bei gleichzeitigem Einbringen der Stützflüssigkeit.
3. Einbringen der Bewehrung.
4. Betonieren der Schlitzwand.

16. Beschreiben Sie das Gefrierverfahren als Möglichkeit der Baugrubensicherung.

Mit dem Gefrierverfahren werden künstlich gefrorene Bodenschichten hergestellt, die zur Sicherung von Baugrubenwänden und Tunnelbauwerken sowie zur Abdichtung gegen Grundwasser genutzt werden.

17. Wozu dienen Unterfangungen?

Sie dienen zur Sicherung der Fundamente angrenzender Gebäude.

18. Nennen Sie ein Verfahren zur Unterfangung eines Bauwerkes, wenn größere Bereiche und Tiefen von der Unterfangung betroffen sind.

In diesem Fall bieten sich Bohrpfähle als „Vor-der-Wand-Pfähle" zur Unterfangung an.

19. Nennen Sie die gebräuchlichen Methoden der Baugrundverbesserung.

– Der anstehende Boden wird verdichtet.
– Der Boden wird gegen tragfähigeres Material (z. B. Schotter) ausgetauscht.
– Die Tragfähigkeit des Bodens wird durch Einarbeiten von Bindemitteln (wie Kalk oder Zement) verbessert.

**20. Ordnen Sie folgende Gründungsarten entweder den Flachgründungen oder den Tiefgründungen zu:
Stehende Pfahlgründung, Einzelfundament, Streifenfundament, Brunnengründung, Plattenfundament, schwebende Pfahlgründung.**

Flachgründungen	Tiefgründungen
Einzelfundament	stehende Pfahlgründung
Streifenfundament	Brunnengründung
Plattenfundament	schwebende Pfahlgründung

13 Sichern eines Bauwerkes

21. Wann kommen Stützwände zur Ausführung?

Stützwände kommen immer dann zur Ausführung, wenn ein Höhenversatz im Gelände nicht durch eine natürliche Böschung abgesichert werden soll oder aus Platzgründen nicht durch eine Böschung abgesichert werden kann.

22. Worin besteht der Unterschied zwischen einer Schwerlaststützwand und einer Winkelstützwand?

– Schwerlaststützwände wirken mit ihrer Eigenlast dem Erddruck entgegen.
– Eine Winkelstützwand erhält zusätzlich zu ihrer Eigenlast eine Auflast durch die Hinterfüllung auf den hinteren Sporn.

23. Skizzieren Sie zwei mögliche Querschnitte durch eine Schwerlaststützwand.

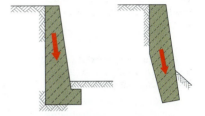

24. Zeichnen und beschriften Sie den Schnitt durch eine Winkelstützwand mit L-Querschnitt.

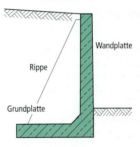

25. Zeichnen und beschriften Sie den Schnitt durch eine Winkelstützwand mit ⊥-Querschnitt.

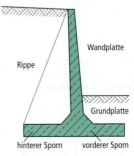

14 Straßenbau

1. Das Bild zeigt die typischen Verkehrsströme auf den Straßen.

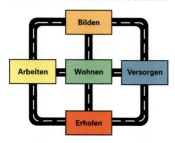

a) Auf welchen Straßen sind die einzelnen Verkehrsströme meist unterwegs?
b) Wo gibt es Überschneidungen?
c) Wie können diese Probleme gelöst werden?

a) Verkehrsströme:
   - Vom Wohnort zur Arbeit/Bildung, meist auf Land- und Bundesstraßen,
   - Versorgung von der Industrie oder den Häfen zu den Großmärkten meistenteils auf Autobahnen,
   - vom Wohnort zur Erholung (Urlaub/Wochenende) meist auf Autobahnen.

b) Überschneidungen:
   Der Berufsverkehr (Bildung/Arbeit) läuft auf anderen Straßen als der übrige Verkehr (keine Überschneidungen).
   Der Wochenendverkehr und der Urlaubsverkehr bewegen sich auf den Hauptstrecken des Versorgungsverkehrs (Autobahn), was zwangsläufig zu Überschneidungen (Stau) führt.

c) Lösungsversuche:
   Um den Wochenendverkehr auf der Autobahn zu entschärfen, gelten Wochenendfahrverbote für Lkw auf den Autobahnen. Die Überschneidungen zwischen Versorgungs- und Urlaubsverkehr versucht man durch gestaffelte Urlaubszeiten in den einzelnen Bundesländern zu verringern – dennoch gibt es hier immer wieder Staus.

2. Ordnen Sie den einzelnen Straßen den Baulastträger zu:

Straßenart	Baulastträger
Bundesautobahn Bundesstraße	?
Landstraßen Staatsstraßen	?
Kreisstraßen	?
Gemeindestraßen	?

Straßenart	Baulastträger
Bundesautobahn Bundesstraße	Bundesrepublik
Landstraßen Staatsstraßen	Land Freistaat
Kreisstraßen	Landkreis
Gemeindestraßen	Gemeinde/Stadt

14 Straßenbau

3. Ordnen Sie die im Bild gezeigten Straßenkennzeichnungen dem jeweils zuständigen Träger zu.

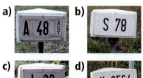

a) Bundesautobahn A 48 – Bundesrepublik Deutschland
b) Staatsstraße S 78 – Bundesland (nur bei Freistaaten, z. B. Freistaat Sachsen)
c) Landstraße L 29 – Bundesland
d) Kreisstraße K 8 564 – Landkreis

4. Nennen Sie die fünf Straßenkategorien und die jeweilige Kurzkennzeichnung in den Bauunterlagen.

AS – Autobahnen
LS – Landstraßen
VS – Hauptverkehrsstraßen anbaufrei
HS – Hauptverkehrsstraßen angebaut
ES – Erschließungsstraßen

5. Erklären Sie die Kurzbezeichnungen für folgende Straßen:
a) AS 0,
b) LS II,
c) HS III,
d) ES V.

a) Autobahnen mit kontinentaler Verbindungsfunktion
b) Landstraße mit überregionaler Verbindungsfunktion
c) Hauptstraße mit regionaler Verbindungsfunktion
d) Erschließungsstraße mit kleinräumiger Verbindungsfunktion

6. Welche Regelwerke für die Einteilung und den Aufbau von Straßen sind mit diesen Abkürzungen gekennzeichnet:
a) RAA,
b) RAL,
c) RASt,
d) RStO?

a) **R**ichtlinien für die **A**nlage von **A**utobahnen
b) **R**ichtlinien für die **A**nlage von **L**andstraßen
c) **R**ichtlinien für die **A**nlage von **St**adtstraßen
d) **R**ichtlinien für die **St**andardisierung des **O**berbaus von Verkehrsflächen

7. Wonach werden die Straßen in Belastungsklassen unterschieden?

Die Straßen werden nach Häufigkeit der Nutzung (in Millionen Achsübergängen während der Nutzungszeit), also dem zu erwartenden Verschleiß, unterschieden.

14 Straßenbau

8. Erläutern Sie die Unterscheidung von Straßen in
a) Kategorien,
b) Zuständigkeiten,
c) Belastungsklassen.

a) Kategorien:
Kategorien bezeichnen die typische Nutzung der Straße von kontinental und überregional (Autobahnen) bis nah- und kleinräumig (Anliegerstraßen).
b) Zuständigkeiten:
Nach der Zuständigkeit wird die Straße dem Baulastträger zugeordnet, also „Bundesautobahn" dem Bund bzw. „Kreisstraße" dem Landkreis.
c) Belastungsklassen:
Die Belastungsklassen geben die geplante Beanspruchung der Straße von Bk100 (Schwerverkehr) bis Bk0,3 an.

9. Warum gibt es keine Unterscheidung nach der maximalen Tragkraft der Fahrzeuge?

Die Belastung der Straßen erfolgt durch die Lasteintragung über die Räder. Je schwerer ein Fahrzeug ist, auf desto mehr Achsen und Räder wird die Last verteilt, sodass nach StVZO pro Achse generell nur die 10 t entsprechende Last an jeder Stelle der Straße übertragen werden darf.

10. Für welche Straßen werden die Belastungsklassen in der Tabelle üblicherweise verwendet?

Klasse	Straßen
Bk100/Bk32	Autobahn Schnellverkehrsstraße
Bk10/Bk3,2	Hauptverkehrsstraße Industriesammelstraße Gewerbegebiet
Bk3,2/Bk1,8	Wohnsammelstraße Fußgängerzone mit Lkw
Bk1,0/Bk0,3	Anliegerstraße Fußgängerzone ohne Lkw

14 Straßenbau

11. Was ist ein „Regelquerschnitt"?

Regelquerschnitte sind in der RAA, RAL und RASt festgelegt. Sie vereinheitlichen die Breiten der Fahrstreifen, Randstreifen, Bankette usw. im Querschnitt der Straße und legen die Kronenbreite der Straße fest.
So ist der Regelquerschnitt RQ 28 eine 4-spurige Autobahn mit Standspur und einer Kronenbreite von 28,00 m.

12. Was versteht man unter dem „Bemessungsfahrzeug"?

Das Bemessungsfahrzeug weist den Fahrzeugquerschnitt auf, der auf allen Straßen und auf allen Fahrstreifen Platz haben muss. Dieses Fahrzeug ist 2,55 m breit und 4,00 m hoch.

13. Wovon ist die Breite eines Fahrstreifens abhängig?

Das Bemessungsfahrzeug mit einer Breite von 2,55 m muss darauf stehen/fahren können. Daher ist eine Standstreifen zum Abstellen des Fahrzeuges 2,50 m breit, bei allen anderen Fahrstreifen kommen Zuschläge entsprechend Fahrbahnbelastung und Entwurfsgeschwindigkeit hinzu.

14. Wie breit sind die Fahrstreifen folgender Straßen?

Straßenart	Breite
Standstreifen	?
Gemeindestraße	?
Landstraße	?
Kreisstraße	?
Bundesstraße	?
Autobahn	?

Straßenart	Breite
Standstreifen	2,50 m
Gemeindestraße	2,75 m
Landstraße	3,00 m
Kreisstraße	3,25 m
Bundesstraße	3,50 m
Autobahn	3,75 m

15. Im Bild ist der Regelquerschnitt „RQ 28" zu sehen. Benennen Sie die einzelnen Streifen mit ihren jeweiligen Breiten.

A – 4 Fahrstreifen je 3,50 m
B – Leitstreifen
C – Randstreifen je 0,50 m
D – Standstreifen je 2,50 m
E – Bankett je 1,50 m
F – Mittelstreifen 4,00 m
G – Fahrbahnbreite 10,50 m

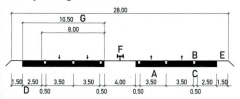

14 Straßenbau

16. Benennen Sie von links nach rechts die Elemente dieses Regelquerschnittes für Stadtstraßen und ihre Breite.

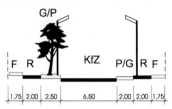

F – Fußweg, 1,75 m
R – Radweg, 2,00 m
G/P – Gehweg mit Parkmöglichkeit, 2,50 m
Kfz – Fahrbahn, 6,50 m
P/G – Parken auf Gehweg, 2,00 m
R – Radweg, 2,00 m
F – Fußweg, 1,75 m

17. Mit den Regelquerschnitten werden die Straßen in verschiedene Typen standardisiert. Welche Vorteile hat das?

– Gleichmäßiges Fahren auf langen Streckenabschnitten,
– der Geschwindigkeit angepasste Gefälle und Kurvenradien,
– sichere und vorausschaubare Führung in Knotenpunkten,
– sichere Überholmöglichkeiten.

18. Für hoch belastete Landstraßen der Kategorie LS I sollen statt zwei Fahrstreifen (RQ 11,5) durchweg drei Fahrstreifen (RQ 15,5) angeordnet werden. Nennen Sie die Gründe.

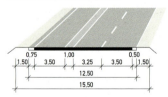

Bei hoher Verkehrsdichte und entsprechend hohem Anteil an Schwerverkehr entsteht ein vermehrter Drang der Autofahrer zum Überholen.
Um den hohen Unfallraten auf den Landstraßen entgegenzuwirken, wird durchweg eine dritte Spur angeordnet, die in regelmäßigem Wechsel als Überholspur dient. Die Überholstreifen sind 1 000 … 2 000 m lang und ermöglichen auf etwa 40 % des Streckenverlaufes ein gefahrloses Überholen.

19. Welche Regelquerschnitte sind für die vier Landstraßenkategorien vorgeschrieben?

Kategorie	Regelquerschnitt
LS I	?
LS II	?
LS III	?
LS IV	?

Kategorie	Regelquerschnitt
LS I	RQ 15,5
LS II	RQ 11,5+
LS III	RQ 11,5
LS IV	RQ 9

20. An welchen Merkmalen und welcher Markierung können Sie die jeweilige Kategorie der Landstraßen erkennen?

a)

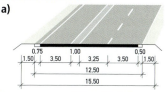

b)

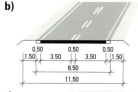

c)

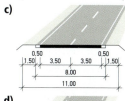

d)

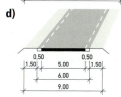

a) Landstraße Kategorie LS I:
   Merkmale:
   - durchgängig drei Fahrstreifen,
   - Fahrstreifenbreite 3,50 m (Überholspur 3,25 m),
   - Breite 15,5 m (RQ 15,5),
   - etwa 40 % Überholstrecken je Fahrtrichtung.

   Markierung:
   - 2 + 1 Spur, durchweg getrennt mit Doppellinie (1,00 m breit).

b) Landstraße Kategorie LS II:
   Merkmale:
   - durchgängig zwei Fahrstreifen, wo möglich sollten zusätzlich Überholstreifen angeordnet werden,
   - Fahrstreifenbreite 3,50 m (Überholspur 3,25 m),
   - Breite 11,5 m + Überholstreifen (RQ 11,5+),
   - etwa 20 % Überholstrecken je Fahrtrichtung.

   Markierung:
   - 2 Spuren mit doppelter Sperrlinie oder Strichlinie (0,50 m breit).

c) Landstraße Kategorie LS III:
   Merkmale:
   - durchgängig zwei Fahrstreifen,
   - Fahrstreifenbreite 3,50 m,
   - Breite 11,0 m + Überholstreifen (RQ 11).

   Markierung:
   - 2 Spuren mit einfacher Sperrlinie oder Strichlinie.

d) Landstraße Kategorie LS IV:
   Merkmale:
   - einbahnige Straße,
   - Fahrstreifenbreite unter 3,50 m, also lassen sich keine zwei Fahrstreifen festlegen,
   - Breite 9,0 m + Überholstreifen (RQ 9).

   Markierung:
   - keine Mittelmarkierung, da keine 2 Streifen trassierbar sind.

21. Begründen Sie, warum Fahrspuren eine Breite von 3,50 m bzw. 3,25 m haben sollten.

Fahrspurbreite 3,50 m:
Regelfahrspur – richtet sich nach der Breite des Bemessungsfahrzeuges von 2,55 m + einem Sicherheitsabstand von 0,95 m.
Der Sicherheitsabstand ermöglicht auch bei Gegenverkehr leichte Lenkbewegungen, wodurch die Fahrbahn in einer größeren Breite benutzt wird.
Fahrspurbreite 3,25 m:
Gilt für Überholspuren, die von schmaleren und schnelleren Fahrzeugen genutzt werden sollten.

22. Im Bild ist der prinzipielle Aufbau eines Straßenquerschnittes zu sehen. Nennen Sie die Elemente und Mindestmaße.

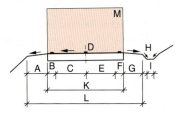

A – Wasser führendes Bankett, mindestens 1,50 m breit und 12 % Quergefälle
B – Randstreifen, 25 cm breit
C – Fahrstreifen, mindestens 2,75 m breit
D – Leitstreifen
E – Fahrstreifen, mindestens 2,75 m breit
F – Randstreifen, 25 cm breit
G – nicht Wasser führendes Bankett, mindestens 1,50 m breit und 6 % Quergefälle
H – Regelböschung Straßengraben 1:1,5
I – Sohle Straßengraben 30 … 50 cm breit
K – Fahrbahnbreite aus Fahrstreifen und Randstreifen
L – Kronenbreite, Fahrbahnbreite einschließlich der Bankette
M – Lichtraum, über der gesamten Fahrbahnbreite ist eine Höhe von 4,00 m (+ Sicherheit) frei zu halten

23. Nennen Sie die vier Planungsphasen, die jede Straßenplanung durchlaufen muss.

– Vorplanung
– Entwurfsplanung
– Genehmigungsplanung
– Ausführungsplanung

24. In welcher der vier Planungsphasen werden die aufgezählten Unterlagen erarbeitet?

	Unterlagen	Planungsphase
a)	Linienführung	Vorplanung
b)	Regelquerschnitt	Entwurfsplanung
c)	Kostenberechnung	Entwurfsplanung
d)	Lage-/Höhenplan	Entwurfsplanung
e)	Leistungsverzeichnis	Ausführungsplanung
f)	Ausschreibung	Ausführungsplanung

25. Auf welche Bedingungen ist bei der Festlegung der Linienführung einer neu zu bauenden Straße zu achten? Nennen Sie mindestens fünf davon.

- Anbindung an andere Verkehrsnetze (Bahn, Hafen, …),
- Prognose des Verkehrsaufkommens,
- Umweltbedingungen,
- Landschaftsgestaltung,
- vorhandene Leitungen,
- Eigentumsfragen,
- Baugrunduntersuchungen.

26. Aufgrund der Verkehrsprognosen eines neu zu erschließenden Geländes oder anderer Planungsdaten wird der Um- oder Ausbau einer Straße nötig.
Beschreiben Sie die Planung eines Straßenbauvorhabens bis zur fertigen Ausschreibung
a) in der Vorplanung,
b) in der Entwurfsplanung,

a) Vorplanung:
Unter Berücksichtigung der Baugrund-, Umwelt- und Geländebedingungen wird die optimale Linienführung für die Straße festgelegt.

b) Entwurfsplanung:
Begründung der Notwendigkeit der Straße und Erstellung aller Unterlagen, wie:
- Lage- und Höhenpläne,
- Straßenquerschnitte,
- Brückenplanungen,
- Bodenuntersuchungen,
- Kostenberechnung,
- Landschafts- und Umweltschutzmaßnahmen.

Der Entwurf wird dem zuständigen Gremium zur Entscheidung vorgelegt.

c) **in der Genehmigungsplanung,**
d) **in der Ausführungsplanung.**

c) Genehmigungsplanung:
Im Planfeststellungsverfahren wird die Planung öffentlich ausgelegt, die Bürger können sich informieren und Einsprüche geltend machen.
d) Ausführungsplanung:
Letzte Änderungen werden eingearbeitet und die detaillierten Pläne für die Ausführung der Bauleistungen erarbeitet. Gemeinsam mit dem Leistungsverzeichnis sind die Pläne Grundlage für die Ausschreibung der Baumaßnahme.

27. Was ist im Lageplan für eine Straßenbaumaßnahme anzugeben?
Nennen Sie mindestens sechs Angaben.

– Linienführung (Verlauf der Trasse),
– Stationierung der Trasse,
– Breite der einzelnen Querschnittselemente (Fahrbahn, Gehweg, …),
– Böschungen mit Schraffur,
– Quer- und Längsneigungen,
– Hoch-/Tiefpunkte in der Straßenachse,
– Anfang, Ende und Radien der Kreisbögen bzw. Klothoiden,
– Bauwerke wie Tunnel, Brücken, …

28. Erklären Sie, welche Informationen Sie bei einer Bauzeichnung aus dem dargestellten Symbol entnehmen können.

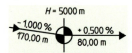

Das Bild zeigt einen „Neigungsbrechpunkt", das heißt, an dieser Stelle ändert sich die Längsneigung der Straße:
Links: auf 170 m Länge ein Gefälle von 1 %.
Rechts: auf 80 m Länge eine Steigung von 0,5 %.
$H = 5000$ m: Die Senke wird mit einem Radius („Halbmesser") von 5000 m ausgerundet.

29. Welche Elemente des Lageplanes sind mit folgenden Symbolen gekennzeichnet?

a)
b) 2,5 %
c)
d)
e)

a) Böschungen, in diesem Fall auf beiden Seiten des Weges abfallend, das heißt, der Weg befindet sich auf einem Damm,
b) Querneigung von 2,5 %,
c) Brücke,
d) Tunnel,
e) Hochpunkt (links) bzw. Tiefpunkt (rechts) im Verlauf der Straßenachse.

30. Wonach richtet sich die Entwurfsgeschwindigkeit einer Straße und welchen Einfluss hat sie auf die Gestaltung der Straße?

Die Entwurfsgeschwindigkeit richtet sich nach dem Zweck (also der Kategorie) einer Straße. Sie bestimmt
- Anzahl und Breite der Fahrspuren,
- Kurvenradien und Klothoidenparameter,
- maximale Längs- und Querneigungen der Straße,
- Halbmesser der Kuppen- und Wannenausrundungen.

31. Worin unterscheiden sich Kreisbögen von Klothoiden?

Kreisbogen:
konstante Krümmung (Radius)
Klothoide:
stetig zunehmende bzw. abnehmende Krümmung

32. Was ist ein „Übergangsbogen" und wo soll er in der Kurventrassierung eingesetzt werden?

Ein Übergangsbogen wird bei höheren Entwurfsgeschwindigkeiten beim Übergang von einer Geraden zu einem Kreisbogen eingebaut, damit der Fahrer nicht ruckartig einlenken muss. Die dazu verwendete Klothoide hat einen mit dem Einlenken des Fahrzeuges in die Kurve stetig zunehmenden Radius.

33. Erklären Sie, was im Zeichnungsausschnitt dargestellt ist.

Es ist der Übergang von der Geraden über eine Klothoide (Übergangsbogen) auf einen Kreisbogen in der Straßentrassierung zu sehen.
Elemente:
- Gerade $R = \infty$
- Klothoide mit Parameter $A = 80$ m
- Kreisbogen mit Radius $R = 200$ m

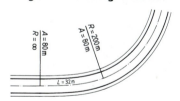

34. Zu welchem Zweck wird an engen Kreuzungen mit geringen Kurvenradien statt eines Kreisbogens eine dreiteilige Kreisbogenfolge eingesetzt?

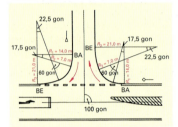

Bei Fahrzeugen mit nachlaufenden ungelenkten Achsen wie Lkw mit Sattelaufliegern oder mit Anhängern, Bussen oder Transportern mit Anhängern ziehen die hinteren Achsen in der Kurve nach innen und berühren oder überrollen so den Bordstein.

Das führt zur Gefährdung der Fußgänger im Kreuzungsbereich. Daher wird vor dem eigentlichen Kurvenradius (Hauptbogen) ein größerer Vorbogen zum Einlenken des Fahrzeuges und nach dem Hauptbogen ein noch größerer Auslaufbogen angeordnet, der es ermöglicht das Fahrzeug wieder in Fahrrichtung gerade aus der Kurve zu ziehen.

35. Benennen Sie die im Bild gezeigten Querprofile und ihre mit A...J gekennzeichneten Elemente.

a)
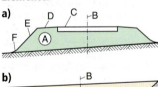

b)
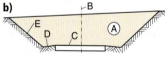

c)
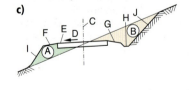

a) Damm/Auftrag:
   A – Bodenauftrag
   B – Straßenachse
   C – Fahrbahn
   D – Bankett
   E – Dammböschung
   F – Böschungsausrundung

b) Einschnitt/Abtrag:
   A – Bodenabtrag
   B – Straßenachse
   C – Fahrbahn
   D – Bankett
   E – Einschnittböschung

c) Anschnitt:
   A – Bodenauftrag
   B – Bodenabtrag
   C – Straßenachse
   D – Querneigung der Fahrbahn
   E – Fahrbahn
   F – Bankett (Wasser führend = 12 %)
   G – Bankett (nicht Wasser führend = 6 %)
   H – Entwässerungsgraben oder -mulde
   I – Dammböschung
   J – Einschnittböschung

36. Worin unterscheidet sich ein „Querprofil" von einem „Straßenquerschnitt"?

Querprofil:
Im Regelfall im Maßstab 1:200 angefertigt, zeigt im Querschnitt durch die Baumaßnahme alle notwendigen Gelände- und Bauhöhen für die Bauausführung, aber keinen detaillierten Schichtenaufbau der Straße.

Straßenquerschnitt:
Im Regelfall im Maßstab 1:50 angefertigt, zeigt den detaillierten Schichtenaufbau der Straße.

37. Was ist im „Straßenquerschnitt" dargestellt?

– Breite der Straßenelemente (Fahrstreifen, Gehweg, Randstreifen, …),
– Schichtenfolge des Straßenaufbaus,
– Dicke und Material der einzelnen Schichten,
– Querneigungen,
– Straßenentwässerung,
– einzuhaltende Höhen, in der Regel auf die Straßenachse als 0,00 bezogen.

38. Erklären Sie, was im Höhenplan einer Straße anzugeben ist.

Der Höhenplan stellt den höhenmäßigen Verlauf der Straße im Gelände dar. Er zeigt:

– Höhe der Gradiente an allen wichtigen Punkten (Stationierung),
– Höhe des Geländes an diesen Punkten,
– Längsneigungen der Straße,
– Ausrundungsradien der Kuppen und Wannen (H),
– Tangentenlängen der Ausrundungen (T),
– den maximalen Höhenunterschied der Ausrundungen (f).

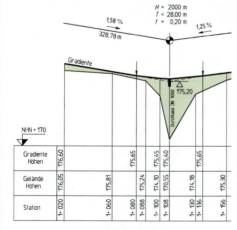

39. Was ist eine „Gradiente"?

Mit dem Begriff „Gradiente" wird der höhenmäßige Verlauf einer Straße bezeichnet.

14 Straßenbau

40. Was wird im Höhenplan mit „MdH" und „MdL" angegeben? Erklären Sie, warum diese verschiedenen Werte notwendig sind.

MdH – Maßstab der Höhe
MdL – Maßstab der Länge (in der Regel ist MdL = 10 · MdH)
Die Längsneigungen der Straßen sind sehr gering und so auf Zeichnungen kaum darzustellen. Auch sind Straßen sehr lange Baustellen und daher die Zeichnungen sehr lang. Also wird der Maßstab in der Länge 10-mal größer als in der Höhe gewählt, wodurch die Bauzeichnungen in der Länge 10-fach „gerafft" sind.

41. Warum werden Straßen immer mit Querneigung gebaut, und wovon ist die Querneigung einer Straße abhängig?

Die Querneigung ermöglicht die Entwässerung der Fahrbahnoberfläche zum Fahrbahnrand hin und verringert so Sichtbehinderungen durch Sprühfahnen hinter den Fahrzeugen, Glatteisbildung beim Überfrieren der Straße und Unfälle durch Aquaplaning.
Sie ist abhängig von
– Geländeneigung,
– Kurvenradien,
– Entwurfsgeschwindigkeit.

42. Nennen Sie die maximale und minimale Querneigung von Straßen.

– maximal 8 %
– minimal 2,5 %

43. Eine 6,50 m breite Straße hat ein Quergefälle von 3 %. Wie groß ist der Höhenunterschied zwischen der rechten und linken Fahrbahnseite?

$$\frac{b}{100\%} = \frac{h}{x\%}$$
$$h = \frac{b \cdot x\%}{100\%} = \frac{6,50 \text{ m} \cdot 3\%}{100\%} = 0,195 \text{ m}$$
$h = \mathbf{19,5 \text{ cm}}$

44. Berechnen Sie den Höhenunterschied zwischen den Fahrbahnrändern für die Fahrbahnbreite b und die Querneigung $x\%$.

	b	$x\%$	h
a)	10,30 m	2,5 %	25,8 cm
b)	12,65 m	3,0 %	38,0 cm
c)	9,80 m	4,0 %	39,2 cm
d)	5,75 m	5,5 %	31,6 cm
e)	11,25 m	6,5 %	73,1 cm

14 Straßenbau

45. Erklären Sie um welche Querneigungsvarianten es sich bei den Skizzen a … f handelt.

a)
b)
c)
d)
e)
f)

a) Fahrbahn mit zwei gleichgeneigten Fahrstreifen (Gegenverkehr).
b) Fahrbahn mit zwei Fahrstreifen (Gegenverkehr) mit Dachgefälle.
c) Fahrbahn mit zwei mal zwei unterschiedlich geneigten Fahrstreifen (Dachgefälle).
d) Zwei getrennte unterschiedlich geneigte Fahrbahnen mit jeweils zwei Fahrstreifen, die gleich geneigt sind.
e) Zwei getrennte Fahrbahnen mit je zwei Fahrstreifen und durchgehender gleicher Neigung.
f) Zwei getrennte Fahrbahnen höhenversetzt, mit je zwei Fahrstreifen gleich geneigt.

46. Das Bild zeigt eine Detailskizze für die Fahrbahnrandausbildung einer Straße. Erläutern Sie, worauf besonders zu achten ist, damit die Straße ausreichend entwässert wird.

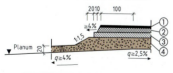

① Decke
② Asphalttragschicht
③ Tragschicht mit hydraulischen Bindemitteln (z. B. HGT)
④ Frostschutzschicht

– Das Erdplanum soll mindestens 2,5 % Querneigung haben (in Richtung und Neigung wie die Fahrbahnschichten).
– An der oberen Fahrbahnseite wird das Planum bis 1,00 m unter die Fahrbahn mit mindestens 4 % Gegengefälle versehen, damit kein Wasser seitlich unter die Straße läuft.
– Ungebundene Schichten (Frostschutz) werden mit einer Regelböschung von 1 : 1,5 ausgebildet.
– Gebundene Schichten werden 20 cm vom Rand eingerückt, um bei der Fertigung keine Verformungen im Randbereich zu verursachen.
– Der Randbereich der Asphaltschichten wird mit Bitumenemulsion oder Heißbitumen angespritzt, damit kein Wasser in die Nahtstellen laufen kann.

14 Straßenbau

47. Berechnen Sie das Volumen des dargestellten Straßenunterbaus auf einer Länge von $l = 62{,}50$ m.
Maße:
$b_1 = 6{,}50$ m
$b_2 = 12{,}30$ m
$h_1 = 3{,}80$ m
$h_2 = 1{,}40$ m

$A_{\text{Trapez}} = \dfrac{b_1 + b_2}{2} \cdot h_1$

$A_{\text{Trapez}} = \dfrac{6{,}50 \text{ m} + 12{,}30 \text{ m}}{2} \cdot 3{,}80 \text{ m}$

$A_{\text{Trapez}} = 35{,}72 \text{ m}^2$

$A_{\text{Dreieck}} = \dfrac{b_2 \cdot h_2}{2} = \dfrac{12{,}30 \text{ m} \cdot 1{,}40 \text{ m}}{2}$

$A_{\text{Dreieck}} = 8{,}61 \text{ m}^2$

$A = A_{\text{Trapez}} + A_{\text{Dreieck}}$
$A = 35{,}72 \text{ m}^2 + 8{,}61 \text{ m}^2$
$A = 44{,}33 \text{ m}^2$
$V = A \cdot l$
$V = 44{,}33 \text{ m}^2 \cdot 62{,}50 \text{ m}$
$V = \mathbf{2770{,}625 \text{ m}^3}$

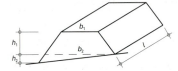

48. Berechnen Sie das Volumen des Straßenunterbaus mit folgenden Maßen:

	b_1	b_2	h_1	h_2	l
a)	4,20 m	8,20 m	3,40 m	2,10 m	22,00 m
b)	6,10 m	9,70 m	2,80 m	1,90 m	33,80 m
c)	5,20 m	11,10 m	4,70 m	4,20 m	40,30 m
d)	7,40 m	14,30 m	5,00 m	3,60 m	56,10 m
e)	8,70 m	13,60 m	3,70 m	2,10 m	66,20 m

	Volumen des Straßenunterbaus
a)	653,180 m³
b)	1 059,292 m³
c)	2 483,286 m³
d)	4 487,439 m³
e)	3 676,748 m³

49. Ermitteln Sie das Volumen der im Bild gezeigten 22,50 m langen Rampe.
Maße:
$b_1 = 12{,}50$ m
$b_2 = 4{,}30$ m
$b_3 = 13{,}80$ m
$h = 3{,}40$ m

$V = \dfrac{1}{6} \cdot (b_1 + b_2 + b_3) \cdot h \cdot l$

$V = \dfrac{1}{6} \cdot (12{,}50 \text{ m} + 4{,}30 \text{ m} + 13{,}80 \text{ m})$
$\quad \cdot 3{,}40 \text{ m} \cdot 22{,}50 \text{ m}$

$V = \dfrac{1}{6} \cdot 30{,}60 \text{ m} \cdot 3{,}40 \text{ m} \cdot 22{,}50 \text{ m}$

$V = \mathbf{390{,}150 \text{ m}^3}$

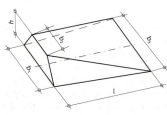

50. Wie groß ist das Volumen der Rampen mit folgenden Maßen?

	b_1	b_2	b_3	h	l
a)	12,30 m	6,20 m	13,40 m	2,10 m	12,00 m
b)	16,10 m	9,70 m	6,80 m	3,90 m	43,70 m
c)	15,20 m	7,10 m	6,70 m	4,20 m	48,30 m
d)	17,40 m	11,30 m	9,00 m	3,60 m	51,10 m
e)	18,70 m	13,60 m	11,70 m	2,10 m	66,20 m

	Volumen der Rampen
a)	133,980 m³
b)	926,003 m³
c)	980,490 m³
d)	1 155,882 m³
e)	1 019,480 m³

51. Im Bild ist der Ausschnitt eines Höhenplanes zu sehen. Zählen Sie mindestens fünf wichtige Fakten auf, die Sie anhand der Farbgebung, der Zahlen und der Abkürzungen dieser Darstellung entnehmen können.

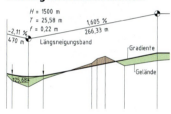

Farbgebung:
Grün – Bereiche, in denen die Straße als Damm verläuft (Auftrag).
Braun – Bereiche, in denen die Straße im Einschnitt verläuft (Abtrag).

Zahlen:
– Auf 470 m Länge verläuft die Straße links in einem Gefälle von 2,11 %.
– In der Mitte hat die Straße auf 266,33 m Länge eine Steigung von 1,605 %.
– Rechts folgt ein Abschnitt ohne Gefälle.
– Am Tangentenschnittpunkt liegt die Gradiente auf einer Höhe von 125,68 m ü. NHN.

Abkürzungen:
H – Halbmesser, ist der Ausrundungsradius für die Senke von 1500 m.
T – ist die Tangentenlänge, das heißt, die Strecke beidseitig des Tangentenschnittpunktes, auf der ausgerundet wird.
f – Stichmaß am Tangentenschnittpunkt, also das maximale Maß von Bodenauftrag bei dieser Höhenausrundung der Senke.

52. Wovon ist die maximale Längsneigung einer Straße abhängig?

– Straßenkategorie
– Entwurfsgeschwindigkeit

53. Erklären Sie, wie die Entwurfsgeschwindigkeit einer Straße die Trassierung beeinflusst.

Je höher die Entwurfsgeschwindigkeit, desto höher sind die Fliehkräfte in den Kurven. Daher sind mit zunehmender Geschwindigkeit immer größere Kurvenradien anzusetzen.
Auch bei Neigungswechseln heben die Fahrzeuge bei hoher Geschwindigkeit auf Kuppen ab oder federn in Senken durch, wenn der Radius nicht entsprechend groß gewählt wird.

54. Die Senke im Straßenverlauf ist mit einem Radius $r = 600$ m auszurunden. Anfang und Ende der Ausrundung liegen 30,00 m vom Scheitelpunkt entfernt.

a) Berechnen Sie die senkrechten Beträge y, die an den Punkten im waagerechten Abstand x aufzufüllen sind.

Formel: $y = \dfrac{x^2}{2r}$

b) Ermitteln Sie die NHN-Höhen entlang des Geländes (1. Zeile) und entlang der Auffüllung (untere Zeile) und tragen Sie diese in die Tabelle ein.

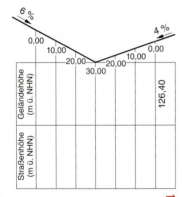

a) Auffüllung:
Für $x = 0$ ist $y = 0$, da geht die Gerade zum Kreisbogen über.
Für $x = 10,00$ m:
$$y = \frac{x^2}{2r} = \frac{100 \text{ m}^2}{1\,200 \text{ m}} = 0,08 \text{ m}$$

Für $x = 20,00$ m:
$$y = \frac{x^2}{2r} = \frac{400 \text{ m}^2}{1\,200 \text{ m}} = 0,33 \text{ m}$$

Für $x = 30,00$ m:
$$y = \frac{x^2}{2r} = \frac{900 \text{ m}^2}{1\,200 \text{ m}} = 0,75 \text{ m}$$

b) NHN-Höhen (von rechts beginnend) bei 4 % Gefälle sind pro 10,00 m Länge:
$$h = \frac{10,00 \text{ m} \cdot 4\,\%}{100\,\%}$$
$= \mathbf{0,40}$ **m** Höhenunterschied
und bei 6 % Steigung auf je 10,00 m
$$h = \frac{10,00 \text{ m} \cdot 6\,\%}{100\,\%}$$
$= \mathbf{0,60}$ **m** Höhenunterschied

Die Geländehöhen erhält man, indem von rechts bei 126,40 m ü. NHN beginnend die Höhenunterschiede zugerechnet werden:

126,40 m ü. NHN
−0,40 m = 126,00 m ü. NHN
−0,40 m = 125,60 m ü. NHN
−0,40 m = 125,20 m ü. NHN
(Scheitelpunkt)
+0,60 m = 125,80 m ü. NHN
+0,60 m = 126,40 m ü. NHN
+0,60 m = 127,00 m ü. NHN

Die Werte der unteren Zeile erhält man, wenn zu den Geländehöhen die jeweiligen errechneten y-Werte addiert werden.

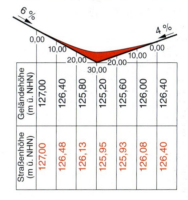

55. Die Kuppe im Straßenverlauf ist mit einem Radius $r = 1\,200$ m auszurunden. Anfang und Ende der Ausrundung liegen 36,00 m vom Scheitelpunkt entfernt.
a) Berechnen Sie die senkrechten Beträge y, die an den Punkten im waagerechten Abstand x abzutragen sind.

Formel: $y = \dfrac{x^2}{2r}$

a) Bodenabtrag:

x	10,00 m	20,00 m	30,00 m	36,00 m
y	0,04 m	0,17 m	0,38 m	0,54 m

b) Ermitteln Sie die NHN-Höhen entlang des Geländes (obere Zeile) und entlang der Auffüllung (untere Zeile) und tragen Sie diese in die Tabelle ein.

b) Gelände-NHN-Höhen:
(von rechts beginnend)
 210,30 m ü. NHN
+ 0,40 m = 210,70 m ü. NHN
+ 0,40 m = 211,10 m ü. NHN
+ 0,40 m = 211,50 m ü. NHN
+ 0,24 m = 211,74 m ü. NHN
 (Scheitelpunkt)
− 0,12 m = 211,62 m ü. NHN
− 0,20 m = 211,42 m ü. NHN
− 0,20 m = 211,22 m ü. NHN
− 0,20 m = 211,02 m ü. NHN

Die Werte der unteren Zeile erhält man, wenn von den Geländehöhen die jeweiligen errechneten *y*-Werte abgezogen werden.

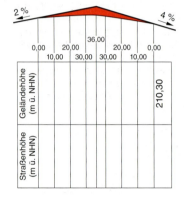

56. Erklären Sie die Begriffe und nennen Sie die zugehörigen Schichten im Straßenaufbau:
a) Untergrund,
b) Unterbau,
c) Oberbau.

a) Der Untergrund ist der anstehende Baugrund. Er muss ausreichend tragfähig sein, um die Lasten der Straße aufnehmen zu können.
b) Der Unterbau soll die planmäßige Höhenlage der Straße erreichen (Dammbauwerk) und die Kapillarität des Bodens unterbrechen (Frostschutzschicht). Bei frostsicherem Baugrund und genügender Höhe des Planums kann auf den Unterbau verzichtet werden.
c) Der Oberbau soll die Nutzlasten verteilen. Zum Oberbau gehören die Tragschichten und die Fahrbahndecke (Verschleißschicht).

57. Nennen Sie die drei typischen Arten von Fahrbahndecken.

– Asphaltdecke
– Betondecke
– Pflasterdecke

58. Welche Aufgaben erfüllt die Fahrbahndecke?

– Verschleißschicht
– Ableitung des Oberflächenwassers
– Lastaufnahme und -ableitung

59. Tragschichten werden in gebundene und ungebundene Tragschichten unterteilt. Zählen Sie jeweils drei dieser Tragschichten auf.

Ungebundene Tragschichten	Gebundene Tragschichten
– Kiestragschicht (KTS)	– hydraulisch gebundene Tragschicht (HGT)
– Schottertragschicht (STS)	– Asphalttragschicht
– Frostschutzschicht (FSS)	– Betontragschicht

60. Welche Frostempfindlichkeitsklassen werden beim Untergrund der Straßen unterschieden?

F1 – nicht frostempfindlich
F2 – gering bis mittel frostempfindlich
F3 – sehr frostempfindlich

61. Nennen Sie die Frostempfindlichkeitsklassen, geben Sie typische Bodenarten an und nennen Sie je zwei typische Vertreter.

Frostempfindlichkeitsklasse	Bodenarten
F1	nicht frostempfindlich / nichtbindige Böden (Kiese und Sande)
F2	gering bis mittel frostempfindlich / gemischtkörnige Böden und stark plastische Tone
F3	sehr frostempfindlich / leicht plastische Tone und Schluffe

62. Welchen Einfluss hat die Frostempfindlichkeit des Untergrundes auf den Schichtenaufbau der Straßen?

Ist der Untergrund der Frostempfindlichkeitsklasse F1 zuzuordnen, kann die Frostschutzschicht im Straßenaufbau entfallen, da der Boden selbst frostsicher ist.

Bei F2 und F3 ist der Schichtenaufbau der Straßen so dick zu wählen, dass der Untergrund nicht im Frostbereich liegt. Im Regelfall sind zu diesem Zweck Frostschutzschichten erforderlich.

63. Erläutern Sie den Unterschied zwischen einer Bodenverbesserung und einer Bodenverfestigung.

Bodenverbesserung:
Verbesserung der Bodeneigenschaften wie Einbaufähigkeit und Verdichtbarkeit durch Regulierung des Wassergehaltes oder Änderung der Korngrößenverteilung.

Bodenverfestigung:
Erhöhung der Tragfähigkeit des Bodens durch Einarbeiten von hydraulischen oder bitumenhaltigen Bindemitteln.

64. Ordnen Sie die genannten Tätigkeiten den beiden Gruppen „Bodenverbesserung" (BVb) und „Bodenverfestigung" (BVf) zu.

Bautätigkeit	BVb	BVf
Entwässerung des Untergrundes (Dränung)	X	
Einarbeiten von Branntkalk (ungelöschter Kalk)	X	
Einarbeiten von Zement oder Kalkhydrat		X
Einmischen grober Gesteinskörnungen	X	
Befeuchten von trockenen Böden	X	
Einarbeiten von Bitumen in den Boden		X

65. Nennen Sie mindestens drei Möglichkeiten den Wassergehalt eines Bodens zu verändern.

Reduzierung des Wassergehaltes:
– Dränung im Untergrund einbauen,
– Einbau von Geotextilschichten zur Sicherung der Funktionstüchtigkeit der Wasser führenden Schichten,
– Binden des überschüssigen Wassers durch ungelöschten Kalk.

Erhöhung des Wassergehaltes:
– Befeuchten des Bodens durch Aufsprühen von Wasser.

66. Erklären Sie, auf welche Art sich folgende Böden verbessern lassen.
a) Feinsand („Schwemmsand"),

a) Die Tragfähigkeit eines nichtbindigen Bodens ist von der Korngrößenverteilung (Reibungswinkel) abhängig. Es müssen also die fehlenden großen Kornanteile eingearbeitet werden.
Vorschlag:
Einarbeiten von Schotter, Splitt oder Betonrecycling zur Erhöhung der Reibung im Boden.

b) feuchter bindiger Boden. Begründen Sie jeweils Ihre Aussage.

b) Die Tragfähigkeit eines bindigen Bodens ist vom Feuchtegehalt abhängig. Dem Boden muss Wasser entzogen werden.
Vorschläge:
- Wenn genügend Zeit vorhanden ist, Einbau einer Dränung.
- Wenn sofort entwässert werden muss, Einarbeiten von Kalk.

67. Nennen Sie die Arbeitsgänge beim Einarbeiten von Kalk als Bodenverbesserung.

- Aufreißen des Bodens,
- Zerkleinern des Bodens,
- Aufstreuen des Kalkes,
- Einmischen des Kalkes,
- Abziehen der Oberfläche,
- Verdichten der Oberfläche.

68. Geben Sie die Eignung der Böden für eine Bodenverfestigung mit gut geeignet (+), bedingt geeignet (+/–) oder nicht geeignet (–) an.

Boden	Eignung
feinkörnig	+
gemischtkörnig	+
schwer zu zerkleinernd	+/–
mit hohem Felsanteil	–
mit hohem Tonanteil	+/–
organogen	–

69. Welches Bindemittel ist bei den folgenden Böden sinnvoll einsetzbar:
a) Ton/Schluff bei optimalem Feuchtegehalt,
b) Ton/Schluff bei zu hohem Feuchtegehalt,
c) bindige Sande,
d) Kies-Sand-Gemisch?

a) Kalkhydrat
b) Branntkalk
c) hydraulischer Kalk
d) Zement

70. Welche Eigenschaft des Bodens wird mit dem „Proctorversuch" geprüft?

Die Verdichtbarkeit des Bodens in Abhängigkeit vom Feuchtegehalt.

14 Straßenbau

71. Erläutern Sie die Vorgehensweise beim Proctorversuch.

Die Bodenprobe wird lagenweise in einen Stahlzylinder gegeben, danach wird mit einem Fallhammer eine bestimmte Schlagzahl aufgebracht, die der üblichen Verdichtungsleistung unter Baustellenbedingungen entspricht.
Der Versuch wird mehrfach mit verschiedenem Feuchtegehalt der Bodenprobe wiederholt. Die erreichte Verdichtung in Abhängigkeit von der Feuchte wird dann grafisch in einer „Proctorkurve" dargestellt.

72. Die im Projekt vorgeschriebene Verdichtungsleistung ist nicht erreicht worden. Was können mögliche Ursachen sein?

Zu geringe Verdichtungsleistung:
– ungeeignetes Verdichtungsgerät,
– zu wenig Übergänge,
– zu dicke Schüttlagen.
Falscher Feuchtegehalt des Bodens:
– zu trockener Boden,
– zu feuchter Boden.

73. Im Bild ist die Proctorkurve für die Verdichtung eines Bodens gezeigt. Es sollen 95 % Proctordichte erreicht werden. Die erreichte Verdichtung und der Feuchtegehalt wurden getestet und im Diagramm mit A, B, C bzw. D eingetragen. Bewerten Sie die Ergebnisse und schlagen Sie geeignete Maßnahmen vor.

Ergebnis A:
Die Verdichtung ist noch nicht ausreichend. Der Boden ist zu trocken.
– Durch Aufsprühen von Wasser Boden anfeuchten,
– weitere Verdichtungsübergänge aufbringen.

Ergebnis B:
Die Verdichtung ist noch nicht erreicht. Der Boden hat aber seinen optimalen Wassergehalt, ein Aufsprühen von Wasser ist nicht zweckmäßig:
– weitere Verdichtungsübergänge,
– geeignetere Verdichtungsgeräte,
– Bodenverfestigung durch hydraulische Bindemittel (Zement, hydraulischer Kalk).

Ergebnis C:
Die Verdichtung ist noch nicht ausreichend. Der Boden ist zu nass.
– Einarbeiten von Branntkalk, um das Wasser zu binden,
– weitere Verdichtungsübergänge.

Ergebnis D:
Die geplante Verdichtung ist erreicht worden. Der Wassergehalt ist im optimalen Bereich.

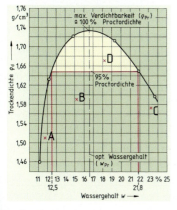

14 Straßenbau

74. Was versteht man im Straßenbau unter dem „Planum"?

Oberer Abschluss des Untergrundes oder Unterbaus der Straße, auf dem die Schichten des Oberbaus aufgebracht werden. Das Planum muss ausreichend verdichtet und ebenflächig sein.

75. Wonach richten sich Anzahl und Dicke der Schichten im Straßenoberbau? In welchem Regelwerk kann man den Schichtenaufbau finden?

Entsprechend der Verkehrsbelastung werden die Straßen in Belastungsklassen unterschieden. In den RStO („Richtlinien für die Standardisierung des Oberbaus von Straßen") sind die Anzahl und Stärke der Schichten in jeder Belastungsklasse festgelegt.

76. Welche Aufgaben haben die einzelnen Schichten im Oberbau einer Straße zu erfüllen?

Tragschichten:
– Verteilung der Verkehrslasten auf eine ausreichend große Fläche, sodass der Untergrund bzw. Unterbau nicht überlastet wird.

Deckschicht:
– Verschleißschicht,
– Abdichtung der Oberfläche gegen eindringendes Wasser,
– Entwässerung der Oberfläche in Längs- und Querrichtung.

77. Nennen Sie mindestens fünf Arten von Tragschichten. Ordnen Sie die Tragschichten den beiden Gruppen „ungebundene Tragschicht" bzw. „gebundene Tragschicht" zu.

Ungebundene TS	Gebundene TS
–	–
–	–
–	–

Ungebundene TS	Gebundene TS
– Kiestragschicht (KTS) – Schottertragschicht (STS) – Recyclingtragschicht	– hydraulisch gebundene Tragschicht – Betontragschicht – Dränbetontragschicht – Walzbetontragschicht – Asphalttragschicht – Asphalttragdeckschicht

78. Erläutern Sie die beiden Funktionen, die eine Tragschicht innerhalb des Straßenoberbaus zu erfüllen hat.

– Die Lasten des Verkehrs so weit zu verteilen, dass der Unterbau bzw. bei Straßen ohne Unterbau der Untergrund nicht überlastet wird.
– Frostschutz durch Unterbrechung der Kapillarität des Bodens. Von oben oder von der Seite eindringendes Wasser läuft nach unten ab, Bodenfeuchte des Untergrundes kann nicht aufsteigen und Eislinsen bilden.

79. Warum soll eine ungebundene Tragschicht einen möglichst hohen Reibungswinkel haben? Wie wird dieser erreicht?

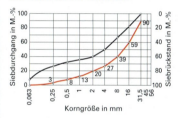

Ein hoher Reibungswinkel verhindert Verschiebungen im Korngemisch unter Belastung und ermöglicht eine gute Lastverteilung.

Das wird erreicht durch:
– Möglichst große Gesteinskörnungen,
– gut abgestufte hohlraumarme Korngemische,
– Gestein mit rauer, gebrochener Oberfläche,
– viele Berührungspunkte zwischen den Gesteinskörnern durch geringe Hohlräume,
– maximale Verdichtung bei optimalem Wassergehalt des Gesteinsgemisches.

80. Zählen Sie je drei gebrochene bzw. ungebrochene Mineralstoffe auf, die in Tragschichten verwendet werden können.

gebrochen	ungebrochen
–	–
–	–
–	–
–	–

gebrochen	ungebrochen
– Brechsand	– Natursand
– Splitt	– Kies
– Schotter	– Kies-Sand-Gemische
– Beton-Recyclingmaterial	

14 Straßenbau

**81. Worin unterscheiden sich hydraulisch gebundene Tragschichten (HGT) von Betontragschichten
a) in der Mischung,
b) im Einbau?**

a) Mischung:
In der HGT kann als Bindemittel hochhydraulischer Kalk, HGT-Binder oder Zement verwendet werden; bei der Betontragschicht wird immer Zement eingesetzt.

b) Einbau:
Eine HGT lässt sich durch den geringen Bindemittelanteil meist fugenlos herstellen. In Betontragschichten müssen etwa alle 4…5 m Fugen geschnitten werden, damit die Schichten bei der Erhärtung nicht reißen. Die Betontragschicht muss mindestens drei Tage nachbehandelt (feucht gehalten) werden.

82. Warum kann man eine HGT mit Zement als Bindemittel nicht „Betontragschicht" nennen?

Der Zementeinsatz ist zu gering:
Hydraulisch gebundene Schottertragschichten haben einen Zementanteil von 60…80 kg/m³, hydraulisch gebundene Kiestragschichten 80…100 kg/m³.
„Beton" muss aber mindestens 100 kg/m³ Zement enthalten.

83. Was versteht man unter „Asphalt"?

Asphalt (auch „Asphaltbeton" → englisch AC = asphalt concrete)
ist wie Beton ein Gemisch aus Gesteinskörnung (Splitt, Sand und Gesteinsmehl) und Bindemittel, nur dass hier das Bindemittel Bitumen ist.

**84. Wie werden die verschiedenen Bitumensorten technisch eingeteilt?
Beschreiben Sie das Verfahren und nennen Sie mindestens drei übliche Bitumensorten.**

Nach der Penetration:
Eine Nadel drückt mit 1 N bei 25 °C 5 Sekunden lang auf die Bitumenoberfläche. Anschließend wird die Eindringtiefe in 1/10 mm gemessen.
Sorten:
– Bitumen 20/30 (hart)
– Bitumen 30/45
– Bitumen 50/70
– Bitumen 70/100
– Bitumen 160/220 (weich)

Wenn also die Nadel im Versuch 8 mm eindringt, so wäre es ein Bitumen 70/100.

85. Nennen Sie mindestens vier typische Eigenschaften von Bitumen.

- Thermoplastisch, d.h., es wird bei höheren Temperaturen weich und verflüssigt sich bei 150 ... 200 °C,
- haftet flüssig gut an Mineralstoffen,
- im festen Zustand ausreichend hart als Baustoff,
- nicht wasserlöslich,
- wasserundurchlässig, dicht,
- nicht beständig gegen Diesel, Benzin, Lösungsmittel, ...

86. Erklären Sie den Unterschied zwischen Splittmastixasphalt (SMA) und Asphaltbeton (AC).

Die Gesteinskörnung ist bei Splittmastixasphalt eine „Ausfallkörnung", d.h., im mittleren Bereich fehlen einige Korngruppen (wenig Feinsplitt und Sand), dafür sind besonders hohe Mengen an Splitt (Grobanteil) und Füller (Feinanteil) enthalten. Das Korngerüst besteht somit aus sehr viel Splitt, in dessen Hohlräumen ein Mörtel aus Feinsand, z.T. faserförmigen Füllern und Bitumen ist.
Asphaltbeton hat hingegen eine stetige Sieblinie.

87. Nennen Sie die Bestandteile, aus denen Gussasphalt gemischt wird.

- Edelsplitt
- Edelbrechsand
- Natursand
- Gesteinsmehl
- hartes Bitumen (Bitumen 30/45)

88. Welche Besonderheiten hat der Baustoff Gussasphalt im Vergleich zu allen anderen Asphaltarten?

- Wird mit Bindemittelüberschuss gemischt, dadurch streich- bzw. gießfähig,
- zähflüssig, daher keine Hohlräume (Hohlraumgehalt = 0 %),
- muss nicht verdichtet werden, da keine Hohlräume vorhanden,
- hartes Bitumen (Bitumen 30/45),
- muss nach dem Einbau mit Splitt abgestreut werden, um überschüssiges Bitumen zu binden und eine griffige Oberfläche zu schaffen,
- Einbau mit Straßenfertiger unmöglich, also Handeinbau oder spezielle Gussasphaltfertiger einsetzen.

14 Straßenbau

89. Erklären Sie, um welche Asphaltlieferungen es sich handelt, wenn auf dem Lieferschein folgende Kurzbezeichnungen zu lesen sind:
a) AC 32 T L,
b) MA 8 S,
c) AC 22 B N.

a) AC – Asphaltbeton (**a**sphalt **c**oncrete)
   32 – Körnung 0/32
   T – Tragschichtmischgut
   L – für leichte Beanspruchungen
b) MA – Gussasphalt (**m**astic **a**sphalt)
   8 – Körnung 0/8
   S – für besondere Belastungen
c) AC – Asphaltbeton (**a**sphalt **c**oncrete)
   22 – Körnung 0/22
   B – Mischgut für Binderschicht
   N – für normale Beanspruchungen

90. Ordnen Sie die Kurzbezeichnungen der Asphaltmischungen ihrer jeweiligen Bedeutung zu:

Kurzzeichen	Bedeutung
SMA	
	Gussasphalt
L	
AC	
TD	
	Tragschicht
	normale Belastbarkeit
D	

Kurzzeichen	Bedeutung
SMA	Splittmastixasphalt
MA	Gussasphalt
L	leichte Belastbarkeit
AC	Asphaltbeton
TD	Tragdeckschicht
T	Tragschicht
N	normale Belastbarkeit
D	Deckschicht

91. Nennen Sie die drei Arten von Fahrbahndeckschichten.

– Asphaltdecken
– Betondecken
– Pflasterdecken

92. Erklären Sie den Unterschied zwischen der „flexiblen Bauweise" und der „starren Bauweise" von Fahrbahndecken.

Flexible Bauweise:
Alle Bauweisen, die sich unter Belastung plastisch verformen und anpassen können.
– Fahrbahnen ohne Bindemittel (Natursteinpflaster, künstliches Pflaster),
– bitumenhaltige Fahrbahnen (Asphaltbeton, Splittmastixasphalt, Gussasphalt, …).

Starre Bauweise:
Alle Bauweisen, die sich unter Belastung nicht elastisch verformen können.
– Hydraulisch gebundene Fahrbahnen.

**93. Was versteht man bei einer Betonfahrbahndecke unter
a) ein- bzw. mehrlagigem Aufbau,
b) ein- bzw. mehrschichtigem Aufbau.**

a) Ein- bzw. mehrlagiger Aufbau:
Jede Betonschicht kann in einem Fertigungsgang aus einer oder zwei Lagen des **gleichen** Betons hergestellt werden.

b) Ein- oder mehrschichtiger Aufbau:
Die Fahrbahndecke kann in einer Schicht, oder in zwei Schichten mit verschiedenen Betonsorten nacheinander gefertigt werden.
Die untere Schicht kann dabei aus einem preiswerteren Beton ohne gebrochene Gesteinskörnung hergestellt werden, was die Gesamtkosten reduziert.

**94. Zu welchem Zweck werden in Betondecken folgende konstruktiven Elemente eingebaut:
a) Fugen,
b) Dübel,
c) Anker?**

a) Fugen ermöglichen sowohl die Ausdehnung des Betons bei Wärme (Sommer) als auch das Schwinden des Betons durch Kälte/Erhärtung, ohne Rissbildung auf der Betonoberfläche.

b) Dübel verhindern unterschiedliche Setzungen der einzelnen Platten in Längsrichtung der Fahrbahn.

c) Anker verbinden die Platten quer zur Fahrtrichtung und verhindern so ein Auseinanderbewegen der Fahrstreifen durch Fliehkräfte (in Kurven) oder durch das Quergefälle. Sie verhindern auch unterschiedliche Setzungen der Platten.

95. Benennen Sie die drei verschiedenen Fugenarten und erklären Sie, wo diese in Betonfahrbahnen angewendet werden.

a)

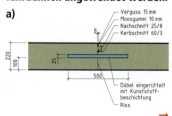

a) Scheinfuge:
– unterteilt die gefertigte Betonfläche in Platten,
– etwa 25 … 30 % der Plattendicke werden eingeschnitten, der Rest reißt beim Schwinden des Betons bei der Erhärtung komplett durch.

14 Straßenbau

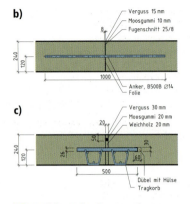

b) Pressfuge:
   - Beim Fertigen eines neuen Betonstreifens geht der neue Beton keine Bindung mit dem erhärteten Festbeton ein, er reißt auf voller Höhe bei der Erhärtung durch.
c) Raumfuge:
   - trennt die Betonfahrbahn von festen Einbauten, indem ein Trennstreifen eingelegt wird,
   - verhindert, dass sich Setzungen von Bauwerken (Brücken, …) auf den Beton auswirken.

96. Welche Kriterien werden vom Auftraggeber bei der Abnahme an einer Betonfahrbahndecke geprüft?

- Betonqualität,
- Ebenflächigkeit,
- Quer- und Längsneigung,
- Griffigkeit,
- exakte Höhenlage über NHN,
- profilgerechte Lage.

97. Nennen Sie zwei Regelwerke, die beim Bau einer Pflasterstraße zu beachten sind.

- **RStO** – Richtlinien für die Standardisierung des Oberbaus von Verkehrsflächen.
- **ZTV P-StB** – Zusätzliche Technische Vertragsbedingungen und Richtlinien für den Bau von Pflasterdecken, Plattenbelägen und Einfassungen.

98. Erklären Sie beim Bau einer Pflasterstraße die Begriffe
a) „ungebundene Bauweise",
b) „gebundene Bauweise".

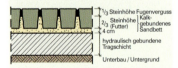

a) Bei der ungebundenen Bauweise bestehen Bettung und Pflastermaterial aus sickerfähigen Baustoffen. Dadurch kann ein Teil des Niederschlagswassers in den Straßenkörper eindringen und muss innerhalb der Straße mit seitlichem Gefälle abgeleitet werden.
b) Bei der gebundenen Bauweise wird die Bettung mit einem Bindemittel (Kalk oder Zement) gebunden. Dadurch entsteht eine sehr schubstabile, hoch belastbare Fahrbahn, die aber wasserundurchlässig ist. Die Pflasterfugen werden mit Mörtel oder Vergussmasse gefüllt.

99. Nennen Sie mindestens vier typische Pflasterverbände für die Verlegung von Natursteinpflaster.

– Reihenverband
– Diagonalverband
– Segmentbogenverband
– Netzverband
– Passeverband
– Polygonalverband
– Schuppenverband

100. Was versteht man unter einer „Randeinfassung"?

Die Randeinfassung dient der Befestigung von Verkehrsflächen wie Fahrbahnen, Rad- und Gehwegen. Sie verhindert, dass der Rand der Verkehrsflächen bei Belastung seitlich weggedrückt wird.

101. Um welche Randeinfassungen handelt es sich bei folgenden Bildern? Geben Sie auch die auf Lieferscheinen verwendeten Kurzbezeichnungen an.

a) Hochbordstein – HB
b) Rundbordstein – RB
c) Tiefbordstein – TB
d) Bordrinnenstein – BR
e) Flachbordstein – FB
f) Muldenstein – MU

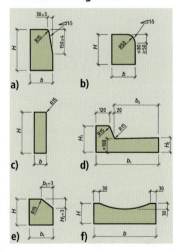

102. Um welche Bordsteine handelt es sich bei folgenden Lieferbezeichnungen:
a) Bordstein DIN EN 1 340 TYP DIT – DIN 483 RB 150×220,
b) Bordstein DIN EN 1 340 TYP DIT – DIN 483 TB 100×250,
c) Bordstein DIN EN 1 340 TYP DIT – DIN 483 HB 150×300 – KA 3?

a) DIN EN …   Euronorm
   DIN 483   Deutsche Norm
   RB   Rundbordstein
   150   Dicke des Bordsteins in mm
   220   Höhe des Bordsteins in mm

b) DIN EN …   Euronorm
   DIN 483   Deutsche Norm
   TB   Tiefbordstein
   100   Dicke des Bordsteins in mm
   250   Höhe des Bordsteins in mm

c) DIN EN …   Euronorm
   DIN 483   Deutsche Norm
   HB   Hochbordstein
   150   Dicke des Bordsteins in mm
   300   Höhe des Bordsteins in mm
   KA   Bordstein für Innenkurve (nach außen gewölbt)
   3   3 m Kurvenradius

103. Erläutern Sie, zu welchem Zweck die einzelnen Randeinfassungen üblicherweise eingebaut werden:
a) Hochbordstein,
b) Rundbordstein,
c) Flachbordstein,

a) Hochbordstein:
– sichere Abtrennung zwischen der Straße und Gehwegen, Radwegen, Grünflächen oder Gleisanlagen,
– der Hochbordstein soll nicht überfahren werden.

b) Rundbordstein:
– wird oft abgesenkt eingebaut,
– trennt die Fahrbahn von anderen Verkehrsflächen, kann aber ohne Schaden am Fahrzeug zu verursachen überfahren werden (z. B. bei Parkplätzen auf dem Gehweg, Garagen- und Grundstückseinfahrten, …).

c) Flachbordstein:
– dient als leicht überfahrbare Einfassung von Verkehrsflächen,
– an Einfahrten,
– an Verkehrsinseln (an Autobahnabfahrten) und Kreisverkehrsflächen, die üblicherweise von Schwertransportfahrzeugen und Tiefladern überrollt werden müssen.

d) **Tiefbordstein,**
e) **Bordrinnenstein,**
f) **Muldenstein.**

d) Tiefbordstein:
  – Einfassung von Geh- und Radwegen zur Trennung von Grünflächen,
  – fast bodengleich versetzt (max. 8 cm hoch) als Trennung zwischen Straße und untergeordneter Verkehrsfläche (Ausfahrten von Betrieben und Geschäften, Anliegerstraßen, …). Der Bordstein ersetzt hier das Vorfahrtszeichen.
e) Bordrinnenstein:
  – Randeinfassung und Entwässerungsrinne in einem Bauteil – sehr formstabil
f) Muldenstein:
  – zur Entwässerung auf großen Verkehrsflächen mit beidseitig gleicher Belagshöhe (Parkplätze, …).

104. Welche Formen von Aufsätzen gibt es für die Straßenabläufe?

– Pultaufsatz,
– Muldenaufsatz,
– Seitenablauf,
– Kombiaufsatz.

105. Benennen Sie die Bauteile A … E eines Straßenablaufes und erläutern Sie, welche Aufgaben diese Bauteile erfüllen.

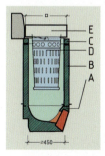

A – Boden:
Anschluss an den Regenwasserkanal.
B – Schaft:
In verschiedenen Längen lieferbar, Ausgleich der Höhe bis zur Fahrbahn.
C – Auflagering:
Verbreitert die Auflagefläche des Schaftes, damit der Aufsatz sicher aufliegt.
D – Eimer:
Zurückhalten von groben Verunreinigungen wie Splitt, Sand, Holz, …
E – Aufsatz:
Befahrbare Oberfläche des Ablaufes mit Gitter, um zu verhindern, dass grobe Bestandteile in den Kanal gelangen und ihn verstopfen (Bälle, Holzstücke, …).

106. Ein Straßenaufsatz hat die Bezeichnung „D 400". Was bedeutet diese Angabe?

D – wird auf Schnellstraßen eingesetzt
400 – die Belastbarkeit liegt bei 400 kN

107. Erläutern Sie, für welche Einsatzzwecke Aufsätze mit folgenden Kennzeichnungen vorgesehen sind:

	Einsatzzweck
A 15	?
B 125	?
C 250	?
D 400	?
E 600	?
F 900	?

	Einsatzzweck
A 15	Gehwegbereich
B 125	Pkw, Lieferwagen
C 250	Lkw-Verkehr
D 400	Schnellverkehr
E 600	schwere Industrie- oder Militärfahrzeuge
F 900	Flugverkehrsflächen

108. Sie sollen einen Sickerstrang mit Sickerrohrleitung herstellen. Nennen Sie die Materialien A...F und die Mindestabmessungen für *a* und *b*.

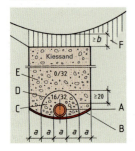

A – Sickerrohrleitung (Vollsickerrohr)
B – Kunststoffbahn
C – 1. Filterlage, z. B. Kies 16/32 mm
D – Trennschicht (Geotextil)
E – 2. Filterlage, z. B. Kiessand 0/32 mm
F – Abdichtungsschicht aus bindigem Boden
a Jede Lage sollte mindestens 20 cm dick sein, und so voneinander getrennt, dass es zu keinen Vermischungen kommt.
b Abdichtung mindestens 20 cm stark.

15 Wasserversorgung und Wasserentsorgung

1. Welche Aufgaben hat die Trinkwasserversorgung zu erfüllen?

Die Trinkwasserversorgung sichert die Bereitstellung einer ausreichenden Menge sauberen Wassers und ist damit Grundlage des Lebens.
Sie muss das Wasser
- gewinnen,
- aufbereiten,
- in ausreichender Menge speichern,
- ins Versorgungsgebiet leiten und
- an die Verbraucher verteilen.

2. Ordnen Sie den Arten der Wassergewinnung die entsprechende Art des Rohwassers zu.

Wassergewinnung	Rohwasser
Seepumpwerk	?
Horizontalfilterbrunnen	?
Vertikalfilterbrunnen	?
Brunnenfassung	?

Wassergewinnung	Rohwasser
Seepumpwerk	Oberflächenwasser
Horizontalfilterbrunnen	Uferfiltrat
Vertikalfilterbrunnen	Grundwasser
Brunnenfassung	Quellwasser

3. Unterscheiden Sie die vier Arten Wasser zu gewinnen und bewerten Sie diese Formen des Rohwassers.

Oberflächenwasser:
Mittels eines Seepumpwerkes wird das kalte und möglichst saubere Wasser aus der Tiefe eines Sees gepumpt und muss dann noch aufbereitet werden.
Das Oberflächenwasser stehender Gewässer wie Seen und Talsperren kann durch Keime, Algen, … verunreinigt sein.
Uferfiltrat:
Entlang fließender Gewässer (Flüssen) werden im seitlichen Abstand Horizontalfilterbrunnen aufgebaut. Diese saugen das Wasser an, sodass beim Durchfließen der Bodenschichten das Wasser schon gereinigt wird.

→   →

15 Wasserversorgung und Wasserentsorgung

Grundwasser:
Grundwasser muss mit Vertikalfilterbrunnen oft aus großer Tiefe gefördert werden. Die Niederschläge werden bei der Versickerung durch die Bodenschichten gefiltert, sodass das Grundwasser sehr rein ist.

Quellwasser:
Das Quellwasser wird beim Durchfließen der Gesteinsschichten gereinigt, tritt aber an der Erdoberfläche zutage. Dieses Wasser ist meist schon so sauber, dass es nur noch in Brunnen aufgefangen und zum Verbraucher geleitet werden muss (höchste Qualität und geringster Aufwand).

4. a) Um welche Art von Brunnen handelt es sich in der Darstellung, und wozu wird dieser Brunnen verwendet?
b) Benennen Sie die Bauteile 1…8.

a) Es handelt sich um einen Horizontalfilterbrunnen, der zur Gewinnung von oberflächennahem Rohwasser eingesetzt wird, also in der Regel bei Uferfiltraten.

b) Bauteile:
  1 – Filterrohr (waagerecht)
  2 – Fassungsstrang
  3 – Sohle der Grundwasserschicht
  4 – Oberfläche der Grundwasserschicht
  5 – Unterwasserkreiselpumpe
  6 – Elektromotor der Pumpe
  7 – Aufschüttung im Gelände
  8 – Brunnenkopf

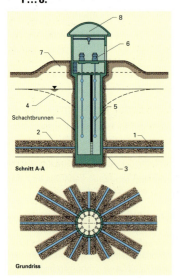

**5. Erläutern Sie die Begriffe
a) ungespanntes Grundwasser,
b) gespanntes Grundwasser.**

a) <u>Ungespanntes Grundwasser:</u>
Grundwasser, das sich entsprechend der Durchlässigkeit des Bodens und der Neigung der Bodenschichten der Schwerkraft folgend durch den Boden bewegt und dabei gefiltert wird.

b) <u>Gespanntes Grundwasser:</u>
In sich abgeschlossene Grundwasservorkommen, die zwischen stauenden Bereichen eingeengt sind und daher unter Druck stehen.

6. Was ist ein artesischer Brunnen?

Ein artesischer Brunnen ist ein natürlicher Springbrunnen. Er entsteht, wenn unter Druck stehendes Grundwasser (gespanntes Grundwasser) aus dem Boden austritt.

**7. Beschreiben Sie den Bau und die Funktionsweise eines Tiefbrunnens zur Gewinnung von Grundwasser.
Benennen Sie dabei die Bauteile 1 ... 8.**

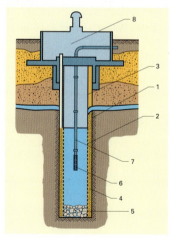

<u>Bau:</u>
Zuerst wird ein Bohrloch (1) bis unterhalb der nutzbaren Grundwasserschicht in den Boden getrieben. In das Bohrloch wird ein Brunnenrohr gestellt, das im unteren Bereich als Filterrohr (2) gelocht oder geschlitzt ist, um das Grundwasser zu gewinnen. Der obere Bereich des Brunnenrohres ist ein Vollrohr (3), das verhindert, dass Bodenteile das Grundwasser im Inneren verunreinigen. Der Ringraum zwischen der Außenseite des Brunnenrohres und der Bohrung im Boden wird mit Filterkies (4) verfüllt, der den Zustrom des Grundwassers ermöglicht.
Unten im Brunnenrohr befindet sich der Pumpensumpf (5), in dem sich Schwebstoffe ablagern. In der Mitte des Brunnens wird eine Tiefpumpe (6) eingebaut, die das Grundwasser mittels der Steigleitung (7) in den Brunnenkopf (8) fördert. Von dort wird das Wasser ins Versorgungsgebiet geleitet.

15 Wasserversorgung und Wasserentsorgung

Funktionsweise:
Der Tiefbrunnen schafft einen Hohlraum in der anstehenden Grundwasserschicht. Entsprechend der Schwerkraft fließt das Grundwasser durch den Filterkies hindurch in diesen Hohlraum, so lange, bis er gefüllt ist. Sobald die Pumpe im Tiefbrunnen Wasser zieht, entsteht ein Unterdruck in der Grundwasserschicht, der noch mehr Wasser zum Brunnen hin zieht.

8. Nennen Sie mindestens fünf Schadstoffe, die im Rohwasser in zu hoher Konzentration enthalten sein können.

- feine Bodenteile
- Humus
- Mangan- oder Eisenschlamm
- Mikroorganismen
- Säuren
- Kalk
- freie Kohlensäure

9. Auf welche Art kann das Rohwasser in der Trinkwasseraufbereitungsanlage (TWA) aufbereitet werden?

- Filtern mit Sand- oder Kohlefiltern
- Chlorieren/Ozonieren
- Zerstäuben/Belüften
- Enthärten
- Entsäuern

10. Was versteht man unter den Begriffen „weiches" bzw. „hartes" Wasser, und wie sollte das Wasser beschaffen sein?

Von „hartem Wasser" spricht man, wenn das Wasser einen hohen Anteil an Mineralstoffen (meist Kalk) enthält. Diese setzen sich während der Durchleitung durch das Rohrnetz überall ab, verringern den Rohrquerschnitt und bewirken, dass Schieber und Ventile nicht mehr schließen können. Bei der Enthärtung werden dem Rohwasser diese Bestandteile entzogen, allerdings nicht vollständig, denn der Mensch braucht diese Mineralien (sonst ist das Wasser als Trinkwasser ungeeignet).
Das Wasser mit geringem Anteil an Mineralstoffen wird „weiches Wasser" genannt.

15 Wasserversorgung und Wasserentsorgung

11. Erklären Sie die beiden Arten von Wasserspeicherung und begründen Sie, wann die jeweilige Art eingesetzt wird.

1. Hochbehälter (siehe Foto):
Das Wasser wird in rechteckigen oder runden Stahlbetonbehältern im Boden (dunkel und kühl) oberhalb der Ortschaften gespeichert. Der Höhenunterschied zwischen dem Speicherort und dem tiefer liegenden Versorgungsgebiet ergibt den Betriebsdruck im Leitungsnetz (10 m Höhenunterschied ≙ 1 bar Druck).

2. Wasserturm:
In Landschaften ohne größere Höhenunterschiede muss das Wasser in Türmen gespeichert werden, um so einen Höhenunterschied zu schaffen und einen gleichmäßigen Betriebsdruck im Leitungssystem zu halten. Dafür werden Wassertürme gebaut.

12. Welche Funktionen haben die Wasserspeicher (Turm oder Hochbehälter)?
Nennen Sie mindestens vier davon.

- Sicherung des Tagesbedarfs an Trinkwasser,
- Erhaltung eines gleichmäßigen Betriebsdrucks im Leitungssystem,
- Auffangen von Druckstößen im System,
- Sicherung einer Brandreserve,
- Überbrückung von Störungszeiten in der Aufbereitungsanlage.

13. Bei der Fassung von Quellen im Gebirge liegt zwischen der Quelle und dem Verbraucher häufig ein Höhenunterschied von mehreren hundert Metern. Welches Problem entsteht dabei, und wie ist es lösbar?

Bei 400 m Höhenunterschied würde zum Beispiel ein Betriebsdruck von 40 bar in allen Leitungen herrschen. Das Wasser stünde unter Hochdruck in einem Leitungsnetz, das sonst für maximal 10 bar ausgelegt ist. Ventile würden aus der Wand gedrückt, Verbindungen im Leitungsnetz zerstört und auch gegebenenfalls Menschen verletzt.
Bei der Fassung der Quellen wird das Wasser vom Brunnenhaus nur eine gewisse Strecke bergab in Rohren geführt. Wird der Druck zu hoch, läuft das Wasser in einen Betonbehälter, entspannt und läuft dann vom Überlauf des Behälters mit geringem Druck in das nächste Rohr. So wird der Druck abschnittsweise abgebaut und erst im letzten Teilstück der erforderliche Betriebsdruck erzeugt.

14. Nennen Sie die drei verschiedenen Leitungsarten im Rohrleitungsnetz.

H – Hauptleitung
V – Versorgungsleitung
A – Anschlussleitung

15. In einer Bauzeichnung ist eine Leitung mit der Bezeichnung „VW 150 GGG Zm Sm" angegeben. Um welche Leitung handelt es sich dabei?

V – Versorgungsleitung
W – Wasser
150 – Nennweite 150
GGG – Material: duktiler Guss
Zm – Zementmörtelauskleidung (innen)
Sm – Steckmuffenverbindung

16. Im Bild ist ein Rohrleitungsnetz in Form eines „Verästelungsnetzes" gezeigt.
a) Welche Vorteile hat dieses Netz?
b) Wann wird diese Art des Netzes üblicherweise gebaut?

a) Vorteile:
 – einfache Struktur,
 – billig, da vergleichsweise wenig Rohre und Verbindungen,
 – an den Endsträngen, wo nur noch wenige Abnehmer angeschlossen sind, können deutlich kleinere Dimensionen verbaut werden.

b) Einsatz:
 – am Rande des Versorgungsgebietes,
 – in Ortschaften mit engen und langgezogenen Tallagen,
 – selten, veraltetes System.

17. Im Bild ist ein Rohrleitungsnetz in Form eines „vermaschten Ringnetzes" gezeigt.
a) Welche Vorteile hat dieses Netz?
b) Wann wird diese Art des Netzes üblicherweise gebaut?

a) Vorteile:
 – betriebssicherer, bei Störungen kaum Wasserausfall, da jedes Haus von zwei Seiten versorgt wird (Ring),
 – das Wasser ist im Ringnetz ständig in Bewegung, daher gibt es keine Stränge, in denen das Wasser lange steht und an Qualität verliert,
 – guter Druckausgleich im Netz, auch bei kurzfristiger Entnahme von großen Mengen an einzelnen Stellen.

b) Einsatz:
 – häufigster Fall, bei Neuplanungen werden fast ausschließlich Ringnetze angelegt.

18. Zählen Sie mindestens fünf typische Armaturen auf, die in Wasserleitungsnetzen vorkommen.

– Hydrant
– Schieber
– Klappe
– Ventil
– Hahn
– Entlüfter
– Rückschlagsicherung

19. Wodurch wird die Tiefenlage einer Wasserleitung bestimmt? Vergleichen Sie mit Kanälen.

Die Wasserleitungen verlaufen nicht wie Kanäle in einem gleichmäßigen Gefälle, sondern werden in der Regel parallel zur Geländeoberfläche verlegt. Die Bodenüberdeckung richtet sich nach der Frostgefahr und damit nach der geografischen Lage und sollte mindestens 1,00 … 1,50 m betragen.

20. Zu welchem Zweck werden in Wasserleitungsnetzen Entlüfter und Entleerungsschieber eingebaut?

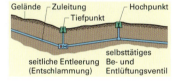

Da die Rohrleitung dem Geländeverlauf folgt, gibt es im Verlauf Hochstellen und Tiefstellen.
Entlüfter
werden an den Hochstellen eingebaut, denn hier sammelt sich die im Wasser enthaltene Luft, was bei größeren Ansammlungen zu Druckstößen in der Leitung führen könnte. Der Entlüfter lässt die Luft entweichen.
Entleerungsschieber
werden an den Tiefstellen eingebaut, denn hier sammeln sich in der Leitung alle Ablagerungen als Schlamm.
Mit dem Entleerungsschieber kann dieser Schlamm bei der Wartung der Leitung abgelassen werden.

**21. Sie sollen sich vor Ort ein Bild von den in der Straße vorhandenen Leitungen machen und die örtlichen Gegebenheiten mit den Angaben Ihrer Bestandspläne vergleichen.
Wie können Sie vor Ort Angaben zu den bestehenden Leitungen und Kanälen erhalten?**

– Nachfrage bei den Anwohnern, gegebenenfalls Besichtigung der Hausanschlüsse.
– Schilder an Gebäuden und Pfählen weisen auf die Lage der Armaturen von Gas, Wasser und anderen Medien in der Straße hin.
– Form der Straßenkappen beachten (Gas quadratisch, Wasser rund und Hydrant oval).
– Kanaldeckel öffnen, Tiefe der Zu- und Abläufe messen und Richtung der Kanäle festhalten (Kanäle laufen immer gerade, können also auf dem Bestandsplan als Linie eingezeichnet werden).

15 Wasserversorgung und Wasserentsorgung

22. An einem Gebäude sind die gezeigten Schilder angebracht. Welche Informationen können Sie daraus ableiten?

a)

b)

c)

a) – Es ist eine Wasserleitung DN 100 vorhanden.
 – Das Schild weist auf die Lage eines Schiebers hin.
 – Der Schieber befindet sich (mit dem Rücken zum Haus stehend) 6,80 m vor und 3,80 m links vom Schild.

b) – Es ist eine Hydrantenleitung DN 150 vorhanden.
 – Das Schild weist auf die Lage eines Unterflurhydranten hin.
 – Der Hydrant befindet sich (mit dem Rücken zum Haus stehend) 2,70 m vor und 1,80 m rechts vom Schild.

c) – Es ist eine Gasleitung DN 50 vorhanden.
 – Das Schild weist auf die Lage des Absperrventils hin.
 – Das Ventil befindet sich (mit dem Rücken zum Schild stehend) 3,60 m vor und 1,20 m links vom Schild.

23. Aus welchen Materialien können Wasserversorgungsleitungen hergestellt werden? Nennen Sie die sechs verschiedenen Materialien und die jeweils möglichen Verbindungsarten.

Rohrmaterial	Verbindungsarten
Stahl	– Schweißverbindungen – Steckmuffen – Flanschverbindungen
duktiler Guss	– Steckmuffen (Tyton) – Schraubmuffen – Stopfbuchsen – Flanschverbindungen
PVC-U	– Steckmuffen – Klebeverbindungen
PE-HD	– Schweißverbindungen – Klemmverbindungen
GFK	– Steckmuffen (Reka)
Spannbeton	– Steckmuffen

15 Wasserversorgung und Wasserentsorgung

24. Erläutern Sie die Begriffe
a) lösbare Verbindungen,
b) längskraftschlüssige Verbindungen.

a) Lösbare Verbindungen
sind die Verbindungsarten, die man später ohne Materialzerstörungen wieder demontieren kann (z. B. Flanschverbindungen).

b) Längskraftschlüssige Verbindungen
sind die Verbindungen, die sich in Längsrichtung unter Betriebsdruck nicht mehr verschieben können (z. B. Schweißverbindungen).

25. Ordnen Sie den genannten Verbindungsarten die Eigenschaften „lösbar" (lb) bzw. „längskraftschlüssig" (lk) zu.

Verbindungsart	lb	lk
Flanschverbindung	?	?
Schweißverbindung	?	?
Steckmuffenverbindung	?	?
Klebeverbindung	?	?
Stopfbuchsenverbindung	?	?
Klemmverbindung	?	?
Schraubverbindung	?	?

Verbindungsart	lb	lk
Flanschverbindung	X	X
Schweißverbindung	–	X
Steckmuffenverbindung	X	–
Klebeverbindung	–	X
Stopfbuchsenverbindung	X	X
Klemmverbindung	X	X
Schraubverbindung	X	X

26. Nennen Sie mindestens sechs typische Armaturen in Wasserleitungen.

– Schieber
– Hahn
– Klappe
– Ventil
– Hydrant
– Rückschlagsicherung
– Druckregler
– Wasserzähler

27. Auf der Baustelle werden die im Bild (folgende Seite) gezeigten Rohre angeliefert.
a) Um welche Rohre handelt es sich?

a) Rohr:
Duktiles Gussrohr (Kennzeichnung mit drei Kerben in der Muffe) mit Zementmörtel-Innenauskleidung.

→   →

b) Wofür werden die Rohre verwendet? Begründen Sie Ihre Aussage.
c) Welche Verbindungsart liegt vor?

b) Verwendung:
Für Trinkwasserleitungen, denn die Zementmörtelauskleidung ist der Korrosionsschutz gegen das Medium Wasser. Gasrohre aus duktilem Guss haben keine Innenbeschichtung, da im Gas kein Sauerstoff enthalten ist. Außerdem ist der Verwendungszweck „Wasser" an den blauen Verschlusskappen zu sehen.

c) Verbindungsart:
Steckmuffenverbindung – Tytondichtung.

28. Im Bild ist ein Unterflurhydrant gezeigt.
Benennen Sie die Bauteile A…L und ihre jeweilige Funktion.

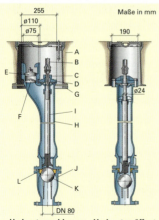

Hydrant geschlossen   Hydrant geöffnet

A – Straßenkappe (Gehäuse, bildet den Innenraum im Straßenquerschnitt)
B – Vierkant (hier wird der Hydrantenschlüssel zum Öffnen/Schließen des Hydranten angesetzt)
C – Spindel (bewegt die Innengarnitur beim Drehen nach oben/unten)
D – Aufsatz (oberer Abschluss der Innengarnitur)
E – Anschluss mit Deckel (hier wird das Hydrantenstandrohr mit den Schlauchanschlüssen aufgesetzt)
F – Mündungsverschluss (verhindert die Verunreinigung des Wasseranschlusses)
G – Tragplatte (auf ihr steht die Straßenkappe in der Fahrbahn/im Gelände)
H – Mantelrohr (Gehäuse der Innengarnitur im Bereich des Bodens)
I – Innengarnitur (Verbindung von der Spindel zur Hohlkugel)
J – Kugelgehäuse (hier steht das Wasser, das beim Absenken der Kugel im Mantelrohr nach oben strömt)
K – Hohlkugel (verschließt/öffnet die Öffnung im Kugelgehäuse)
L – Flachdichtung (Abdichtung des Kugelgehäuses)

15 Wasserversorgung und Wasserentsorgung

29. Die Rohre, Formstücke und Armaturen werden in der Bauzeichnung mit Kurzzeichen und Sinnbildern angegeben. Ergänzen Sie die Tabelle.

Benennung	Kurzzeichen	Sinnbild	Benennung	Kurzzeichen	Sinnbild
?	FF	?	Flanschrohr	FF	⊢⊣
Rohrstück (ohne Verbindung)	?	?	Rohrstück (ohne Verbindung)	Spitzende	—
Muffenrohr	?	?	Muffenrohr	Rohr	⊣(
?	EU	?	Flansch-Muffen-Stück	EU	⊢⊣(
?	F	?	Einflanschstück	F	⊣
?	FFK 30	?	Flanschbogen 30°	FFK 30	⊢⋁
?	?	⊢⊤⊣	Flanschabzweig 90° ("T-Stück")	T	⊢⊤⊣
?	?	⊢⊤⊤⊣	Flanschdoppelabzweig 90° ("Doppel-T-Stück")	TT	⊢⊤⊤⊣
?	?	⋁	Flanschbogen 90°	Q	⋁
Flanschfußbogen	?	?	Flanschfußbogen	N	⍲
Hydrantenfußbogen (Muffe)	?	?	Hydrantenfußbogen (Muffe)	EN	⍲
Flanschreduzierung	?	?	Flanschreduzierung	FFR	▷
?	X	?	Blindflansch	X	|
?	U	?	Überschiebemuffe	U	)(
?	MMK 11	?	Doppelmuffenbogen 11°	MMK 11	)⋁(
?	?	⌒	Doppelmuffenbogen 90°	MMQ	⌒

15 Wasserversorgung und Wasserentsorgung

Benennung	Kurz-zeichen	Sinn-bild
?	?	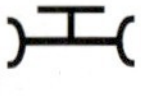 ⊐⊏
?	?	 ⊐⊔
?	MMC	?
?	C	?
?	MMR	?

Benennung	Kurz-zeichen	Sinn-bild
Doppelmuffenabzweig mit Flanschanschluss	MMA	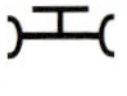 ⊐⊏
Doppelmuffenabzweig mit Muffenanschluss	MMB	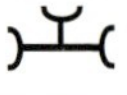 ⊐⊔
Doppelmuffenabzweig mit Muffenanschluss	MMC	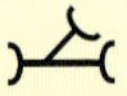 ⊐⊿
Muffenabzweig mit Muffenanschluss 45°	C	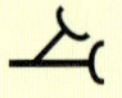 ⊿
Doppelmuffen-reduzierung	MMR	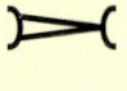 ⊐⊏

30. Erstellen Sie die Materiallisten für die dargestellten Rohrstränge.

a)

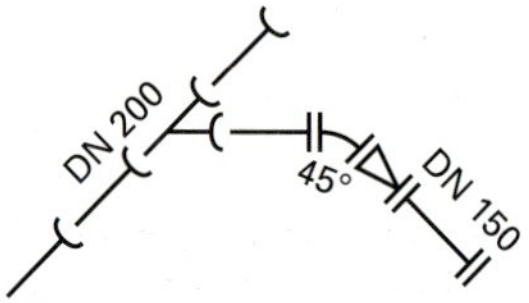

b)

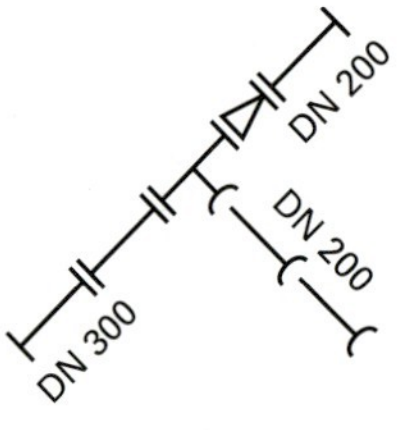

c)

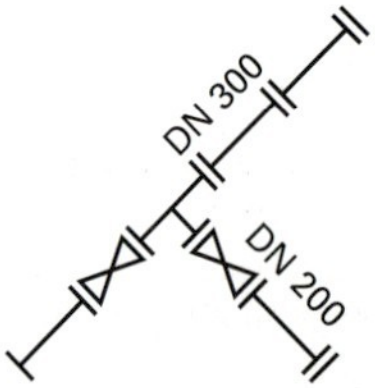

a) Materialliste:
- 3× Muffenrohr 200
- 1× C 200
- 1× F 200
- 1× FFK 45 200
- 1× FFR 200/150
- 1× X 150

b) Materialliste:
- 2× FF 300
- 1× X 300
- 1× FFB 300/200
- 1× FFR 300/200
- 1× FF 200
- 2× Muffenrohr 200

c) Materialliste:
- 3× FF 300
- 1× X 300
- 1× Schieber 300
- 1× T 300/200
- 1× Schieber 200
- 1× FF 200
- 1× X 200

d)

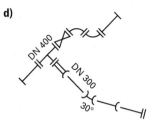

e)

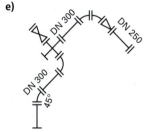

d) Materialliste:
- 3× FF 400
- 1× X 400
- 1× T 400/300
- 2× FFQ 400
- 1× Schieber 400
- 1× EU 300
- 1× Spitzende 300
- 1× MMK 30 300
- 1× Muffenrohr 300
- 1× F 300
- 1× X 300

e) Materialliste:
- 1× TT 300
- 2× X 300
- 1× Schieber 300
- 4× FF 300
- 3× FFK 45 300
- 1× FFR 300/250
- 1× FF 250
- 1× X 250

31. Erstellen Sie aus den angegebenen Materialien einen sinnvollen Montageplan (Skizze).

a) – X 150
- Schieber 200
- MMA 300/200
- FFR 200/150
- 2× Muffenrohr 300
- MMK 45 300
- Spitzende 300

b) – Schieber 200
- MMK 45 200
- Q 200
- MMC 200
- 2× F 200
- X 200
- Spitzende 200

Hinweis:
Beginnen Sie immer mit dem Bauteil mit den meisten Anschlüssen (Abzweig, T-Stück, …):

a) *(Skizze: DN 200 senkrecht, DN 300 waagerecht mit 45°-Abzweig)*

b) *(Skizze: DN 200 mit 45°-Abzweig)*

c) – X 300
 – 2× FF 300
 – Schieber 300
 – T 300/200
 – FFK 45 300
 – Schieber 200
 – FF 150
 – FFR 200/150

d) – X 300
 – X 400
 – FFK 30 400
 – FF 400
 – FFB 400/300
 – F 300
 – Schieber 300
 – FFQ 300
 – EU 400
 – Spitzende 400
 – Muffenrohr 400
 – MMK 45 400

32. An welcher Stelle und in welcher Tiefenlage sollten die einzelnen Medien im Straßenquerschnitt (Straße/Gehweg) verlegt werden?
Begründen Sie Ihre Aussagen.

Entwässerung:
Die Kanäle (Regen-, Schmutz- oder Mischwasser) liegen am tiefsten und sollten so in der Fahrbahn liegen, dass die Kanaldeckel nicht befahren werden (Mitte einer Spur). Dies spart Erschütterungen am Schacht und an den Schachtanschlüssen.
Beim Trennsystem liegt der Schmutzwasserkanal in der Regel tiefer als der Regenwasserkanal.

Wasserversorgung:
Wenn der Fußweg ausreichend breit ist (mind. 1,50 m), sollten die Rohre dort verlegt werden, um Kreuzungen mit den Straßenablaufrohren zu vermeiden. Die Verlegetiefe sollte frostfrei sein, das heißt, je nach geografischer Lage, 1,00 … 1,50 m betragen.

Gasversorgung:
Oberflächennah (da nicht frostgefährdet) in der Straße oder im Gehweg.

Strom/Telekommunikation:
Oberflächennah im Gehwegbereich. Diese Kabel sind bei Auflasten an der Oberfläche nicht bruchgefährdet im Gegensatz zu z. B. PVC-Rohren.

15 Wasserversorgung und Wasserentsorgung

33. Beschreiben Sie den Arbeitsablauf bei der Verlegung einer Wasserleitung.

– Sicherung der Baustelle (Sperrung/Umleitung des Verkehrs),
– Aushub des Grabenabschnittes und der Kopflöcher an den Anschlussstellen,
– Sicherung des Grabens (ab 1,25 m Tiefe) durch Verbau oder Böschung,
– Einbringen einer Bettungsschicht aus Sand oder Feinkies,
– Verlegung der Rohre, Richtungsänderung durch Formstücke oder durch das Ziehen in der Muffe,
– Dichtheits- oder Druckprüfung des Leitungsabschnittes,
– Einmessen der Leitung und Eintragen in die Bauzeichnung,
– lagenweise Verfüllung und Verdichtung des Grabens,
– Wiederherstellung der Fahrbahn-/Gehwegoberflächen.

34. Welcher Unterschied besteht zwischen einer Druckprüfung und einer Dichtheitsprüfung? Wann wird welche Art der Prüfung durchgeführt?

Druckprüfung:
Sie erfolgt mittels Wasserdruck. Der Leitungsabschnitt wird mit Wasser gefüllt, anschließend wird der 1,5-fache Betriebsdruck (ab 10 bar Betriebsdruck 5 bar mehr als der Betriebsdruck) aufgebracht und so die Dichtheit aller Verbindungsteile und auch die mechanische Festigkeit aller Rohre, Formstücke und Verbindungen geprüft.
Diese Prüfung sollte der Regelfall sein.

Dichtheitsprüfung:
Wenn Wasser lange vor Beginn der Nutzung des Gebäudes schon in den Leitungen steht, vermindert sich die Wasserqualität. Daher werden Leitungen im Gebäude nur dann mit Wasserdruck geprüft, wenn das Gebäude spätestens 72 Stunden danach auch genutzt wird.
Ist dies nicht der Fall, wird nur eine Dichtheitsprüfung mit einem geringen Luftüberdruck in den Leitungen durchgeführt. Die Dichtheit der Verbindungen wird dabei kontrolliert, aber es erfolgt keine Druckprüfung der Bauteile und Verbindungen.

35. Das Bild zeigt die Anordnung eines Widerlagers an einer Wasserversorgungsleitung.
a) Welchen Zweck erfüllt das Widerlager?
b) Welche Alternativen sind denkbar?

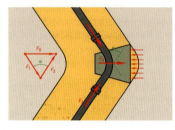

a) Zweck des Widerlagers:
Die Wasserleitung steht unter Betriebsdruck. Bei Steckmuffenverbindungen besteht die Gefahr, dass aufgrund des Innendrucks die einzelnen Rohre an Kurven auseinandergedrückt und undicht werden.
Um eine Bewegung im Boden zu vermeiden, wird ein Betonwiderlager in der Winkelhalbierenden der Richtungsänderung angeordnet. Dieses dient quasi als waagerecht im Boden liegendes „Fundament" gegen den Schub des Rohres.

b) Alternativen:
Längskraftschlüssige Verbindungen:
– Schweißverbindungen,
– Klebeverbindungen,
– Flanschverbindungen,
– Klemmverbindungen,
– Schraubverbindungen.

36. Nennen Sie die vier Bestandteile eines Hausanschlusses. Wer ist für den Hausanschluss zuständig?

– Anschluss an die Versorgungsleitung in der Straße (Ventilanbohrschelle, …),
– Hausanschlussleitung,
– Hauswanddurchführung,
– Hauptabsperreinrichtung.

Der Hausanschluss bis einschließlich des nachfolgenden Zählers gehört in die Zuständigkeit des Versorgers (Stadtwerke, …).

37. Benennen Sie die im Schnitt zu sehenden Leitungsarten A … E und erklären Sie ihre jeweilige Funktion.

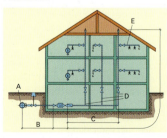

A – Versorgungsleitung, versorgt über das Leitungsnetz die Ortschaft mit Wasser.
B – Anschlussleitung, führt das Wasser von der Versorgungsleitung in der Straße bis in das Gebäude an den Zähler.
C – Verteilleitung, verteilt das Wasser im Gebäude.
D – Steigleitungen, bringen das Wasser von der Verteilleitung nach oben in die verschiedenen Etagen des Hauses.
E – Stockwerksleitungen, führen das Wasser vom Steigstrang bis zur Verbrauchsstelle (Wasserhahn, Toilette, Dusche, Waschmaschine, …)

38. Was versteht man unter „Verbrauchsleitungen"?

Die Verbrauchsleitungen sind alle im Gebäude nach dem Zähler liegenden Leitungen. Diese gehören in die Verantwortung des Hauseigentümers.

39. Beschreiben Sie den im Bild gezeigten Leitungsausschnitt.

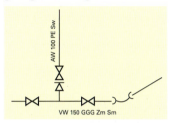

In der Straße liegt eine Versorgungsleitung (Wassernetz) mit einer Nennweite von DN 150, Zementmörtelauskleidung innen und Steckmuffenverbindung. Diese ist zu beiden Seiten des Hausanschlusses bei Bedarf durch einen Schieber absperrbar.

Die Anschlussleitung zum Gebäude wird auf eine Nennweite von DN 100 reduziert und ist ebenfalls durch einen Schieber absperrbar. Sie besteht aus PE und ist an den Verbindungsstellen geschweißt.

40. In der Tabelle sind typische Plankurzzeichen für Materialien, Verbindungen und Beschichtungen genannt.
Was ist damit jeweils gemeint?

Kurzzeichen	Bedeutung
HG	Hauptleitung Gas
AW	Anschlussleitung Wasser
VG	Versorgungsleitung Gas
St	Stahl
PE-HD	Polyethylen (hart)
PVC	Polyvinylchlorid
GFK	Glasfaserkunststoff
GGG	Duktiler Guss
Sm	Steckmuffenverbindung
Fl	Flanschverbindung
Sr	Schraubmuffenverbindung
Ka	Kunststoffbeschichtung außen
Zm	Zementmörtelauskleidung
Bi	Bitumenbeschichtung innen

41. Was wird in einer „Rohrfolgeliste" eingetragen? Wozu dient die Rohrfolgeliste?

In der Rohrfolgeliste werden die benötigten Rohre, Armaturen und Verbindungsmittel in der Reihenfolge des Einbaus, in der Dimensionierung und der Einbaulage (Entfernung von ±0,00) angegeben.
Die Rohrfolgeliste dient der Materialbestellung und -bereitstellung auf der Baustelle.

42. Was versteht man unter der „Abwinkelbarkeit" von Rohren?

Bei einigen Rohrverbindungsarten (Steckmuffen, ...) ist es möglich, das jeweils nächste Rohr um einige Grad aus der Achse zu bewegen. So können langgezogene Kurven ohne Verwendung von Bögen verlegt werden. Dadurch werden Formstücke gespart und der Reibungsverlust an den Bögen reduziert. Auch Betonwiderlager im Boden können eingespart werden.

43. Die dargestellte duktile Gussleitung aus 6,00 m langen Rohren soll in den nächsten vier Verbindungen jeweils um 4° abgewinkelt werden. Berechnen Sie den Endpunkt $(x; y)$ des Bogens.

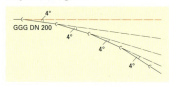

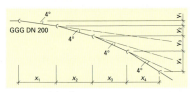

$$\cos 4° = \frac{\text{Ankathete}}{\text{Hypotenuse}} = \frac{x_1}{6{,}00\ \text{m}}$$

$x_1 = \cos 4° \cdot 6{,}00\ \text{m} = 5{,}985\ \text{m}$
$x_2 = \cos 8° \cdot 6{,}00\ \text{m} = 5{,}942\ \text{m}$
$x_3 = \cos 12° \cdot 6{,}00\ \text{m} = 5{,}869\ \text{m}$
$x_4 = \cos 16° \cdot 6{,}00\ \text{m} = 5{,}768\ \text{m}$
$x = x_1 + x_2 + x_3 + x_4 = \mathbf{23{,}564\ m}$

$$\sin 4° = \frac{\text{Gegenkathete}}{\text{Hypotenuse}} = \frac{y_1}{6{,}00\ \text{m}}$$

$y_1 = \sin 4° \cdot 6{,}00\ \text{m} = 0{,}419\ \text{m}$
$y_2 = \sin 8° \cdot 6{,}00\ \text{m} = 0{,}139 \cdot 6{,}00\ \text{m}$
  $= 0{,}835\ \text{m}$
$y_3 = \sin 12° \cdot 6{,}00\ \text{m} = 0{,}208 \cdot 6{,}00\ \text{m}$
  $= 1{,}247\ \text{m}$
$y_4 = \sin 16° \cdot 6{,}00\ \text{m} = 0{,}276 \cdot 6{,}00\ \text{m}$
  $= 1{,}654\ \text{m}$
$y = y_1 + y_2 + y_3 + y_4 = \mathbf{4{,}155\ m}$

Der Endpunkt liegt bei (23,564; 4,155).

44. Berechnen Sie die *x*- und *y*-Werte des Bogenendes für folgende Abwinklungen (Rohrlänge generell 6,00 m) für die Gradzahl (Grad) und Anzahl der Abwinklungen (Anz.).

	Grad	Anz.	x-Wert	y-Wert
a)	3°	5	4,680 m	29,550 m
b)	5°	6	10,706 m	33,954 m
c)	6°	5	9,168 m	28,219 m
d)	8°	8	26,792 m	36,876 m

45. Warum werden Rohre für Druckrohrleitungen im Regelfall mit einer Länge von 6,00 m hergestellt?

Auf der Baustelle ist es technisch sehr aufwendig die Abwinklung in Grad zu messen. Daher werden die Rohre in einer Länge von 6,00 m gefertigt, denn bei dieser Länge muss das Rohr pro 1° Abwinklung um 10 cm aus der Achsrichtung geschoben werden (z. B. 3° Abwinklung = 30 cm Richtungsänderung).

46. Erläutern Sie die Begriffe
a) Haltung,
b) Kanal und
c) Leitung.

a) Die Haltung ist die Kanalstrecke zwischen zwei Schächten. Sie soll in Richtung und Gefälle gerade verlaufen.
b) Kanal: Druckloser Rohrabschnitt zur Entwässerung von Regen-, Misch- oder Schmutzwasser.
c) Leitung: Druckrohrsystem – sowohl für Versorgungsleitungen wie Gas, Wasser und Fernwärme, als auch für Abwasser möglich.

47. Nennen Sie die drei Arten von Kanälen und ihre jeweilige Abkürzung in der Bauzeichnung.

– Regenwasserkanal (KR)
– Schmutzwasserkanal (KS)
– Mischwasserkanal (KM)

48. In einer Zeichnung ist der Kanal mit „KS DN 250 Stz" angegeben. Erklären Sie diese Bezeichnung.

KS: Schmutzwasserkanal
DN: Nenndurchmesser (≙ in etwa dem Innendurchmesser in mm)
250: Nenndurchmesser 250
Stz: Material Steinzeug

15 Wasserversorgung und Wasserentsorgung

49. In einer Zeichnung ist der Kanal mit „KM DN 500 B" angegeben. Erklären Sie diese Bezeichnung.

KM: Mischwasserkanal
DN: Nenndurchmesser (≙ in etwa dem Innendurchmesser in mm)
500: Nenndurchmesser 500
B: Material Beton (unbewehrt)

50. Beschreiben Sie die Aufgaben eines
a) Regenwasserkanals,
b) Schmutzwasserkanals,
c) Mischwasserkanals.

a) Der Regenwasserkanal nimmt das Regenwasser von Dach-, Hof- und Straßenflächen über Rinnen, Fallrohre und Abläufe auf und leitet es in den Vorfluter.
b) Der Schmutzwasserkanal nimmt das Abwasser aus Wohn- und Industriegebieten auf und leitet es zur Reinigung in die Kläranlage.
c) Der Mischwasserkanal nimmt sowohl Regen- als auch Schmutzwasser auf und leitet alle Abwässer zur weiteren Behandlung in die Kläranlage.

51. Welche Informationen können Sie aus dem Lageplan eines Kanalbauprojektes entnehmen?

– Haltungslängen
– Schachtnummern
– Deckel- und Sohlhöhen der Schächte
– Längsgefälle der Leitungen
– Nenndurchmesser der Haltungen
– Rohrmaterialien

52. Entnehmen Sie aus dem Lageplan folgende Informationen:
a) Art des Kanals,
b) Rohrmaterial und Nenndurchmesser,
c) Bauart der Schächte,
d) Länge der Haltungen,
e) Gefälle der Haltungen,
f) Absturzhöhe im Absturzschacht,
g) Tiefe der Schächte.

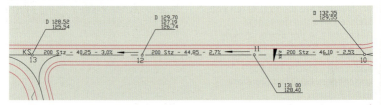

a) Schmutzwasserkanal
b) Steinzeug DN 200
c) S 13: Kontrollschacht
   S 12: Absturzschacht
   S 11: Kontrollschacht
   S 10: Kontrollschacht
d) S 10–S 11: 46,10 m
   S 11–S 12: 44,85 m
   S 12–S 13: 40,25 m
e) S 10–S 11: 2,5 %
   S 11–S 12: 2,7 %
   S 12–S 13: 3,0 %
f) $h = 127{,}19\,m - 126{,}74\,m = 45\,cm$
g) S 10: 2,80 m
   S 11: 2,60 m
   S 12: 2,96 m
   S 13: 2,98 m

53. Welche Informationen können Sie aus dem Höhenplan eines Kanalbauprojektes entnehmen?

– Straßenhöhen
– Schachttiefen
– Höhen der Zu- und Abläufe der Schächte
– Schachtnummern
– Haltungslängen
– Gefälle der Haltungen

54. Entnehmen Sie aus dem Höhenplan folgende Angaben:
a) Anzahl der Kontrollschächte,
b) Anzahl der Absturzschächte,
c) tiefste Absturzhöhe in einem Absturzschacht,
d) Haltungslängen,
e) Art des Entwässerungssystems,
f) Tiefe der Schächte.

a) 3 Kontrollschächte
b) 3 Absturzschächte
c) S 23 = 56 cm
d) S 22 – S 23 = 47,20 m
   S 23 – S 24 = 27,80 m
   S 6 – S 7 = 40,20 m
   S 7 – S 8 = 31,60 m
e) Trennsystem
f) S 6 = 2,70 m
   S 7 = 2,31 m
   S 8 = 2,05 m
   S 22 = 1,64 m
   S 23 = 1,55 m
   S 24 = 1,09 m

15 Wasserversorgung und Wasserentsorgung

55. Welche Flüssigkeiten werden im Kanalsystem abgeleitet?

– Regenwasser
– Fremdwasser
– Sickerwasser
– Hausabwasser
– Industrie-/Gewerbeabwasser

56. Erklären Sie die Begriffe
a) Regenwasser,
b) Schmutzwasser,
c) Fremdwasser,
d) Sickerwasser.

a) Regenwasser:
Niederschlags- und Oberflächenwasser, das von Dachrinnen, Hof- und Straßenabläufen aufgefangen wird und ungeklärt dem Vorfluter zugeführt werden kann.

b) Schmutzwasser:
Abwasser aus Haushalt, Gewerbe und Industrie, das organisch und/oder mineralisch so stark verschmutzt ist, dass es einer Kläranlage zugeführt werden muss.

c) Fremdwasser:
Grund- und Schichtwasser, das durch Risse und undichte Verbindungen von außen in das Kanalrohr gelangt und dort abfließt.

d) Sickerwasser:
Niederschlag und Schichtwasser, das durch Dränungen gefasst und in Abwasserrohre abgeleitet wird.

57. Erläutern Sie den Unterschied zwischen dem Misch- und dem Trennsystem in der Ortsentwässerung.

Mischsystem:
Das Abwasser aus Industrie und Haushalt und auch das Regenwasser werden in einem Kanal (KM) gefasst und einer Kläranlage zugeführt.

Trennsystem:
Das Abwasser aus Industrie und Haushalt wird im Schmutzwasserkanal (KS) gefasst und der Kläranlage zugeführt. Das Regenwasser wird in einem gesonderten Regenwasserkanal (KR) zum nächstgelegenen Vorfluter geleitet.

15 Wasserversorgung und Wasserentsorgung

58. Nennen Sie mindestens fünf Vorteile des Trennsystems in der Ortsentwässerung.

- Geringere Baukosten im gesamten Kanalnetz, da
  - das Regenwasser auf kurzem Wege in den Vorfluter entsorgt wird,
  - kaum Regenrückhaltebecken, Staukanäle oder Regenüberlaufbecken benötigt werden, und
  - die Kläranlagen gleichmäßiger belastet und deutlich kleiner dimensioniert werden können.
- Es werden kleinere Rohrdurchmesser benötigt.
- Das Regenwasser kann dem Grundwasserspiegel der Stadt direkt zugeführt werden.

59. Nennen Sie mindestens drei Nachteile des Trennsystems in der Ortsentwässerung.

- Höherer Bauaufwand vor Ort durch
  - jeweils zwei Hausanschlüsse und Anschlussschächte,
  - je zwei Kanäle in der Straße (hohe Kosten und viel Platzbedarf).
- Verwechslungsgefahr beim Anschluss der verschiedenen Hausanschlüsse ans Kanalsystem.

60. Nennen Sie mindestens drei Vorteile des Mischsystems in der Ortsentwässerung.

- Nur ein Kanal in der Straße, daher keine Verwechslungsgefahr.
- Weniger Platzbedarf in der Straße.
- Geringere Baukosten vor Ort.
- Gute Spülung des Mischwasserkanals bei Starkregen, damit Reduzierung der biogenen Schwefelsäurereaktionen in Kanal und Schacht.

61. Nennen Sie mindestens fünf Nachteile des Mischsystems in der Ortsentwässerung.

- Größere Rohrnennweiten.
- Das gesamte Regenwasser muss mit gefasst und in die Kläranlage geleitet werden, also
  - groß dimensioniertes Kanalnetz,
  - große Kläranlagen,
  - Regenrückhaltebecken, Staukanäle und Regenüberlaufbecken müssen gebaut werden.

→

15 Wasserversorgung und Wasserentsorgung

– Insgesamt höhere Baukosten im Kanalnetz.
– Bei Starkregen Gefahr des Rückstaus von Mischwasser in die anliegenden Keller und Gebäude.

62. Ein Steinzeugrohr wird mit folgender Lieferbezeichnung auf der Baustelle angeliefert: „EN 295-1 – C+B – 17.02.15 – DN 150 – FN 48 – F". Erklären Sie diese Bezeichnung.

EN 295-1:	Euronorm Steinzeugrohre
C+B:	Herstellerkennzeichnung
17.02.15:	Rohr wurde am 17. Februar 2015 hergestellt
DN 150:	Nenndurchmesser des Rohres 150
FN 48:	Rohr mit normaler Tragfähigkeit (Scheiteldruckbelastbarkeit = 48 kN/m)
F:	Verbindungssystem F, also Gummilippendichtung in der Rohrmuffe

63. Auf der Baustelle werden Rohre mit der Lieferbezeichnung „DIN V 1201 – Typ 2 – B – K – GM 350 × 2000" angeliefert. Erklären Sie diese Bezeichnung.

DIN V 1201:	Betonrohre
Typ 2:	auch für Schmutz- und Mischwasser geeignetes Rohr
B:	Material unbewehrter Beton
K:	kreisförmig (ohne Fuß)
GM:	Glockenmuffe als Rohrverbindung
350:	Nenndurchmesser 350 = DN 350
2000:	Einbaulänge, ohne Muffentiefe

64. Was sind Kanalnetzentlastungsbauwerke?

Starkregen verursacht in kurzer Zeit eine vielfach größere Wassermenge als das normal anfallende Schmutz- oder Mischwasser. Um nicht nur deswegen gewaltige Kanaldimensionen vorsehen zu müssen, wird der Starkregen kurzfristig in Entlastungsbauwerken gestaut und dann über einen längeren Zeitraum kontinuierlich abgeleitet.

15 Wasserversorgung und Wasserentsorgung

65. Nennen Sie mindestens fünf Kanalnetzentlastungsbauwerke mit den dazugehörigen Kurzzeichen für die Bauzeichnung.

Zeichen	Bauwerk
RÜ	Regenüberlauf
RÜB	Regenüberlaufbecken
FB	Fangbecken
DB	Durchlaufbecken
VB	Verbundbecken
SK	Stauraumkanal
RRB	Regenrückhaltebecken

66. An welchen Stellen des Kanalsystems sind Schächte erforderlich? Nennen Sie mindestens fünf.

– Am Anfang/Ende des Kanals,
– an Zuläufen/Einmündung anderer Kanäle,
– an Gefällewechseln,
– an Richtungswechseln,
– an Querschnittsänderungen,
– an Abstürzen,
– alle 50 … 70 m zur Entgasung des Kanals.

67. Wozu werden Absturzschächte im Kanalsystem eingebaut?

Der Kanal darf nur mit einem solchen Gefälle verlegt werden, dass sich das Schmutzwasser nicht so stark beschleunigt, dass die Festbestandteile zurückbleiben. Sonst käme es zu Ablagerungen im Rohr und zu Verstopfungen.
Zur Überwindung von Höhenunterschieden ohne wesentliche Beschleunigung des Abwassers werden Absturzschächte eingebaut.

68. Welche Regeln sind zu beachten, wenn Arbeiter in Kanalschächte einsteigen?

– Rauchverbot,
– nicht essen und trinken,
– Personen gegen Absturz sichern,
– ein Arbeiter bleibt außerhalb des Schachtes zur Sicherung,
– vor Einstieg Kontrollmessung des Sauerstoffgehaltes (nicht unter 19 %!).

15 Wasserversorgung und Wasserentsorgung

69. Im Bild ist das Schema einer Kläranlage zu sehen.

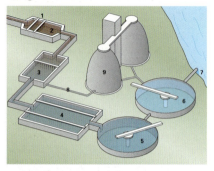

Mechanische Reinigung:
1 – Grobrechen
2 – Sandbecken
3 – Vorklärbecken
Biologische Reinigung:
4 – Belüftungsbecken
6 – Nachklärbecken
7 – Vorfluter
Chemische Reinigung:
5 – Fällungsbecken
6 – Nachklärbecken
7 – Vorfluter
Schlamm- und Gasbehandlung:
8 – Schlammleitung
9 – Faulturm

Benennen Sie die Bauwerke 1 … 9 und ordnen Sie diese den vier Behandlungsgruppen zu.

70. Beschreiben Sie die Reinigung des Abwassers in den einzelnen Behandlungsgruppen einer Kläranlage.

Mechanische Reinigung:
Mittels eines Grobrechens/Rechenwerkes werden alle groben Bestandteile (Müll, Papier, …) vom Abwasser getrennt. Im Sandfang bleiben beim Durchfließen die schweren Bodenstoffe (Sand, Streusplitt, …) in einer Vertiefung liegen. Im Vorklärbecken bleibt das Restwasser dann einige Zeit ruhig stehen, wodurch sich auch die Schwebstoffe als Bodensatz absetzen.
Biologische Reinigung:
Durch Zugabe von Mikroorganismen werden die biologischen Reststoffe abgebaut. Die abgestorbenen Organismen setzen sich im Nachklärbecken als Schlamm ab. Das Restwasser kann in einen Vorfluter geleitet werden.
Chemische Reinigung:
Chemische Verunreinigungen werden analysiert und mit einem entsprechenden Mittel ausgefällt. Die entstehenden Schwebstoffe setzen sich im Nachklärbecken als Schlamm ab.

→ →

Schlamm- und Gasbehandlung:
Der Faulschlamm aus den Absetzbecken wird in einen Faulturm gepumpt und fault dort unter Luftabschluss aus. Dabei entsteht Faulgas (Methan), das wie Erdgas zur Energiegewinnung verwendet wird. Der übrig bleibende Trockenfaulschlamm wird entsorgt.

71. Wann werden Kleinkläranlagen eingesetzt?

Sie werden eingesetzt, wenn der Anschluss an das örtliche Kanalnetz und damit die Reinigung über die Kläranlage unwirtschaftlich ist (z. B. bei weit entfernten Gehöften).

72. Erläutern Sie den Unterschied zwischen einer Abwassersammelgrube und einer Kleinkläranlage.

Abwassersammelgrube:
In der ersten Kammer (Absetzgrube) setzt sich das Abwasser mechanisch ab, das Restwasser kommt in die zweite Kammer (Ausfaulgrube), wo der Klärschlamm biologisch ausfault. Beide Gruben müssen regelmäßig abgepumpt und im Klärwerk entsorgt werden.
Kleinkläranlage:
Nach dem biologischen Ausfaulen kommt es zu einer erneuten Absetzung, wobei das Restwasser als Klarwasser vor Ort versickert werden kann.

73. Was versteht man unter „Abscheideanlagen"?
Wo sind derartige Anlagen einzubauen?

Abscheideanlagen trennen „Leichtstoffe" durch die Schwerkraft aus dem Abwasser, indem sie die an der Oberfläche befindlichen Leichtflüssigkeiten zurückhalten.
Ölabscheider/Benzinabscheider bei:
– Tankstellen,
– Waschstraßen,
– Werkstätten.
Fettabscheider in:
– Großküchen,
– Metzgereien,
– Schlachthöfen,
– Ölmühlen,
– Fischverwertungsbetrieben,
– Seifenfabriken.

16 Außenanlagen

1. Warum sind befestigte Flächen im Baugesuch einzuzeichnen?

– Weil befestigte Flächen wie Terrassen, Wege, Zufahrten, Stellplätze für Kraftfahrzeuge und Fahrräder sowie Aufstellplätze für Müllbehälter in die Grundflächenzahl (GRZ) einzurechnen sind.
– Weil es Vorschriften für die Anzahl und Größe von Stellplätzen sowie für die Breite und Gestaltung von Wegen gibt.

2. Wie kann die Auswirkung der Flächenversiegelung auf den Wasserabfluss gemildert werden?

– Durch Beschränkung der versiegelten Flächen auf das notwendige Maß,
– durch Einsatz versickerungsfähiger Beläge,
– durch Versickerung des Niederschlagswassers auf dem Grundstück,
– durch Bremsen des Wasserabflusses durch Dach- und Fassadenbegrünung sowie durch Rückhaltebecken.

3. Wie sollte der Weg zum Hauseingang gestaltet werden?

– Er sollte frei von Stufen sein, notwendige Rampen sollten nicht steiler als 6 % sein.
– Er sollte so breit sein, dass zwei Personen einander begegnen können, also breiter als 1,20 m, berücksichtigt man Kinderwägen und Rollstuhlfahrer besser breiter als 1,50 m.

4. Was ist der Unterschied zwischen einem Stellplatz für ein Kraftfahrzeug und einem Parkplatz?

– Ein Stellplatz ist eine Fläche, auf der ein Kraftfahrzeug abgestellt werden kann, einschließlich des notwendigen Rangierraumes.
– Ein Parkplatz ist eine Anlage mit mehreren Stellplätzen.

5. Wie groß ist der Stellplatz für einen Personenkraftwagen?

Länge: Bei Längsaufstellung ≥ 6,00 m, sonst ≥ 5,00 m.
Breite: ≥ 2,30 m, für Behindertenstellplätze ≥ 3,50 m. Wände und Stützen müssen einen Abstand von ≥ 0,10 m zur Mindestbreite aufweisen, daher ist ein Stellplatz zwischen Wänden mindestens 2,50 m breit.

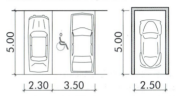

6. Wie groß kann der Flächenbedarf pro Stellplatz für einen Parkplatz angenommen werden?

Einschließlich Zufahrt ergeben sich etwa 20 … 25 m² pro Stellplatz.

7. Entwerfen Sie einen Parkplatz für zehn Pkw-Stellplätze mit gemeinsamer Ein- und Ausfahrt.

Beispiel:

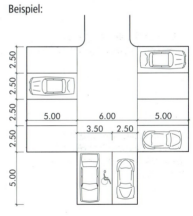

8. Wie groß ist der Platzbedarf für einen Motorradstellplatz?

1,20 × 2,30 m.

9. Wie groß ist der Platzbedarf für einen Fahrradabstellplatz?

0,50 × 2,00 m pro Fahrrad zuzüglich einer 1,20 m breiten Bewegungsfläche davor.

10. Wie sollen Aufstellplätze für Müllbehälter angeordnet und beschaffen sein?

Der Aufstellplatz muss in Straßennähe angeordnet werden und der Weg zur Straße muss frei von Stufen und sonstigen Hindernissen sein. Die Neigung kurzer Rampen darf 6 % nicht übersteigen. Zu Fenstern und Türen, auch des Nachbarhauses, ist ein Abstand von 5,00 m einzuhalten.

11. Welche Materialien kommen für Pflasterbeläge in Betracht?

– Natursteine
– Betonsteine
– Pflasterklinker

12. Welche Arten von Naturstein eignen sich besonders für Pflasterbeläge und warum?

Magmatische Gesteine, wie Granit und Basalt und metamorphe Gesteine, die aus magmatischen Gesteinen entstanden sind, wie Gneis. Sie sind hart, abriebfest, frostfest und chemikalienbeständig.

13. Beschreiben Sie die Herstellung eines Pflasterbelags.

Nach dem Aushub wird der Untergrund verdichtet und damit das Rohplanum hergestellt. Randeinfassungen oder Bordsteine werden in einer Betonbettung versetzt. Dann wird der Unterbau aus frostsicherem Material auf das Planum aufgebracht. Er besteht aus einer oder mehreren Schichten, deren oberste die Tragschicht ist. Sie weist das Gefälle des fertigen Belages auf. Die Pflastersteine werden in einer Bettung aus 3…5 cm Sand oder Splitt verlegt.

14. Skizzieren Sie den Aufbau einer befahrbaren Pflasterdecke.

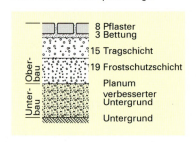

16 Außenanlagen

15. Skizzieren Sie den Aufbau einer Pflasterdecke für Geh- und Radwege.

vereinfachter Aufbau von Geh- und Radwegen

16. Welche versickerungsfähigen Beläge kommen für Stellplätze, Parkplätze und Gehwege infrage?

– Rasengittersteine nur für Stellplätze

– Rasenfugenpflaster, Sickerfugenpflaster

– Porenpflaster

17. Wie können kleinere befestigte Flächen, wie Wege und Terrassen, entwässert werden?

Die Flächen erhalten ein Gefälle von mindestens 2,5 %, das vom Haus wegführt. Wege erhalten ein ebensolches Quergefälle. Damit kann das Wasser direkt in die Pflanzflächen geleitet werden, um dort zu versickern.

18. Wie kann das Quergefälle von Wegen ausgebildet werden?

– Einseitneigung

– Dachprofil

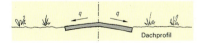

– Gewölbtes Profil

19. Wie können größere Flächen und Höfe entwässert werden?

Das Oberflächenwasser wird mit Gefälle oder Rinnen aus Pflastermaterial zu Hofeinläufen geführt, die bis zu 200 m² entwässern können. Sie werden im Abstand von weniger als 40 m angeordnet werden.

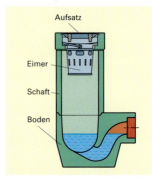

20. Wofür eignen sich Kastenrinnen vor allem?

Da Kastenrinnen ein eingebautes Sohlgefälle und eine horizontale Oberkante aufweisen, eignen sie sich vor allem für die Entwässerung vor Treppen, Eingängen und Einfahrten sowie in Fußgängerbereichen.

21. Welche Systeme der Versickerung des Oberflächenwassers am Grundstück sind gebräuchlich?

– Mulde: Das Oberflächenwasser wird in eine Mulde geleitet, wo es versickert. Sie liegt tiefer als die zu entwässernde Fläche und ist bepflanzt. Ein Überlauf entwässert die Mulde in die Kanalisation.

- Mulde-Rigolen-System: Das Oberflächenwasser wird in eine Mulde geleitet. Unterhalb des filternden Mutterbodens von etwa 30 cm Dicke befindet sich eine Rigole. Diese besteht entweder aus einem Dränrohr in einer Kiespackung, die mit einem Geotextil umhüllt ist, oder aus Kunststoffelementen. Die Rigole speichert das Niederschlagswasser und lässt es in den anstehenden Boden versickern. Bei zu großem Wasseranfall wird der Überlauf über das Dränrohr in die Kanalisation geleitet.

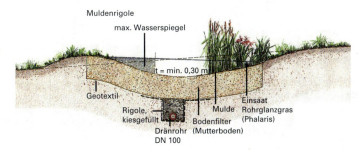

- Sickerschacht: Das Wasser wird in einen Schacht aus Betonfertigteilen oder Kunststoff geleitet und versickert dort in den anstehenden Boden. Wegen des geringen Speichervolumens des Sickerschachtes nur bei gut versickerungsfähigen Böden und für kleine Flächen geeignet.

22. Was verstehen Sie unter einem Retentionsbecken?

Ein Wasserrückhaltebecken. Das Oberflächenwasser wird in einen Teich oder ein Feuchtbiotop geleitet. Die Differenz aus minimalem und maximalem Wasserstand ergibt das Rückhaltevolumen. Ist dieses überschritten, wird der Überlauf in eine Mulde geleitet.

16 Außenanlagen

23. Weshalb werden Stützmauern zur Hangsicherung eingesetzt?

Sie werden eingesetzt,
- um das Abschwemmen des Bodens auf steilen Böschungen zu vermeiden.
- wenn Böschungen aus Platzgründen nicht infrage kommen.

24. Skizzieren Sie eine Stützwand aus Stahlbetonfertigteilen im Schnitt.

Auf ein Fundament werden L-förmige Stahlbetonfertigteile in ein Betonbett versetzt.

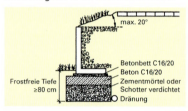

25. Was verstehen Sie unter einer Palisadenwand?

Palisaden waren ursprünglich Baumstämme, die nebeneinander in den Boden gerammt wurden. Die Einbindetiefe in den Boden beträgt etwa 1/4 der Palisadenhöhe. Heute gibt es neben hölzernen Palisaden solche aus Beton oder Naturstein, die in ein Fundament aus Beton versetzt werden.

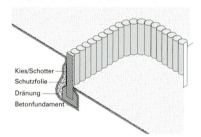

26. Welche Arten von Natursteinmauerwerk kommen für die Hangsicherung infrage?

- Trockenmauerwerk: Die Steine werden ohne Mörtel im Verband dicht aneinandergefügt.
- Mauerwerk mit Mörtel: Quaderförmig behauene Steine werden mit Mörtel vermauert.
- Verblendmauerwerk: Der tragende Teil ist meist eine Betonwand, die eine Schauseite aus Natursteinen aufweist.

27. Weshalb eignet sich Naturstein-Trockenmauerwerk besonders zur Hangsicherung?

Die Hohlräume zwischen den Steinen bilden ein Biotop für Pflanzen und Tiere, darunter auch seltene Arten.

28. Erklären Sie den Begriff Dossierung.

Das Natursteinmauerwerk wird mit einer leichten Neigung zur Böschung hin ausgeführt und ist am Mauerfuß dicker als an der Krone.

29. Erklären Sie die Begriffe Zyklopenmauerwerk, Bruchsteinmauerwerk, Schichtenmauerwerk und Quadermauerwerk?

– Beim Zyklopenmauerwerk werden kaum bearbeitete Bruchsteine aneinandergefügt. Durch die unterschiedlichen Steinformate ergeben sich keine horizontalen Lagerfugen.

– Beim Bruchsteinmauerwerk werden annähernd quaderförmige Steine etwas bearbeitet und mit weitgehend horizontalen Lagerfugen vermauert.

– Beim Schichtenmauerwerk werden die Steine weitgehend bearbeitet und mit horizontalen und meistens durchgehenden Lagerfugen vermauert.

– Das Quadermauerwerk besteht aus vollständig quaderförmig bearbeiteten Steinen.

30. Was verstehen Sie unter einer Gabione?

Gabionen sind mit Steinen gefüllte Drahtkörbe, die mit dem Ladekran des Lkws versetzt werden.

31. Was verstehen Sie unter Pflanzwandelementen?

Pflanzwandelemente sind speziell geformte Betonhohlkörper, die trocken im Verband aufeinander geschichtet und mit Erde gefüllt werden, um Pflanzenwachstum zu ermöglichen.

32. Welches Steigungsverhältnis ist bei Freitreppen vorzusehen?

Das Steigungsverhältnis wird nach der Schrittmaßformel berechnet:
2 · Steigungshöhe + Auftrittbreite = 63 cm
$2 \cdot s + a = 63$ cm
Die Steigungshöhe sollte nicht kleiner als 10 cm und nicht größer als 16 cm sein.
Damit ergeben sich Treppen mit den Steigungsverhältnissen zwischen 100/430 und 160/310 mm.

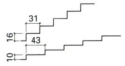

33. Wie wird die Länge eines Podestes zwischen zwei Treppen festgelegt?

Die Podestlänge ergibt sich aus der Auftrittbreite der letzten Stufe und dem Schrittmaß von 63 cm.
Die aufeinander folgenden Treppen sollten jeweils mit dem anderen Bein angegangen werden. Dafür ist ein Schrittwechsel am Podest erforderlich. Nach einem Treppenlauf mit gerader Stufenzahl folgt ein Podest mit ungerader Schrittzahl und umgekehrt.

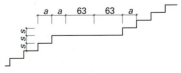

16 Außenanlagen

34. Wie wird für die Entwässerung der Treppe gesorgt?

Die Stufen und Podeste erhalten ein Gefälle von 2…4%, das der Steigungshöhe zugerechnet wird. Ein Quergefälle ist nicht vorgesehen.

35. Welche Materialien können für Freitreppen eingesetzt werden?

Alle witterungsbeständigen Materialien, die rutschsicher zu begehen sind, wie Naturstein, Beton, Klinker, aber auch Holz.

36. Nennen Sie Konstruktionsarten von Freitreppen.

– **Blockstufen** sind massive Beton- oder Natursteinelemente in den Maßen der Steigungshöhe und der Auftrittbreite zuzüglich 2 cm Überlappung. Meist reicht ein Fundament unter der ersten Stufe aus, die übrigen werden auf einer Frostschutzschicht im Mörtelbett verlegt.

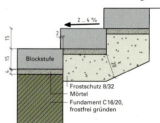

– **Legstufen** bestehen aus Auftrittplatten (Trittstufen) und Unterlegsteinen (Setzstufen) oder Winkelstufen. Die dünnen Stufenplatten werden auf einem Vollfundament oder einer Stahlbetonplatte im Mörtelbett verlegt.

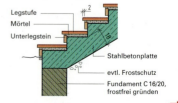

- **Stellstufen** bestehen aus senkrecht gestellten Steinen oder Palisaden und einer Auftrittfläche aus Pflastermaterial. Wichtig ist eine schubfeste Gründung des senkrecht gestellten Elementes.

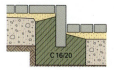

37. Wann wird ein Treppengeländer benötigt?

Ein Treppengeländer wird benötigt, wenn die Gefahr eines Absturzes droht. Im Sinne der Barrierefreiheit ist im öffentlichen Raum ein Handlauf vorzusehen.

38. Wie ist eine Rampe barrierefrei auszubilden?

Damit eine Rampe von Rollstuhlfahrern gefahrlos befahren werden kann, darf die Neigung 6 % nicht überschreiten. Bei einer Rampenlänge von mehr als 6,00 m ist ein Zwischenpodest von 1,50 m Länge vorzusehen. Die Rampe muss mindestens 1,20 m breit sein und darf kein Quergefälle aufweisen. Rampe und Podest sind mit 10 cm hohen Radabweisern zu versehen. Beidseitig ist ein Handlauf in 85 cm Höhe anzuordnen. Dieser muss am Anfang und Ende der Rampe 30 cm in den Plattformbereich ragen.

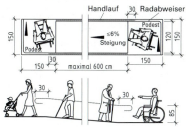

16 Außenanlagen

39. In einem 5,00 m tiefen Vorgarten sollen eine Zugangsrampe und eine Freitreppe für einen Höhenunterschied von 70 cm errichtet werden. Berechnen Sie Treppe und Rampe und zeichnen Sie einen Vorschlag für die Anordnung.

Treppenberechnung:
Höhendifferenz : maximale Steigungshöhe = Stufenanzahl
70 cm : 16 cm = 4,375, daher 5 Stufen
Höhendifferenz : Stufenanzahl = Steigungshöhe
70 cm : 5 cm = 14 cm
63 cm − 2 · Steigungshöhe = Auftrittbreite
63 cm − 2 · 14 cm = 35 cm
Daher 5 Stufen 14/35 cm
Rampenberechnung:
Höhendifferenz : 6 % = Rampenlänge
70 cm : 0,06 = 1166,67 cm
Da die Rampe länger als 6,00 m wäre, muss sie geteilt werden, beispielsweise in zwei gleiche Teile von 593 cm Länge mit einer Höhendifferenz von jeweils 35 cm.

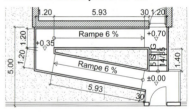

40. In welchem Maßstab werden Pflanzpläne dargestellt?

Je nach Grundstücksgröße und Pflanzauswahl in den Maßstäben 1:100 oder 1:200, seltener 1:50.

41. Wovon ist die Auswahl geeigneter Pflanzen abhängig?

Die Auswahl geeigneter Pflanzen ist abhängig von
− der gewünschten Form und Funktion der Pflanzen,
− den Standortbedingungen, wie Klima, Lichtverhältnisse und Boden.

42. Nennen Sie die unterschiedlichen Wuchsformen von Pflanzen und beschreiben Sie diese.

− Bäume: Laubbäume, seltener Nadelbäume. Hochstamm mit mindestens 1,80 m langem Stamm und artgerechter Krone oder Heister, die von unten an Äste aufweisen.

- Sträucher: Kleinere Laubgehölze, die höchstens 6 m Höhe erreichen.
- Bodendecker: Flach am Boden wachsende Gehölze.
- Hecken: Aus Sträuchern gebildete durchgehende Abgrenzungen, die frei wachsend oder beschnitten ausgeführt werden. Heckenpflanzen sind wegen des Sichtschutzes von unten an verzweigt und verlieren ihr Laub spät oder sind immergrün.
- Rasen: Wird als Zierrasen, Gebrauchsrasen, Strapazierrasen oder Landschaftsrasen ausgeführt. Er wird entweder gesät oder als Rollrasen verlegt.
- Stauden: Blühende Pflanzen für das Blumenbeet.

43. Wie werden Pflanzen im Pflanzplan dargestellt?

Bäume werden als Kreis oder stilisierte Draufsicht auf die kreisförmige Krone zur Hälfte bis zwei Dritteln der Endgröße dargestellt. Der Stamm wird als Kreis oder Punkt gekennzeichnet und die Baumart mit Kürzel bezeichnet.

Sträucher werden ähnlich wie Bäume dargestellt, jedoch mit geringerem grafischem Gewicht und ohne Symbol für den Stamm. Auch Sträucher werden mit ihrer Art bezeichnet. Hecken werden mit ihrem Umriss in beschnittener Form dargestellt.

Bodendecker werden durch Schraffuren dargestellt, Rasen gepunktet.

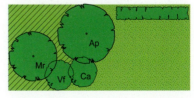

Bäume, Sträucher, Hecke, Bodendecker und Rasen

44. Wie werden Pflanzen im Pflanzplan bezeichnet?

Mit einer Abkürzung ihres lateinischen Namens. Dieser besteht aus Gattungs- und Artnamen. Zum Beispiel wird der Bergahorn, Acer pseudoplatanus, mit Ap abgekürzt.
In der Legende des Plans sind die Abkürzungen zu erklären. Da es von einer Pflanzenart verschiedene Sorten gibt, wird der Sortenname unter Einzelanführungsstrichen hinzugefügt, sowie Angaben über Wuchsform, Höhe, Stammumfang, Wurzelballen und wie oft der Baum in der Baumschule verpflanzt wurde.

45. In welchem Abstand kann man Bäume, Sträucher und Bodendecker pflanzen?

– Bäume bis 10 m Höhe: 2,5 … 5 m
– Bäume über 10 m Höhe: 5 … 10 m
– Sträucher bis 1,5 m Höhe: 0,5 … 1,25 m
  Sträucher über 1,5 m Höhe: 1 … 2 m
– Bodendecker: 0,3 … 0,5 m

46. Wann und in welcher Reihenfolge werden die vegetationstechnischen Arbeiten durchgeführt?

Der Landschaftsgärtner führt die vegetationstechnischen Arbeiten meist nach den Wegebauarbeiten und sonstigen „Steinarbeiten" der Außenanlage in der Reihenfolge Bodenarbeiten – Pflanzarbeiten – Rasenarbeiten durch.

47. Was ist bei Pflanzarbeiten zu beachten?

Die günstigste Pflanzzeit ist die Wachstumsruhe der Pflanzen zwischen Laubfall im Herbst und dem Austreiben im Frühjahr.
Die Pflanzen erhalten einen Pflanzschnitt, um das Wachstum anzuregen und werden sofort eingepflanzt, um das Austrocknen der Wurzeln zu vermeiden. Sie werden in ein Pflanzloch eingesetzt, das 1,5-mal so groß ist wie der Wurzelballen. Nach dem Einbringen der Erde und Ebnen der Pflanzfläche werden die Pflanzen gewässert. Bäume werden durch Verankerungen vor Wind geschützt.

16 Außenanlagen

48. Beschreiben Sie die Bodenarbeiten.

Der Oberboden wird vor den Bauarbeiten abgetragen und zur Wiederverwendung gelagert. Zu Beginn der Arbeiten an der Außenanlage wird der Unterboden etwa 20 cm tief aufgelockert. Danach wird der Oberboden aufgetragen, aufgelockert und das Planum hergestellt. Nach Norm ist für einen Rasen eine Höhenabweichung von bis zu 3 cm unter einer 4-m-Latte zulässig.

49. Was ist bei Rasenarbeiten zu beachten?

Jahreszeit, Temperatur und Bodenfeuchte sind bestimmend für den Erfolg der Rasenarbeiten. Die Bodentemperatur sollte mindestens 8 °C betragen, für Fertigrasen mindestens 6 °C. So lässt sich Saatgut vorzugsweise von Mitte April bis Mitte Juni und Mitte August bis Ende September einbringen, Fertigrasen etwas länger. In den Sommermonaten ist die Gefahr des Austrocknens zu groß.

Wird Saatgut verarbeitet, werden die Samen mit dem Rasenigel oder der Harke eingearbeitet und danach die Fläche gewalzt. Für größere Flächen kann auch eine Rasenbaumaschine eingesetzt werden, die Aussaat, Einarbeiten und Walzen in einem Arbeitsgang durchführt.

Fertigrasen wird in Rollen von 1 m^2 angeliefert, die auf dem Oberboden dicht an dicht verlegt werden. Er ist schon nach 6 Wochen voll benutzbar, während angesäter Rasen erst nach einem Jahr die volle Dichte erreicht.

50. Wie werden Bäume während des Bauens geschützt?

Da ein Baum unter der Erde etwa die gleiche Ausdehnung hat wie die sichtbare Krone, müssen Abgrabungen einen entsprechenden Abstand aufweisen. Der Stamm und der umgebende Wurzelbereich des Baumes sind mit einem Bauzaun oder einer sonstigen Absperrung vor Beschädigungen zu sichern.

16 Außenanlagen

51. Wie werden Bäume in befestigten Flächen geschützt?

– Mit Baumscheiben, um eine Verdichtung des Wurzelraumes zu vermeiden und Wasserzutritt zu ermöglichen. Diese bestehen aus Stahl, Gusseisen oder Stahlbeton.
– Mit Baumschutzgittern, um Beschädigungen des Stammes zu verhindern.

52. Welche Arten von Dachbegrünungen kennen Sie?

– Extensive Dachbegrünung für nicht genutzte Dachflächen. Sie weist geringe Aufbauhöhen auf und erfordert einen geringen Aufwand für den Unterhalt, da sie mit Pflanzen ausgeführt wird, die Trockenphasen überstehen.
– Intensive Dachbegrünung für Dachgärten. Sie erfordert große Aufbauhöhen und ergibt damit eine große Auflast und erfordert Pflege, wie Bewässerung, Rasenmähen und dergleichen.

53. Beschreiben Sie den Schichtaufbau einer extensiven Dachbegrünung.

– Ist keine wurzelfeste Abdichtung vorhanden, wird eine Wurzelschutzfolie auf die Abdichtung aufgebracht.
– Auf die wurzelfeste Schicht kommt eine Trennlage, meist eine PE-Folie.
– Darüber kommt eine Schutzschicht, eine Faser- oder Gummigranulatmatte von 4…8 mm Dicke.
– Auf diese wird eine Drän- und Speicherschicht aufgebracht. Diese dient einerseits dem Wasserabfluss, andererseits hält sie auch einen Teil des Wassers für das Pflanzenwachstum zurück. Sie kann aus mineralischem Schüttgut oder Kunststoffformteilen bestehen. Die Dicke beträgt 2,5…5 cm.

- Darüber befindet sich ein Filtervlies, um Bodenteilchen nicht in die Dränschicht gelangen zu lassen. Schutzschicht, Dränschicht und Filtervlies können auch durch eine gemeinsame Drän- und Filtermatte mit etwa 2 cm Dicke ersetzt werden.
- Über dem Filtervlies befindet sich das Pflanzensubstrat mit mindestens 5 cm Dicke. Dieses besteht nicht aus Erde, sondern aus Wasser speichernder Gesteinskörnung, wie Ziegelsplitt oder Bims, und geringen organischen Anteilen. Für einschichtige Aufbauten ohne Filter- und Dränschicht gibt es spezielle Pflanzensubstrate, die direkt auf die Schutzschicht mit mindestens 10 cm Dicke aufgebracht werden.

54. Worauf ist bei der Randausbildung von Gründächern zu achten?

Am Dachrand muss ein vegetationsfreier Streifen von mindestens 30 cm Breite ausgeführt werden. Dies kann z. B. durch einen Kiesstreifen oder einen mit Gehwegplatten belegten Streifen erreicht werden.

55. Wie unterscheidet sich der Schichtaufbau eines intensiv begrünten Daches von dem eines extensiv begrünten Daches?

Im Prinzip ist der Schichtaufbau gleich. Die Drän- und Speicherschicht wird aber beim intensiv begrünten Dach dicker ausgeführt und das Pflanzsubstrat mit einem größeren organischen Anteil mit mindestens 20 cm Dicke aufgebracht. Für höher wachsende Pflanzen, wie Sträucher, ist eine Pflanzschicht von 30 cm erforderlich.

56. Welche Arten von Dächern können als Gründächer ausgeführt werden?

Flach geneigte Dächer oder Flachdächer können als Gründach ausgeführt werden, gleichgültig, ob es sich um Kaltdächer, Warmdächer oder Umkehrdächer handelt. Lediglich die Abdichtung ist wurzelfest auszuführen. Bei Dachneigungen zwischen 15° und 35° muss das Pflanzsubstrat gegen Abrutschen gesichert werden. Dies kann mit einem schubableitenden System aus Traufaufkantungen und Kunststoffrasterelementen oder einem Lattenrost geschehen.

16 Außenanlagen

57. Welche Vorteile bietet ein Gründach gegenüber einem herkömmlichen Dach?

- Durch das Gründach wird der Wasserabfluss verlangsamt.
- Das Gründach bietet durch die Verdunstung einen Schutz vor sommerlicher Überwärmung.
- Durch die Bepflanzung wird Staub gebunden und Sauerstoff produziert.

58. Womit können Fassaden begrünt werden?

Fassaden können durch Pflanzen, die am Boden neben der Fassade wurzeln, begrünt werden:
- Selbstklimmer: Pflanzen, die mit Haftscheiben an der Fassade hochklettern, wie Veitschi oder Efeu.
- Gerüstranker: Pflanzen, die selbstständig um eine Kletterhilfe aus Holz oder Stahldraht ranken, wie Wein.
- Spalierbewuchs: Pflanzen werden an einem Spaliergerüst befestigt. Viele Obstsorten eignen sich dafür.

Fassaden können auch durch an der Fassade angebrachte Erdtaschen begrünt werden, in denen geeignete Pflanzen wurzeln. Dafür sind meistens Bewässerungssysteme vorzusehen.

Außerdem können Fassaden auch mit Pflanzen, die auf dem Dach wurzeln und herunterhängen, begrünt werden.

59. Beschreiben Sie Möglichkeiten der automatisierten Gartenbewässerung.

- Bewässerung mit Sprühdüsen: Sie werden oberirdisch in Pflanzflächen installiert, verteilen das Wasser in einem kleineren Umkreis und eignen sich daher für Beete und Sträucher.
- Bewässerung mit Regnern: Regner werden für größere Pflanzflächen eingesetzt, in Rasenflächen häufig als Versenkregner, um die Nutzung nicht zu beeinträchtigen.
- Tröpfchenbewässerung: Tropfschläuche werden in Pflanzflächen verlegt und leiten das Wasser direkt zu den Wurzeln. Dabei ist der Verdunstungsverlust geringer.

60. Womit wird eine Bewässerungsanlage gesteuert?

Die Steuerung erfolgt mit einer Zeitschaltuhr. Es gibt auch Systeme, um die Bewässerung abhängig von der Bodenfeuchte zu steuern. Diese benötigen einen Bodenfeuchtesensor und einen Bewässeungscomputer.

61. Was geschieht mit der Bewässerungsanlage im Winter?

Um Frostschäden zu vermeiden, ist die Bewässerungsanlage vor dem Winter zu entfernen. Im Frühjahr wird sie wieder aufgebaut.

Fest installierte Bewässerungsanlagen müssen vollständig entleert werden.

62. Welche Arten von Außenleuchten kennen Sie?

– Mastleuchten: Zur gleichmäßigen Beleuchtung von Plätzen oder Fußgängerbereichen. Der Mast ist meist 3 m hoch.
– Wandleuchten: Benötigen eine Wand zur Befestigung und werden dementsprechend für Fußgängerbereiche, Eingänge und Terrassen eingesetzt.
– Lichtpoller: Sie sind meist 1 m hoch und werden oft bei Fußwegen, Parks oder Eingängen eingesetzt.
– Bodenstrahler: Sind im Boden versenkte, rutschfest abgedeckte Leuchten, die nicht der Ausleuchtung von Wegen dienen, sondern der stimmungsvollen Beleuchtung von unten.

63. Welche Beleuchtungsstärken in Lux (lx) sind im Außenbereich vorzusehen?

– Fußgängerzonen: 5 lx
– Plätze: 10 lx
– Außentreppen: 15 lx

Sachwortverzeichnis

Abdichtung	146, 248	
Ablagerungsgestein	295	
Abrechnung, Erdarbeiten	99	
Abscheideanlage	367	
Absetzversuch	120	
Abstandhalter	230	
Abstandsfläche	43…46	
Abstecken	77	
Absturzschacht	365	
Abstützbock	224	
Abtropfen, brennendes	279	
Abwasser		
–, häusliches	104	
–, industrielles	104	
Abwassersammelgrube	367	
Abwinkelbarkeit	358	
Abwinklung	359	
Agora	9	
Anbaumaß	144	
Anker	298, 335	
Anlage, bauliche	39	
Anschlussleitung	356	
Anschnitt	316	
Ansichtsplan	53	
Antrittstufe	187	
Arbeitsraum	94	
Arbeitsraumbreite	95	
Armatur	347, 349	
Asphalt	332	
Asphaltart	333	
Asphaltbeton	333	
Asphaltlieferung	334	
Atriumhaus	12	
aufgedoppelte Tür	292	
Auflager	169	
–, bewegliches	166	
–, eingespanntes	166	
–, festes	166	
Auflagerart	166	
Auflagerkraft	166…168, 170, 172, 174, 175	
Auflagerpressung	169	
Auflockern	102	
Aufnahme	77	
Ausbreitversuch	128, 129	
Ausführungsplanung	312, 314	
Aushub	100	
Aushubtiefe	95	
Auslegergerüst	167	
Ausschreibung	69	
Außendämmung	153	
Außenleuchte	388	
Außenmaß	144	
Außenputz	158	
Außenwand	148	
Austrittstufe	187	
Balkendecke	222	
Balkenlage	298	
Balkenschalung	185	
Barock	16	
Basalt	295	
Basilika	12	
Bauabsteckung	81, 94	
Bauantrag	51	
Baubeginn	65	
Baubeschreibung	54	
Baugenehmigung	64	
Baugesetzbuch	32, 33	
Baugesuch	24	
Baugips	284	
Baugrenze	43	
Baugrube	94	
Baugrubendeckfläche	101	
Baugrubengrundfläche	101	
Baugrubensohle	94	
Baugrubentiefe	94	
Baugrund	90	
Baugrundstück	90	
Baugrunduntersuchung	93	
Baugrundverbesserung	304	
Bauhaus	19	
Baulast	48	
Baulastträger	306	
Bauleiter	50	
Bauleitplanung	34	
Baulinie	43	
Baum	380	
Baumassenzahl	43	
Baumschule	383	
Baunebenkosten	67	
Baunennmaß	143	
Baunutzungsverordnung	32, 33	
Baurichtmaß	143	
Bauschild	65	
Baustellenmörtel	143	
Baustoffklasse	280	
Bauweise		
–, flexibel	334	
–, gebunden	336	
–, geschlossen	43	
–, offen	43	
–, starr	334	
–, ungebunden	336	
Bauwerksabdichtung	146	
Bauwerk, sichern	302	
Bauzeichnung	21, 52	
Bebauungsplan	33, 34	
–, qualifiziert	35	
Belag, versickerungsfähig	371	
Belastungsklasse	307, 308	
Bemaßung	22	
Bemessungsfahrzeug	309	
Bemessungslast	164	
Bequemlichkeitsregel	189	
Bestandsplan	347	
Beton		
–, Eigenschaft	135	
–, Festigkeitsentwicklung	235	
–, hochfester	133	
–, Massivwand	145	
–, Oberflächentemperatur	235	
–, Zusammensetzung	135	
Betonart	119	
Betondachsteindeckung	246	
Betondeckung		
–, Nennmaß	180, 181, 230	
–, Vorhaltemaß	181	
Betondruckfestigkeit	132	
Betondruckzone	182	
Betonfahrbahndecke	335	
Betonfertigteil	154	
Betonkorrosion	134	
Betonrohr	364	
Betonstabstahl	226	
Betonstahl		
–, hochduktiler	226	
–, normalduktiler	226	
–, Ringe	226	
Betonstahlmatte	226	
Betontragschicht	332	
Betonwerkstein	294	
Betonwerksteinstufe	195	
Betonzugzone	182	
Bettungsschicht	97	
Bewässerung	387	
Bewässerungsanlage	388	
Bewegungsfuge	157	
Bewehrung		
–, Verlegemaß	180	
Bewehrungsdraht	226	
Bewehrungskorrosion	133	
Biberschwanzziegel	246	
Biegemoment	173	
Binder	253, 254	
–, mit unterbrochenem Steg	271	
Binderverband	144	
biologische Reinigung	366	

Sachwortverzeichnis

Bitumen	333
Bitumensorte	332
Blattstoß	241
Blattverbindung	241
Blendrahmentür	291
Blindflansch	351
Blockrahmentür	291
Blockstufe	194, 378
Blockverband	144
Boden	
–, bindiger	91
–, nichtbindiger	91
Bodenarbeiten	383
Bodenart	90, 94
Bodendecker	381
Bodeneinbau	100
Bodenfeuchtigkeit	146
Bodenklasse	94
Bodenverbesserung	326…328
Bodenverfestigung	326, 327
Bodenvernagelung	302
Bohrpfahlwand	97, 303
Bohrung	93
Bolzen	246
Bordflucht	79
Bordrinnenstein	337
Bordstein	338
Böschung	94
Böschungsbasis	94
Böschungsbreite	94, 95
Böschungslehre	82
Böschungswinkel	94
Brandschutz	279
–, bei Stahlhallen	269
Brandverhalten	279
Brechsand	143
Brennbarkeit	279
–, brennbar	279
–, nichtbrennbar	279
Brettschichtholz	238
Bruchsteinmauerwerk	375
Brunnen	
–, artesischer	343
–, Tiefbrunnen	343
Brunnenfassung	341
Bruttorauminhalt	54…57
Bügel	182
CAD-Zeichnung	225
Calciumsulfatestrich	236
chemische Reinigung	366
Dachbegrünung	249, 250, 384
–, extensiv	384
–, intensiv	384

Dachbinder	244
Dachfläche	46
Dachhaut	248
Dachkonstruktion	238
Dachrandausbildung	251
Dachteil	242
Dachüberstand	250
Dachziegelart	246
Damm, Auftrag	316
Dämmstoffart	152
Dampfsperre	247, 249
Darrmasse	238
Darstellung von Matten	
–, achsbezogene	233
–, Einzeldarstellung	233
–, zusammengefasste	233
Decke	
–, einachsig gespannte	221, 228
–, eingespannte	228
–, zweiachsig gespannte	221, 228
Deckenbekleidung	300
Deckenschalung, systemlose	225
Deckung	
–, deutsche	247
–, waagerechte	247
Dehnungsverhalten	179
–, elastisch	179
–, Streckgrenze	179
Dekonstruktivismus	20
Dezibel	282
Diagramm	179
Dichte	164
Dichtheitsprüfung	355
Dichtstoff	146
Doppelboden	291
Doppeldeckung	247
Doppelpentagon	78
Doppelstabmatte	227
Doppelständerwand	287
Dossierung	375
Drängbrett	185
Drehmoment	165
Dreiecksformel von Gauß	88
Dreigelenkbogen	253
Dreigelenkrahmen	253, 255
Drillbewehrung	229
Druckfestigkeitsprüfung	133
Druckkraft	176
Druckprüfung	355
Druckspannung	169
Druckverteilungswinkel	112
Druckzwiebel	111
D-Summe	122
Dübel	335

Dübelverbindung	246
Duktilität	179
–, hohe	179
–, normale	179
–, sehr hohe	179
Duktilitätsklasse	179
Dünensand	143
Dünnbettmörtel	143
Dünnbettverfahren	294
Durchbiegung	178
Durchlaufträger	163
Durchstanzen	223
Eckblatt	241
Eigenlast	163, 221
Einbindetiefe	110
Ein-Ebenen-Stoß	232
einfaches Blatt	241
Einfeldträger	163, 168
Einschnitt, Abtrag	316
Einsteigschacht	105
Einzelfundament	304
Einzelstabmatte	227
Eislinse	92
Elementtreppe	210
Ellipse	26
Energiebedarfsausweis	152
Energiebilanz	152
Energieverbrauchsausweis	152
EnEV	152
Entlastungsbauwerk	364
Entleerungsschieber	347
Entlüfter	347
Entwässerungsleitung	106, 109
Entwässerungsplan	63, 64
Entwässerungsrinne	104
Entwurfsgeschwindigkeit	315
Entwurfsplanung	312, 313
Entwurfsverfasser	50
Erdarbeiten, Kosten	102
Erstarrungsgestein	295
Estrich	
–, Aufbau	236
–, auf Dämmschichten	236
–, schwimmender	236
Estrichgips	285
Expositionsklasse	133
Expressionismus	19
extensive Dachbegrünung	384
Fachwerk	254, 257, 258
Fachwerkbinder	264, 265
–, aus Stahl	272
Fachwerksystem	272

Sachwortverzeichnis

Fahrbahndecke	325
Fahrbahnrandausbildung	319
Fahrradabstellplatz	369
Fahrspur	312
Fahrstreifen	309
Fahrstreifenbreite	311
Fallbeschleunigung	164
Fallkopfstütze	224
Fallleitung	104
Falzziegel	246
Fassade	
–, begrünte	387
–, hydrophobierte	160
Fassadenbegrünung	387
Feinkeramik	293
Fenster	157
Fersenversatz	241
Fertigbausystem	260
Fertigkeller	145
Fertigteilestrich	290
Festbeton	119
Festigkeitsklasse	
–, von Betonstahl	226
–, von Holz	268
Festpunkthöhe	82
Feuchtigkeitsart	
–, Kapillarwasser	145
–, Schichtwasser	145
–, Sickerwasser	145
Feuchtmasse	238
Fichte	238
feuerbeständig	280
feuerhemmend	280
Feuerwiderstandsklasse	280, 281
Fichte	238
First	242
Flachbordstein	337
Flachdach	248, 249
Fläche, befestigte	368
Flächendränung	147
Flächengründung	110
Flächennutzungsplan	33, 34
Flachgründung	110, 304
Flanschbogen	351
Flanschreduzierung	351
Flanschrohr	351
Flanschverbindung	348
flexible Bauweise	334
Fliese	294
Fließestrich	237
Flucht	76
–, Einweisen	76
Fluchtlinie	75
Fluchtstange	75
Flugasche	124
Flügel (Fenster)	
–, Drehflügel	157
–, Dreh-Kippflügel	157
–, Hebe-Drehflügel	157
–, Hebe-Schiebeflügel	157
–, Kippflügel	157
–, Klappflügel	157
–, Schiebeflügel	157
–, Wendeflügel	157
Flurstück	48
Flusssand	143
Freitreppe	377, 378
–, Steigungsverhältnis	377
Freiwange	187
Fremdwasser	362
Frischbeton	119
Frosteinwirkung	92
Frostempfindlichkeitsklasse	325, 326
Fuge	335
–, druckausgleichende	155
–, konstruktiv geschlossene	155
–, mit Dichtungsstoff verfüllte	155
Fundament	110
Fundamentbreite	111
Fundamentplan	118
Fundamentsohle	94
Fundamenttiefe	111
Fundamentvorsprung	112
Fußpunkt	273
Gabione	376
Gartenbewässerung	387
Gasbehandlung	366
Gauß, Carl Friedrich	88
Gebäudedränung	104
Gebäudeklasse	47, 281
Gebrauchsklasse	239
gebundene Bauweise	336
Gefrierverfahren	304
Gehbereich	195
Geländerhöhe	217
Geländerteile, lichter Abstand	217
Genehmigungsplanung	312, 314
Genehmigungsverfahren, vereinfachtes	35, 49
Gerätehöhe	82
geriebener Putz	159
Gesamtwasserbedarf	126
Geschossdecke, planen	221
Geschossflächenzahl	42
Gesetz	32
gespanntes Grundwasser	343
Gesteinskörnung	119
–, industrielle	120
–, natürliche	120
–, rezyklierte	120
Giebeldach	241
Giebelfläche	45, 46
Gips	285
Gipsfaserplatte	285, 286
Gipsplatte	282, 285, 286
Gipswandbauplatte	286
Gitterträger	223
Gitterverfahren	27, 80
Gleichgewichtsbedingung	165
Gneis	296
Gon	77
Gotik	14
Grabenbreite	96
Grabenverbau	98
Grad	77
Gradiente	317
Granit	295
Grat	242
Grenzpunkt	74
Grenzsieblinie	121
Grobkeramik	293
Großflächenschalung	154
Großformat	141
Großtafelbauweise	155
Grubensand	143
Gründach	385...387
Grundbuch	48
Grundflächenzahl	39...41
Grundleitung	104
Grundriss	21, 52
Gründung	
–, schwebende	110
–, stehende	110
Gründungsart	110, 304
Gründungssohle	111
Grundwasser	342
–, gespanntes	343
–, ungespanntes	343
Grundwasserabsenkung	103
Gussasphalt	333
Gussasphaltestrich	236
Haken	182
Halle	
–, einschiffige	252
–, mehrschiffige	252
Hallenbinder	245
Hallenkirche	14
Hallenkonstruktion	261
Haltung	359
Handelsform	226

Sachwortverzeichnis

Handlauf	218	
–, Formgebung	217	
hartes Wasser	344	
Hauptsammler	104	
Hausanschluss	356	
Hausanschlusskanal	104	
Hebelarmlänge	165	
Hecke	381	
Heizestrich	237	
Hersteller, Beton	134	
Historismus	18	
HN-Höhe	73	
Hochbehälter	345	
Hochbordstein	337	
Hochhaus	47	
Hochofenzement	124	
Hochwert	73	
Hofeinlauf	104, 372	
Höhenfestpunkt	75	
Höhenfestpunktfeld	73	
Höhenkote	23	
Höhenmessung	82	
Höhenplan	317, 321, 361	
Hohlraumboden	291	
Hohltafel	155	
Hohlwand	145	
Holmlänge	215	
Holzbalkendecke	296, 297, 299	
–, Durchbiegung	296	
Holzfeuchte	238	
Holzleimkonstruktion	266	
Holzschutz	239	
–, chemischer	239	
–, konstruktiver	240	
Holztreppe, abgehängte	216	
Horizontalfilterbrunnen	341	
Humanismus	15	
Hüttensand	124	
Hydratation	127	
Hydratationsprodukt	127	
Hydrophobierung	160	
Innendämmung	153	
Innenmaß	144	
intensive Dachbegrünung	384	
Isolierverglasung	158	
Isometrie	29	
Jahres-Primärenergiebedarf	152	
Jochträger	223	
Jugendstil	18	
Kabinett-Projektion	29	
Kalksandstein	141	
–, Herstellung	141	
Kalkstein	124, 295
Kaltdach	247, 248
Kanal	359
Kanallaser	85, 86
Kantholz	223
Kapillarporen	128
Kapillarwasser	145
Kapitell	10
Kappenbügel	182
Kastenrinne	372
Kataster	48
Kategorie LS	310
Kehlbalkenanschluss	244
Kehlbalkendach	242, 243
Kehle	242
Keilstufe	194
Kellenstrichputz	159
Kelleraußentreppe	207
Kelleraußenwand	140, 146
–, Vertikalabdichtung	162
Kellergeschoss	140
Kellertreppe	190
Kenntnisgabeverfahren	35, 49
Kiefer	238
Kläranlage	366
Klassizismus	17
Klebeverbindung	348
Kleinformat	141
Kleinkläranlage	367
Klemmverbindung	348
Klothoide	315
Köcherfundament	276
Kompositzement	124
Konche	12
Konsistenz	128
Konsistenzbeschreibung	130
Konsistenzklasse	130
Konsistenzprüfung	128
Konstruktionsart	205
Konstruktionsgrundfläche	59
Konstruktionsvollholz	238
Korbbogen	26
Korngemisch	120, 121
Körnungsziffer	122, 131
Körperschall	282
Korrosionsschutz bei Stahlhallen	269
Kostenanschlag	66
Kostenberechnung	66, 68
Kosten, Erdarbeiten	102
Kostenermittlung	66
Kostenfeststellung	69
Kostengruppe	67, 68
Kostenschätzung	66, 68
Kragträger	163
Kratzputz	159
Kreisbogen	78, 315
Kreismethode	202, 204
Kreuzverband	144
Krüppelwalm	242
Krüppelwalmdach	241
Kunstharzestrich	236
Kuppe	323
Lageaufnahme	86
Lagefestpunktfeld	73
Lagemessung	77
Lageplan	314, 360
–, schriftlicher Teil	52
–, zeichnerischer Teil	51
Lagermatte	226
Lamellentreppe	210
Landesbauordnung	32
Landstraße	311
Landstraßenkategorie	310
Längenausdehnungszahl	180
Länge, wahre	28
Längsneigung	321
Längsschubspannung	176
Lärche	238
Laser	78
Last	
–, bauliche	48
–, nicht ständige	242
–, ständige	90, 242
–, veränderliche	90
Last pro Einheitsfläche	163
Läuferverband	144
Lauflinie	187
Lauflinienpfeil	204
Laufplatte	209
Laufplattentreppe	210
Laufträgertreppe	210
Legstufe	378
Lehm	91
Leichtbetonstein	142
Leichtmauermörtel	143
Leichtputz	159
Leierpunkt	79, 80
Leistungsverzeichnis	71
Leitung	359
Leitungsart	346, 356
Lichtwange	187, 196
Linienart	106
Listenmatte	226
Löss	91
L-Stufe	194
Luftschall	282
Luftschallschutz	284

Sachwortverzeichnis

Magnesiaestrich	236	Müllbehälter	370	Passbolzen	246
Manierismus	16	Mutterboden	90	Penetration	332
Mansarddach	241			Perspektive	31
Mantelfläche	31	**N**achbehandlung		Pfahlgründung	110
Markierung	311	–, Mindestdauer	235	–, schwebende	110, 304
Marmor	296	Nachbehandlungsverfahren	235	–, stehende	110, 304
Masse	164	Nadelschnittholz	238	Pfettendachstuhl	242
Massivdecke		Nagelbinder	263	Pflanzarbeiten	382
–, Grundform	222	Nagelbrettbinder	262	Pflanzplan	380, 381
Maßordnung	259	Nagelplattenbinder	264	Pflanzwandelement	377
Maßwerk	15	Nagelplattensystem	246	Pflasterbelag	370
Materialliste	352	Nagelverbindung	245, 263	Pflasterverband	337
Mattenaufbau	227	Nassreinigung	161	Planblock	142
Mattendarstellung	233	Nassspritzverfahren	302	Plankopf	21
Mattenliste	232, 234	Naturstein	295, 370	Plankurzzeichen	357
Mauerbolzen	74	Natursteinmauerwerk	374	Planstein	142
Mauerkreuzung	145	Natursteinstufe, gemauert	206	Planum	330
Mauermörtel	142	Nebenleistung	72	Planungsphase	312, 313
Mauerstein	141	Neigungsangabe	82	Planzeichenverordnung	32
Mauerwerk		Neigungsbrechpunkt	314	Plattenbalken	178
–, Feuchtigkeit	162	Nennmaß		Plattenbalkendecke	222
–, Horizontalabdichtung	162	–, Betondeckung	180, 181, 230	Plattendecke	222
–, zweischaliges	155	Nettogrundfläche	60	Plattenfundament	304
mechanische Reinigung	366	NHN-Höhe	73	–, bewehrtes	111
Megaron	10	Nivellementtabelle	84	Plusdach	249
Mehlkorn	121	Nivellieren	84	Podest	187, 377
Mehrfeldträger	163	Nivelliergerät	78, 82	Podestplatte	208
Mergel	91	Nivellierlatte	82	Polarverfahren	86
Metallständerwand	288	NN-Höhe	73	Porenbetonelement	278
Methode, rechnerische	197	Norm	32	Porenbetonstein	142
Millitärperspektive	29	Normalhöhennull	73	Portlandkompositzement	124
Mindestbetondeckung	181, 230	Normalmauermörtel	143	Portlandzement	124
		Nullstab	258	Postmoderne	20
Mindestgefälle		Nutzkeller	140	Pressdachziegel	246
–, Prozent	107	Nutzlast	163, 221, 242	Pressfuge	336
–, Verhältnis	107	Nutzungsschablone	36	Proctorversuch	328, 329
Mindestgrabenbreite	96			Pultdach	241
Mindeststreckgrenze	226	**O**berbau	325	Putzbewehrung	159
Mindestzementgehalt	135	Oberflächenfeuchte	126	Putz, geriebener	159
Mindestzugfestigkeit	226	Oberflächenschutz	248	Putzgips	285
Mischsystem	105, 362, 363	Oberflächenwasser	104, 341	Putzgrund	159
Mischwasserkanal	359, 360	Obergurt	257	Putzmörtel	159
Mittelformat	141	Oberputz	159	Putzsystem	159
Mittelsenkrechte	25	opus caementitium	12	Putzträger	159
Moderne	19	Ordnung		Puzzolan	124
Modulschalung	224	–, dorische	10	Puzzolanzement	124
Moment	174, 175	–, ionische	11	Pyramide	9
Momentenfläche	173	–, korinthische	11		
Montageplan	353	Ortbetonkeller	145	**Q**uadermauerwerk	375
Mörtelfirst	251	Ortgang	242	Quelle	345
Mörtelgruppe	143	Ortgangausbildung	251	Quellwasser	342
Motorradstellplatz	369	Orthogonalverfahren	86	Quergefälle	318, 371
Muffenrohr	351			Querkraft	172, 174, 178
Mulde	372	**P**alisade	374	Querkraftfläche	173
Muldenstein	337	Parkplatz	368	Querneigungsvariante	319

Sachwortverzeichnis

Querneigung	318
Querprofil	317
Querschubspannung	176
Querträger	223
RAA	307
Rahmen	273
Rahmenschalung	154
Rahmentafel	224
Rahmentür	292
Rahmenwerkstoff	157
RAL	307
Rampe	321, 379
Randeinfassung	337
Rasen	381
Rasenarbeiten	383
RASt	307
Rastersystem	260, 261
Rauchentwicklung	279
Raumfuge	336
Rechtswert	73
Regelquerschnitt	309, 310
Regenfallrohr	104
Regenwasser	362
Regenwasserkanal	359, 360
Regionalplanung	33
Reibungswinkel	331
Reinigung	
–, biologische	366
–, chemische	366
–, mechanische	366
Reinigungsart	161
Reinigungsmittel	161
Renaissance	15
Retentionsbecken	373
Rettungsweg	279
Rigole	373
Ringanker	149
Ringbalken	148, 149
Ringdränung	147
Ringnetz, vermaschtes	346
Rockenrohdichte	119
Rohrfolgeliste	358
Rohrleitungsnetz	346
Rohrmaterial	348
Rohwasser	341
Rokoko	16
Romanik	13
Rotationslaser	85
RStO	307
Rückblick	84
Rundbordstein	337
Sand	
–, Brechsand	143
–, Dünensand	143
–, Flusssand	143
–, Grubensand	143
–, Seesand	143
Sandstein	295
Sandwichelement	274
Sanierputz	159, 160
Satteldach	241
Schacht	365
Schachtmeisterbogen	80
Schalbretter	225
Schalhaut	154, 185
–, Brettschalung	223
–, Schalungsplatte	223
Schall	282
Schallabsorption	282
Schalldämmmaß	283
Schallreflexion	282
Schalltransmission	282
Schalungsträger	223
Schalung, systemlose	223
Schatten	30
Scheinfuge	335
Scheitelkrümmungskreis	26
Schichtenaufbau	330
Schichtenmauerwerk	375
Schichtwasser	145
Schiefer, gebrannter	124
Schild	348
Schlammbehandlung	366
Schlitzwand	97, 304
Schmutzwasser	362
Schmutzwasserkanal	359, 360
Schneelastzone	242
Schneideskizze	232, 234
Schnittplan	53
Schraubmuffe	348
Schrittmaßregel	189
Schubspannung	178
Schürfe	93
Schweißverbindung	348
Schwerlaststützwand	305
Seepumpwerk	341
Seesand	143
Segmentbogen	26
Senke	322
Setzungsdauer	92
Setzungsverhalten	92
Sicherheitsregel	189
Sichern	
–, von Baugruben	96
–, von Gräben	96
Sichtmauerwerk	156
Sickerrohrleitung	340
Sickerstrang	340
Sickerwasser	145, 362
Sieblinie	120
Siebliniendiagramm	120
Silicastaub	124
Skelettbau	253, 260
Sockelputz	159
Sohldruck	112
Sohldruckbeanspruchung, vorhandene	112
Sohlwiderstand	
–, Bemessungswert	112, 116
Sonderzement	126
Sondierung	93
Spaltplatte	294
Spannung	
–, vorhandene	169
–, zulässige	169
Spannungsnachweis	115
Sparrendach	242, 243
Sperrputz	159
Sperrtür	292
Spickelstufe	195, 196
Splittmastixasphalt	333
Spritzbeton	302
Spritzbetonsicherung	302
Spritzbewurf	159
Spritzputz	159
Sprungmaß	218
Spülschacht	147
Spundwand	97, 302
Stabform, Schlüsselsystem	185
Stabilisierungsverband	245
Stabkraft, Ermittlung	245
Stab, Schnittlänge	183
Stahl	268
Stahlbeton	276
Stahlbetonbalken, Konstruktion	163
Stahlbetonfertigteil	277
Stahlbetonrippendecke, Füllkörper	222
Stahlbetonstütze	115
Stahl-Eckzarge	291
Stahlhalle	270
Stahlholmentreppe	219, 220
Stahlkassette	274
Stahlliste	183, 234
Stahlrohrstütze	224
Stahlspindeltreppe	219
Stahlspundbohle	303
Stahlspundwand	303
Stahlträger	269
Stahltrapezblech	274
Stahltreppe	219
Stahl-Umfassungszarge	291
Stahlwangentreppe	219, 220

Sachwortverzeichnis

Standardbeton	135, 136
Ständerbauweise	287
Ständerwand	289
starre Bauweise	334
Stauden	381
Steckbügel	232
Steckmuffe	348
Steigleitung	105, 356
Steigungsrichtung	204
Steigungsverhältnis	108, 189, 191
Steinformat	141
Steingut	293
Steinzeug	293
Steinzeugrohr	364
Stellplatz	368
Stellstufe	379
Stichbogen	26
Stirnversatz, einfacher	241
Stockwerksleitung	105, 356
Stopfbuchse	348
Strahlensatz	76
Strangdachziegel	246
Straßenablauf, Aufsatz	339
Straßenkategorie	307
Straßenplanung	312
Straßenquerschnitt	317
Straßenunterbau	320
Strauch	381
Strebebogen	14
Strebepfeiler	14
Streckenlast	167, 173
Streifenfundament	110, 116, 117, 304
–, bewehrtes	111
–, unbewehrtes	111
stucco lustro	16
Stuckgips	285
Stufe, eingespannte	209
Stützbewehrung	229
Stütze	255, 273
–, eingespannte	254, 256
–, in Holzbauweise	266
Stützenfundament	114
Stützenfuß	267
Stützenkopfverstärkung	223
Stützmauer	374
Stützwand	305
System, gebundenes	13
Systemschalung	224
Tabelle nach Gauß	88
Tangente	26, 79
Tangentenlänge	79
Tangentenschnittpunkt	79
Tanne	238
Technische Funktionsfläche	59
Teilsicherheitsbeiwert	164
Terrazzoplatte	295
Theodolit	78
Tiefbordstein	337
Tiefbrunnen	343
Tiefenlage	354
Tiefgründung	304
Tonschiefer	296
Trägerbohlwand	97, 303
Trägerschalung	154
Träger, unterspannte	257, 265, 271
Tragfähigkeit	
–, bindiger Boden	92
–, nichtbindiger Boden	92
Tragschicht	325, 331
–, Betontragschicht	332
–, gebundene	330
–, hydraulisch gebundene	332
–, ungebundene	330
Trapezblech	275
Traufe	242, 251
Trennmittel	154
Trennsystem	105, 362, 363
Treppe	
–, abgehängte	212
–, aufgesattelte	212, 214
–, aus Stahlbetonfertigteilen	209
–, eingeschobene	212, 213
–, gewendelte	189
–, halbgestemmte	212
–, halbgewendelte	198
–, Konstruktion	187
–, notwendige	187
–, vollgestemmte	212…214
Treppenauftritt	187
Treppenauge	187
Treppenbau, Holzarten	216
Treppendurchgangshöhe, lichte	187, 191
Treppenform	188
–, Linkstreppe	188
–, Rechtstreppe	188
Treppenlaufbreite, nutzbare	195
Treppenlauflänge	187, 192
Treppenlauflinie	187
Treppenöffnung	193
Treppensteigung	187
Treppenwange	187
Trinkwasseraufbereitungsanlage (TWA)	344
Trinkwasserversorgung	341
Trittschall	282
Trittschallpegel	284
Trittschallschutz	284
–, bei Stahlbetontreppen	212
Trockenfirst	251
Trockenmauerwerk	374
Trockenputz	289
Trockenspritzverfahren	302
Tür	293
–, aufgedoppelte	292
–, Blendrahmentür	291
–, Blockrahmentür	291
–, linke	292
–, mit Futter und Bekleidungen	291
–, Rahmentür	292
–, Sperrtür	292
–, Zargentür	291
Türrahmen	291
Übergangsbogen	315
Überschiebemuffe	351
Uferfiltrat	341
Umbauplanung	53
Umkehrdach	249
Umprägungsgestein	295
Umwelteinwirkung	133
ungebundene Bauweise	336
ungespanntes Grundwasser	343
Unterbau	325
Unterdecke	300, 301
Unterfangung	304
Unterflurhydrant	350
Untergrund	325
Untergurt	257
Unterkonstruktion	185, 223
Unterputz	159
Unterschneidung	187
Unterstützung	224
Verankerungsart	231
Verankerungslänge	180, 231
Verästelungsnetz	346
Verband	144
Verbau	
–, senkrechter	97
–, waagerechter	97
Verbauart	
–, Baugrube	97
–, Graben	97
Verbindung	
–, Ingenieurholzbau	240
–, längskraftschlüssige	349
–, lösbare	349
Verbindungsart	348
Verblendabfangung	156

Sachwortverzeichnis

Verbrauchsleitung	357
Verbund	230
Verbundbaustoff	180
Verbundwirkung	180
Verdichtungsgerät	99
Verdichtungsversuch	128, 129
Verfahren, Baugrunduntersuchung	
–, direktes	93
–, indirektes	93
Verfasser	134
Verfüllung	103
Vergabe	69
Verhältnismethode	201
Verkehrsfläche	59
Verkehrsstrom	306
Verlegemaß, Bewehrung	180, 181
Verlegeplan, Bewehrung	232
Vermessungspunkt	74
Verordnung	32
Versatz, doppelter	241
Versatzung	241
Versorgungsleitung	105, 356
Verspannung	185
Verteilleitung	105, 356
Vertikalfilterbrunnen	341
Vertikalkraft	172
Verwender	134
Verwitterung	90
Verziehen	
–, grafisch	195
–, mit Leisten	195
–, rechnerisch	195
–, von gewendelten Treppen	195
Viertelmethode	81
VOB	70
Vollblock	142
Vollgeschoss	37, 38
Vollplatte	
–, Rippenabstand	223
–, Rippenhöhe	223
Vollstein	142
Volltafel	155
Vollwandbinder	256, 266
Vollwandträger	223
Volumen	163
Volut	11
Vorbereitung, Baustelle	93
Vorblick	84
Vor-der-Wand-Pfähle	304
Vorhaltemaß	230
Vorplanung	312, 313
Vorratsmatte	226
Vorsatzschale	195, 290
Vorwandinstallation	290

Walm 242
Walmdach 241
Wand
–, aussteifende 148
–, Kippen 148
–, nichttragende 148
–, tragende 148
Wandschlitz 140
Wandwange 187
Wanne
–, Schwarze 147
–, Weiße 147
Warmdach 247
Wärmebrücke 150
Wärmedämmputz 159
Wärmedämmstoff 151
Wärmedämmung, transparente 153
Wärmedämmverbundsystem 153
Wärmedurchgangskoeffizient 150
Wärmedurchgangswiderstand 150
Wärmedurchlasswiderstand 149
Wärmeleitfähigkeit 149
Wärmeleitgruppe 151
Wärmeleitung 149
Wärmeschutz, baulicher 149
Wärmespeicherfähigkeit 150
Wärmestrom 149
Wärmeübergang 149
Wärmeübertragung 149
Waschputz 159
Wasser
–, drückendes 147
–, hartes 344
–, nichtdrückendes 147
–, weiches 344
Wasseranspruch 131, 132
Wasserart 104
Wassergewinnung 341
Wasserhaltung, offene 104
Wasserleitung
–, Verlegung 355
Wasserleitungsnetz 347
Wasserspeicher 345
Wasserspeicherung 345
Wasserturm 345
Wasserzementwert 128
weiches Wasser 344

Wendelung 195
Werkmörtel 143
Wert, charakteristischer
–, gleichförmige Belastung 163
–, ständige Einwirkung 163
–, veränderliche Einwirkung 163
Wichte 164
Widerlager 356
Windlast 242
Windverband 245
Windzone 242
Winkelhaken 182
Winkel, halbieren 25
Winkelmethode 199, 203
Winkelprisma 78
Winkelstufe 194
Winkelstützwand 305
Wohnfläche 60, 61
Wohnkeller 140

Zapfenverbindung 240
Zargentür 291
Zeltdach 241
Zementeigenschaft 124
Zementestrich 236
Zementfestigkeitsklasse 125
Zementgel 127
Zementherstellung 123, 124
Zementleim 119
Zementmörtelauskleidung 350
Zementstein 119
Zentralbau 12
Ziegeldeckung 246
Ziegelherstellung 141
Zielebene 85
Zielstrahl 86
zimmermannsmäßige Dachkonstruktion 242
zimmermannsmäßige Holzverbindung 240
zimmermannsmäßige Konstruktion 262
Zugabewasser 126
Zugbewehrung 177
Zugkraft 176
Zusatzbewehrung 232
Zusatzmittel 142
Zwei-Ebenen-Stoß 231
Zweigelenkbogen 253
Zweigelenkrahmen 253, 255
Zwischenblick 84
Zyklopenmauerwerk 375